金堂奖

2015

中国室内设计年鉴

主编：李有为 / 执行主编：殷玉梅
策 划 ： 金 堂 奖 出 版 中 心

中 国 林 业 出 版 社
China Forestry Publishing House

造價值

辛卯冬月

[illegible]書

設計周
廣州設計周

目录

CONTENTS

上

酒店空间 HOTEL

办公空间 OFFICE

目录
CONTENTS

下

住宅公寓
APARTMENT

别墅空间
VILLA

休闲娱乐空间
LEISURE & ENTERTAINMENT

样板间/售楼处 SHOW FLAT & SALES OFFICE

零售空间 RETAIL

迭代记

——“金堂奖·2015中国室内设计年度评选”综述

自2015年4月启动至9月15日报名截止，金堂奖组委会收到来自大陆近30个省市、港澳台及外籍设计师共3418件参评作品，其中499件“金堂奖年度优秀作品”脱颖而出，角逐金堂奖10个空间分类的“年度最佳作品”，展露出中国室内设计行业生机勃勃的迭代风貌。

一、作品的迭代

以八零后为代表的互联网一代消费主力军的涌现，引发出设计作品气质上的鲜明变化。作品更轻松自由，不受所谓风格的约束框范，直指年轻一代消费者内心的共鸣点，展现出设计师对文化的全新思考以及对社会不同人群的温暖关爱。

比如零售空间分类中的《成都方所书店》呈现出文化、购物、餐饮、休闲多功能融合的消费动态和空间趋势；休闲娱乐空间分类中的《万科同乐会》则以温馨的方式把娱乐休闲、亲子教育注入社区；展示空间分类的《景福宫瓷板艺术馆》打破传统商业展示的思路，实现了文化与商业的完美融合；住宅分类中《夹缝中的家》、《公屋不只是公屋》则以专业高超的设计能力表现出对社会弱势群体的尊重和关爱。

二、群体的迭代

正值盛年的三、四十岁青年设计师已经承担起年度千亿元室内设计市场超过50%的工作量，设计主力军的更迭是趋势，也是事实。他们在全球旅行，在蹦极中翱翔，在航海中放飞，在社区做公益……他们的崛起带给设计业界全新的能量，他们不羁的生活方式与多元的文化思考，是作品气质迭代变化的潜在背景和推动力量。

从获得金堂奖十个空间分类“年度最佳作品”的26位设计师当中，我们看到韩文强、孙大勇、林森、廖奕权、杨竣淞等年轻而陌生的名字，也感受到了他们以及他们作品的新鲜活力。

三、奖项的迭代

伴随作品与人物的迭代变化，历史使命驱动步入第六年的金堂奖对奖项体系进行自我变革。比如：以每个空间分类不超过三件作品为约束，“年度最佳作品”代替了原来的“年度十佳作品”；人物机构的奖项也聚焦在了“年度新锐设计师”和“年度设计公益奖”上；“评审委员会特别大奖”成为一年一度的最大悬念，对具有特别创新、特别贡献的年度设计师/设计机构给予特别奖励。金堂奖一直秉持这样的原则：为表彰推动行业进步的新作品和中坚力量而生，弘扬设计所创造的价值，尊重知识、尊重人才，不断自我迭代。

四、服务的迭代

2015年4月，印度著名设计杂志《design detail》首次以特刊的形式刊登了金堂奖32位获奖设计师的作品。在杂志出版人——印度建筑设计领域灵魂人物KARAN GROVER的邀请下，15位金堂奖获奖者前往印度，参加了5月2日在班加罗尔举办的《design detail》（中国设计师特刊）首发式，印度三百余名建筑师参与盛会，进行了两个文明古国设计界的巅峰对话。

把中国设计向全球推广的同时，金堂奖还联手“中国设计星”、“大师工作营”以及由中国建筑与室内设计师网全国各站联盟发起的“中国室内设计总评榜”，聚焦于对各地优秀青年设计师的作品发掘与传播，关注于他们的快速成长，组成互相补充、覆盖全国的服务系统。四十个省市近千人服务团队投入全年百余场推广活动，媒介推广投入逾千万元，赢得各地设计师及业主的高度关注、积极参与和广泛好评。

2015是金堂奖第二个五年计划的开局之年，在获得全球40位评委、各地组织机构、媒体、设计师和业主支持参与的同时，她能够完成“为百万设计师呐喊，向千万业主传播”的使命吗？能够以IT手段构筑出中国室内设计的“操作系统”吗？能够用互联网把高度碎片化的四万亿设计装饰产业整合为互联互通的整体吗？时代在变，市场在变，行业在变，金堂奖愿携手每一位设计师拥抱变化，共同应对，升级迭代。是为记。

谢海涛

金堂奖　发起人

中国建筑建筑与室内设计师网　董事长

广州国际设计周“设计＋选材博览会”　策展人

2015年11月28日

金堂奖使命：为百万设计师呐喊，向千万业主传播。

金堂奖（www.jtprize.com）由广州国际设计周、中国建筑与室内设计师网于2010年联合发起，国际室内建筑师/设计师团体联盟（IFI）认证，以“设计创造价值”为评审主题，以“为百万设计师呐喊、向千万业主传播”为使命，以“空间眷恋指数”为作品评审标准，通过IFI背书全球同步推广、全国四十余个城市千人团队联合推动，建立了全球巡回活动推广、展览、互联网、报刊、出版物、影像六大传播体系，成就设计师行业话语权的公器，打造业主检索年度优秀竣工设计作品的快捷引擎。

金堂奖评选范围涵盖中国境内年度最具代表性的公共、酒店、办公、零售、展示、餐饮、休闲娱乐、别墅、住宅、样板间10个类别数千件室内设计竣工作品，由国内外享有权威知名度的设计业主、专家、学者、媒体主编以及超过30万专业设计师通过网络参与投票，产生最具关注度、影响力、公信力的中国室内设计年度评选结果。

金堂奖· 2015中国室内设计年度评选
JINTANG PRIZE - CHINA INTERIOR DESIGN AWARDS 2015

年度优秀作品
GOOD DESIGN OF THE YEAR

年度优秀酒店空间设计
GOOD DESIGN OF THE YEAR HOTEL

年度优秀办公空间设计
GOOD DESIGN OF THE YEAR OFFICE

年度优秀零售空间设计
GOOD DESIGN OF THE YEAR RETAIL

年度优秀餐饮空间设计
GOOD DESIGN OF THE YEAR RESTAURANT

年度优秀休闲娱乐空间设计
GOOD DESIGN OF THE YEAR LEISURE & ENTERTAINMENT SPACE

年度优秀展示空间设计
GOOD DESIGN OF THE YEAR EXHIBITION SPACE

年度优秀样板间/售楼处设计
GOOD DESIGN OF THE YEAR SHOW FLAT & SALES OFFICE

年度优秀住宅公寓设计
GOOD DESIGN OF THE YEAR APARTMENT

年度优秀别墅设计
GOOD DESIGN OF THE YEAR VILLA

年度优秀公共空间设计
GOOD DESIGN OF THE YEAR PUBLIC SPACE

年度最佳作品
BEST DESIGN OF THE YEAR

年度最佳酒店空间设计
BEST DESIGN OF THE YEAR HOTEL

年度最佳办公空间设计
BEST DESIGN OF THE YEAR OFFICE

年度最佳零售空间设计
BEST DESIGN OF THE YEAR RETAIL

年度最佳餐饮空间设计
BEST DESIGN OF THE YEAR RESTAURANT

年度最佳休闲娱乐空间设计
BEST DESIGN OF THE YEAR LEISURE & ENTERTAINMENT SPACE

年度最佳展示空间设计
BEST DESIGN OF THE YEAR EXHIBITION SPACE

年度最佳样板间/售楼处设计
BEST DESIGN OF THE YEAR SHOW FLAT & SALES OFFICE

年度最佳住宅公寓设计
BEST DESIGN OF THE YEAR APARTMENT

年度最佳别墅设计
BEST DESIGN OF THE YEAR VILLA

年度最佳公共空间设计
BEST DESIGN OF THE YEAR PUBLIC SPACE

年度人物 | 机构评选
PEOPLE & AGENCY AWARD

年度新锐设计师
NEW STAR OF THE YEAR

年度设计行业推动奖
DESIGN PROMOTION AWARD

年度设计公益奖
PUBLIC WELFARE DESIGN OF THE YEAR

评审委员会特别大奖
JURY SPECIAL AWARD

评审委员

国际评委

JURY OF INTERMATIONAL

1.Iris Dunbar 爱丽丝·邓巴（英国）
国际室内建筑师与设计师团体联盟（IFI）主席（2014-2015）；
英国室内设计协会前主席（2008-2010）

2.Sebastiano Raneri 赛伯斯泰诺·瑞讷里（意大利）
国际室内建筑师与设计师团体联盟（IFI）候任主席；
意大利室内设计师协会（AIPI）前主席

3.Shashi Caan 沙仕·卡安（美国）
国际室内建筑师与设计师团体联盟（IFI）前主席(2009-2011，2011-2013)

4.Hyunie Cho 赵惠妮（韩国）
国际室内建筑师与设计师团体联盟（IFI）常务委员；
韩国室内设计师协会常务理事

5.Osamu Hashimoto 桥本治（日本）
国际室内建筑师与设计师团体联盟（IFI）常务委员；
日本室内建筑师/设计师协会（JID）国际委员会主席

6.Trevor Kruse 特雷弗·克鲁斯（加拿大）
国际室内建筑师与设计师团体联盟（IFI）常务委员；
哈德逊克鲁斯设计 创始人

7.Sylvia Leydecker 西尔维娅·莱德克（德国）
国际室内建筑师与设计师团体联盟（IFI）常务委员；
德国室内建筑师协会（BDIA）副主席

8.Roberto Lucena 罗伯托·卢塞纳（波多黎各）
国际室内建筑师与设计师团体联盟（IFI）常务委员

9.Titi Ogufere 提迪·奥戈菲尔（尼日利亚）
国际室内建筑师与设计师团体联盟（IFI）常务委员

10.Gary Wheeler 加里·惠勒（美国/英国）
国际室内建筑师与设计师团体联盟（IFI）常务委员

专家评委

JURY OF INDUSTRIAL LEADERS

1. 何镜堂
中国工程院院士；华南理工大学建筑学院院长

2. 张绮曼
中央美术学院建筑学院教授、博导；中国美术家协会环境设计艺术委员会主任

3. 庄惟敏
国际建协职业实践委员会联席主席；清华大学建筑学院院长、教授

4. 来增祥
同济大学建筑系教授

5. 吴家骅
深圳大学建筑与城市规划学院教授

6. 苏丹
清华大学美术学院副院长、教授

7. 王中
中央美术学院教授；城市设计学院副院长

8. 吴昊
西安美术学院建筑环境艺术系主任、博导

9. 潘召南
四川美术学院环境艺术设计系教授；四川美术学院创作与科研处处长

10. 马克辛
鲁迅美术学院环境艺术设计系主任

业主评委

JURY OF CLIENTS

1. 朱中一
中国房地产业协会副会长

2. 蔡云
中国房地产业协会商业和旅游地产专业委员会秘书长

3. 任志强
北京市华远地产股份有限公司董事长兼总经理

4. 李明
远洋地产有限公司总裁

5. 周政
中粮地产（集团）股份有限公司总经理

6. 王伍仁
中信房地产股份有限公司总工程师

7. 邢和平
中国商业联合会购物中心专业委员会副主任

8. 曲德君
万达商业管理公司总经理

9. 边华才
上海中凯集团董事长；嘉凯城集团股份有限公司副董事长、总裁

10. 果麟
孚瑞思商业地产机构董事总经理；中国房地产业协会商业地产委员会副秘书长

媒体评委

JURY OF MEDIA

1. 杨冬江
《INTERNI 设计时代》主编；清华大学艺术博物馆副馆长，美术学院环境艺术系教授，博士生导师

2. 殷智贤
《时尚家居》执行出版人兼主编

3. 李有为
《缤纷 space》执行出版人、大师工作营执行总监

4. 蔡鸿岩
楼市传媒董事长

5.Peter Jeffery
《PERSPECTIVE 透视》杂志行政总经理

6. 张丽宝
《漂亮家居》总编辑

7. 戴蓓
新浪家居执行总编

8. 饶江宏
搜狐焦点家居总编辑

9. 胡艳力
网易家居全国总编辑

10. 章靖玥
凤凰家居主编

2015中国室内设计师关注报告

前言：

2015 年金堂奖评审期间，我们向所有获得优秀奖的设计师发放了调查问卷，根据其中回收的有效样本进行数据统计，试图挖掘这些问答背后的逻辑与思考，总结、提炼当年设计师的思索和关注。

为保证真实和价值感，关注报告遵循全面观察和客观记录的原则，从精心设计的三个问题（一句话总结你自己的 2015；2015 年你最欣赏的设计作品是什么，为什么；2016 年你最期待自己在哪方面有提升）中筛选出 241 份有效问卷，并按照 30 岁(不含 30 岁）以下，30-39 岁，40 岁（含 40 岁）以上三个年龄阶段进行数据统计和分析，最终得出以下 2015 中国室内设计师关注报告。

2015

关注一——站在 2015 年的时间节点上，关注设计师的在当下状态。

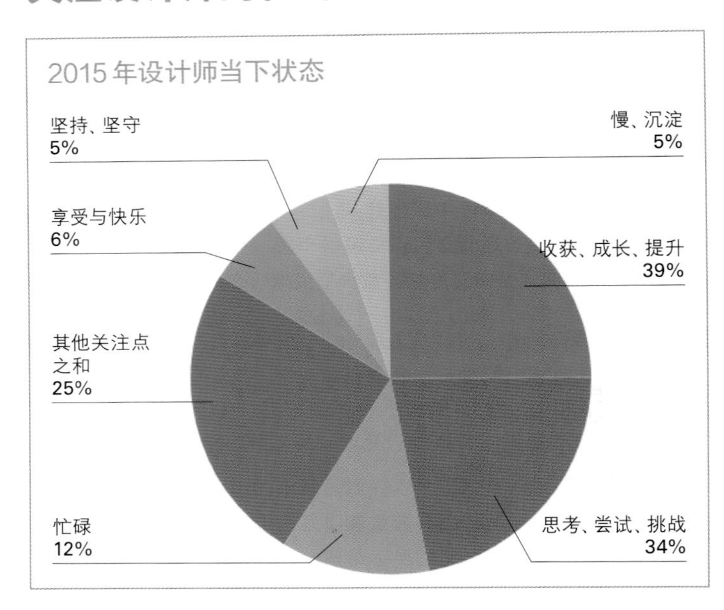

同时，不同年龄阶段的设计师对不同状态的关注也不同。

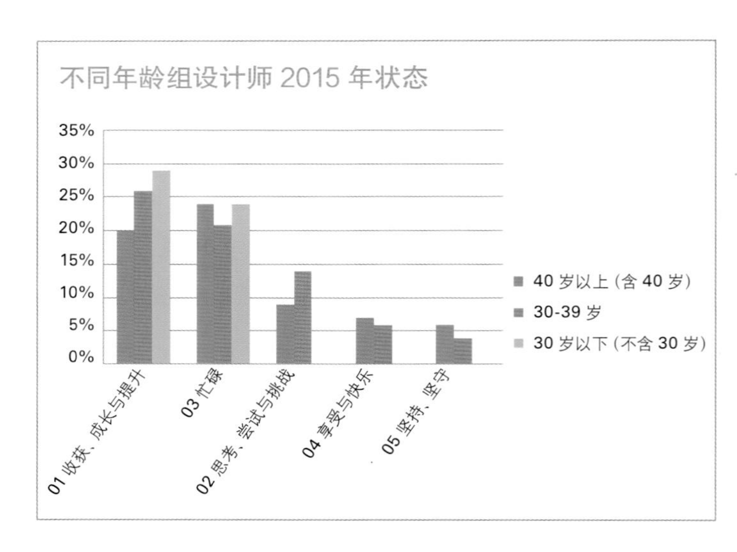

虽然每个年龄组都会提及收获、思考和忙碌，但数据的差异表明不同年龄组的侧重点。尤其在自我思考方面，40 组更侧重于探索转型，而 30 组尝试、挑战、突破出现频率更高。

同时，30 组最为忙碌，但也开始意识到慢下来并沉淀的重要性，有 5% 的受访者更关注自我沉淀，强调慢和静心。

今年我们意外地看到，设计师将快乐看做 2015 年的重要心情提出，共有 9% 的设计师提及“痛并快乐”。

关注二——站在 2015 年，设计师怎么看待自己的未来，期望在哪些方面的提升？

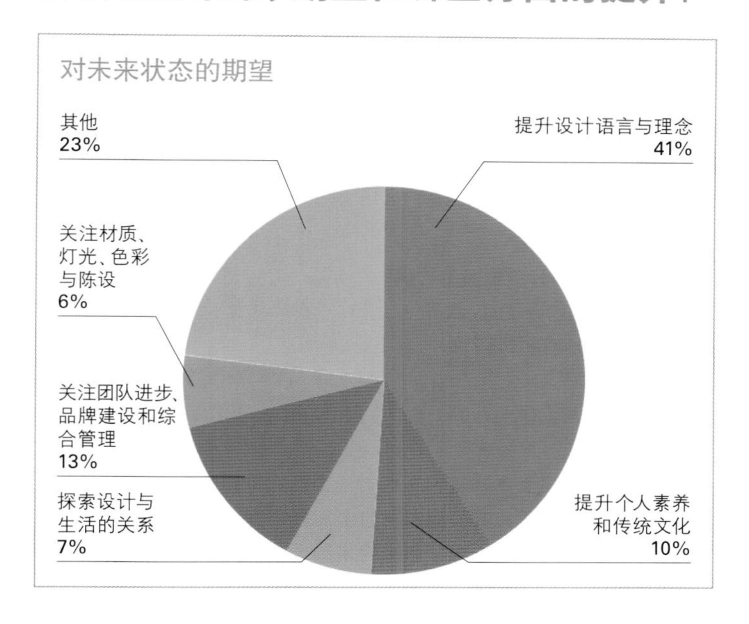

这组数据，设计语言和设计理念的学习提升成为无可争议的第一关注点。

而综合管理、团队的进步、设计品牌影响力的锻造成为第二关注点，

既能说明当下设计师的工作状态，同时也说明设计产生社会和商业价值，还存在很大上升空间。

当下，设计工作室和设计机构慢慢成为主流，还需在综合管理、团队与品牌建设、产业链执行等方面加强力量。

关注三——对行业以及未来设计趋势的观察

241 个设计师回答他们 2015 年最欣赏的作品并给出明确的欣赏点。从这些有效回答中，探寻设计师关注设计作品的不同角度与观点，从而梳理出以下几个关注点。

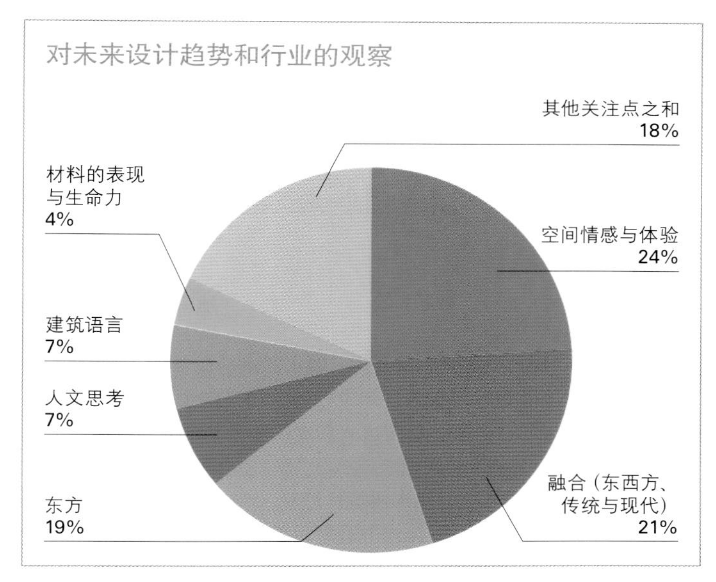

排在首位的关注点就是空间情感与空间体验，空间情感更多和意境相关，而空间体验侧重于人与空间的关系。

融合，包含建筑与室内的融合、建筑与环境的融合、东方与西方的融合、现代与古典的融合，还有商业与艺术的融合，也成为此次统计中占比很大的一项，21%。

而包含传统、中国、禅意等在内的东方语言，占比 19%，大都和融合同时出现，反映出东方与现代、东方与当下、东方与环境的融合。

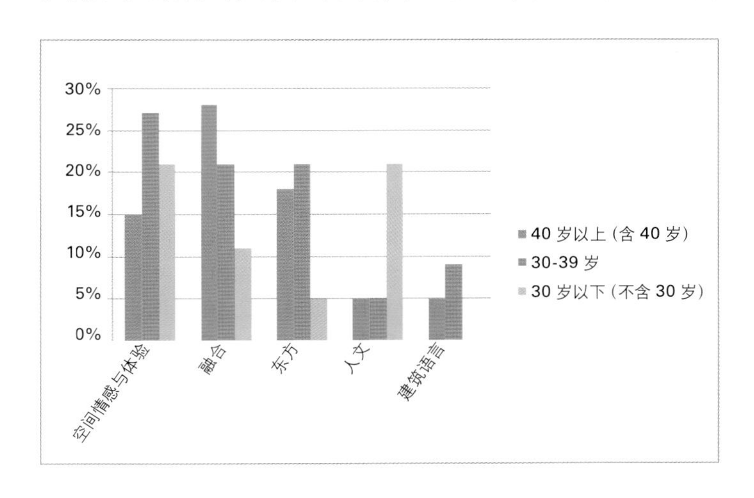

30岁以下设计师观点

龚婉

问题一：一句话总结你自己的2015。

2015年中有大半年过得紧张、忙碌又充实，在一些大大小小的项目中，我得到了不断的提升，我觉得自己作为入行不久的年轻设计师，需要学习和提升的地方还有很多。

问题二：2015年你最欣赏的设计作品是什么？为什么？

在2015年做的这些项目里面，最欣赏的应该是《MY STUDIO》这个项目吧（备注：自己获奖作品）。因为这个楼盘的定位是针对年轻群体，所以在设计上面有更新鲜的设计理念注入到这个作品中，而且甲方也愿意接受更为年轻化、时尚化的设计元素。

问题三：2016年你最期待自己在哪方面有提升？

在接下来的一年，希望能有更多的机会出去走走、看看，能有更多学习的机会。希望自己的设计思维、思考的方式都能有更好的突破。

何靓

问题一：一句话总结你自己的2015。

挑战与机遇并存。

问题二：2015年你最欣赏的设计作品是什么？为什么？

成都博舍酒店。因为这个酒店的设计理念是以尊重历史遗迹和本土文化艺术为本，许多传统的庭院建筑都经过修复，融入酒店的设计之中。酒店的整体设计极富现代感，布局层层递进、引人入胜。

问题三：2016年你最期待自己在哪方面有提升？

希望自己的思维方式有所提升，眼界更加开阔。

陈小军

问题一：一句话总结你自己的2015。

我这一年的关键词是“寻找”：寻找更合适的方式、寻找更合适的位置、寻找更适合的方向。

问题二：2015年你最欣赏的设计作品是什么？为什么？

最欣赏的是“梦想改造家”栏目。“设计以人为本”已成为在设计方案中出现频率最高的名词，但真正能用于改善或改变生活的又有多少人呢？这是我们应该反思的问题。

问题三：2016年你最期待自己在哪方面有提升？

总的来说，生活吧，生活的质量。

蔡小城

问题一：一句话总结你自己的2015。

调整心态，不忘初心，继续出发。

问题二：2015年你最欣赏的设计作品是什么？为什么？

无，永无止境。

问题三：2016年你最期待自己在哪方面有提升？

材质的探究及三维空间的探索。

黄涛

问题一：一句话总结你自己的2015。

生活给了我很多的感动与启发。

问题二：2015年你最欣赏的设计作品是什么？为什么？

鬼手帕（沐阳）

设计师准确地挖掘到了户主的内心，他们需要一个真正的家。通过与自然巧妙地结合，呈现出一个梦幻般的住宅空间，体现出了脱俗的气质。

问题三：2016年你最期待自己在哪方面有提升？

新的一年希望自己的眼界与内在方面有所提升，要设计出好的、有内在涵养的作品，需要有足够的阅历以及解读能力。

金钟

问题一：一句话总结你自己的2015。

2014年的遗憾在2015年都得到弥补了。

问题二：2015年你最欣赏的设计作品是什么？为什么？

我最欣赏自己的作品，每一套都很喜欢。虽然有些可能看上去并不是那么完美，但都为我的下一套作品奠定了很好的基础。

问题三：2016年你最期待自己在哪方面有提升？

希望提升自己的审美观念，充实自己的工作时间，把工作和生活融合在一起。

孙义

问题一：一句话总结你自己的2015。

设计是创造，让我们来实现甲方的梦想。

问题二：2015年你最欣赏的设计作品是什么？为什么？

最喜欢《艾力枫社》，这套作品中可以看到最具当代感的视觉元素。

问题三：2016年你最期待自己在哪方面有提升？

空间的灵动性。

黄婷婷

问题一：一句话总结你自己的2015。

寻找工作与生活的平衡点、设计与空间的生活体验。

问题二：2015年你最欣赏的设计作品是什么？为什么？

艺术不拘泥于任何形式，关于欣赏的作品比较宽泛，但作为女性设计师，更关注色彩的渲染和整体装饰的效果。他们是很直观的设计语言，第一眼就能抓人眼球，是否赏心悦目，一目了然，很考验设计师的功力。

问题三：2016年你最期待自己在哪方面有提升？

2016，要更重视空间和自然的整体呼应，全面关注设计细节，保持无限的创作热情，享受设计的乐趣，感受生活所带来的启发。

蒋沙君

问题一：一句话总结你自己的2015。

充实并具有挑战，不丢弃对生活的感动。

问题二：2015年你最欣赏的设计作品是什么？为什么？

《设计共和设计公社》

每次去这个被改造的警局，都会被不同的感情带入。感动于设计师留下了这栋老建筑原有的时间痕迹，可以用手触摸到墙面斑驳，可以回忆旧时的场景，可以记住过去的生活方式。同时，设计的力量在于建筑架构使老建筑重新拥有时代灵魂，每个不起眼的角落和非常具有设计感的地方形成强烈的撞击，真正做到了让这栋老房子活在当下。

问题三：2016 年你最期待自己在哪方面有提升?

感动于生活的细小点滴，用敏感的内心去感受新旧生活方式的融合，把感动融入作品。

■ 张鹤龄

问题一：一句话总结你自己的 2015。

痛并快乐着。

问题二：2015 年你最欣赏的设计作品是什么？为什么?

最欣赏的设计作品是自己公司设计的一个酒吧案例，因为思路和设计元素都是全新的尝试。

问题三：2016 年你最期待自己在哪方面有提升?

设计文化上的提升，比如欧式的文化，中式的文化以及起源。

■ 张雷&孙浩晨

问题一：一句话总结你自己的 2015。

2015 年是我们工作室成立的第一年，此次参赛的作品也是我们俩的工作室完成的第一个项目，我们认为这是一个良好的开始。

问题二：2015 年你最欣赏的设计作品是什么？为什么?

荣宝斋咖啡书屋（备注：今年优秀），改变传统书店粗重、刻板的形象，使得新的内部空间界面更加连续开放和富于生机。

问题三：2016 年你最期待自己在哪方面有提升?

对于项目的专注度以及细节的把控方面，需要提升。

■ 严晓静

问题一：一句话总结你自己的 2015。

随着设计经验的积累，每次设计的作品都会带来不同的感受，一山还有一山高，要学习的还很多，要再接再厉做出好作品。

问题二：2015 年你最欣赏的设计作品是什么？为什么?

台湾地区的设计作品。台湾地区的设计比较随性，是重视文化和材质的设计。

问题三：2016 年你最期待自己在哪方面有提升?

希望有很大的创作空间来表现自己的想法。

■ 游小华

问题一：一句话总结你自己的 2015。

我在用灵魂做设计，所以我能深刻感受到设计与生活的融合是多么重要。

问题二：2015 年你最欣赏的设计作品是什么？为什么?

万科.南昌公望会所（时代广场售楼中心）1500m² 的空间规划合理，简洁大方没有累赘，颜色干净，散发着一种阳刚之气。

问题三：2016 年你最期待自己在哪方面有提升?

希望自己在后期软装的把握上更加熟练，在色彩搭配上有更深刻的理解，在不同材质的穿插应用上可以更加娴熟。

■ 王浩

问题一：一句话总结你自己的 2015。

把再生材料用修复古建的工艺手法改造成全“新”的装饰材料来做空间，在拆除和修复的过程中寻找创作灵感。这些被使用过的材料，其实已经有了灵魂，通过修旧如旧的理念再生，把本该完结的生命力赋予新的能量，给空间带来更多不一样的情感。岁月历练出来的胞浆，使空间产生气场，活了。

问题二：2015 年你最欣赏的设计作品是什么？为什么?

隈研吾今年的系列作品，中国美术学院民族艺术博物馆这个项目再次把他先进的设计思想带入了中国。负空间的设计理念，把空间融入天地之间的想法，是空间设计很高的境界。

问题三：2016 年你最期待自己在哪方面有提升?

抱着自己是个学徒的心态去对待每一个项目，就像学习绘画一样，有了量变才能产生质变。接触室内设计接近十年，感知到设计是种需要长期历练的生活态度。一个成熟的室内设计师必须要有艺术家的素养、工程师的严谨思想、旅行家的丰富阅历和人生经验、经营者的经营理念、财务专家的成本意识。当设计不再是工作，而只是生活的一种体验、一种态度时，设计就会像游戏一样轻松而充满乐趣。

■ 李丹笛

问题一：一句话总结你自己的 2015。

Get outside every day,Miracles are waiting everywhere.

问题二：2015 年你最欣赏的设计作品是什么？为什么?

北京微胡同建筑。发现在传统胡同局限的空间中，创造出可以供多人居住的超小型社会住宅的可能性。在约 30 平方米的微胡同，试图为胡同保护与更新提供一种新的方式。微胡同延续了传统胡同所具有的亲密空间，也复兴了其社会性能，同时增强了它的空间特性。它使用的轻钢结构和胶合面材，保证了其低造价施工，成为了北京胡同更新保护的可行性范本，是对中国传统建筑生命的保护和延续。

问题三：2016 年你最期待自己在哪方面有提升?

2016 年将专注于办公空间的设计和研究，在深入调研中，我发现了让目前的办公环境满足变化中的工作方式需求的方法，致力于通过创造全新的办公空间设计的策略，在工作环境中创造卓越的办公体验，提升工作效率和身心健康。

■ 伍文

问题一：一句话总结你自己的 2015。

进入 2015 年，公司的发展逐渐稳定，进入快速上升期，接触的客户类型也越来越多，不同类别的行业都有各自的设计需求，这种差异性需求和特质使设计变得更有意思，客户的这些要求也会使我不断学习。

问题二：2015 年你最欣赏的设计作品是什么？为什么?

《Maria Makes Hair by MARCH GUT》，这是一间位于奥地利的理发店，用三个词可以形容它：舒适、创意、体验感，这三点在它的身上都有极致的体现。

问题三：2016 年你最期待自己在哪方面有提升?

2016 期待自己能够在材料使用方面有更大的提升，在新项目中尝试更多不同的新型材料及新工艺。

■ 戚帅奇

问题一：一句话总结你自己的 2015。

在不断重新审视自己的过去中认知新的自我。

问题二：2015 年你最欣赏的设计作品是什么？为什么？

成都崇德里精品酒店

这是一个非常值得学习的酒店设计作品，既保留了历史的原汁原味，又结合了现代的审美与生活习惯。

问题三：2016 年你最期待自己在哪方面有提升？

金融与互联网。

钱钧

问题一：一句话总结你自己的 2015。

各种尝试，各种吸收，真正在做设计的一年。

问题二：2015 年你最欣赏的设计作品是什么？为什么？

最欣赏作品：芝作室 Lukstudio 的《The Noodle Rack 隆小宝面馆》

原因：竹模混凝土制作的外立面和晾面架传统工艺的主题给人留下深刻印象。对传统材料的应用非常有创意，砖块、水泥、锈铁、木制家具，粗糙质朴而又细腻精致，将东方传统文化用现代风格诠释出来，为我们给传统小吃类行业设计方案提供了很多值得学习的地方。

问题三：2016 年你最期待自己在哪方面有提升？

2016 希望在细节的设计能力上有所提升，在对各种材料的把握能力上更加进步。

王成峰

问题一：一句话总结你自己的 2015。

更专注于生活方式的定制。

问题二：2015 年你最欣赏的设计作品是什么？为什么？

艺术形态的缤纷多彩衍生出各式各样的设计手法，受中国传统文化的影响，富含文化底蕴和东方传统元素的作品更吸引我的眼球，他们就像一帧精良的艺术画，意境深远、陶冶情操，将传统的东方元素以崭新的姿态融入现代的设计生活中。

问题三：2016 年你最期待自己在哪方面有提升？

设计是条漫长的道路，希望 2016 能超越现在的自己，从创意设计和细节的追求上要求自己，征服更多成长中的桎梏。

张蒙蒙

问题一：一句话总结你自己的 2015。

2015 年对于我来说是收获的一年，不同业态类型的项目使我对设计有了更整体、更完善的认识。

问题二：2015 年你最欣赏的设计作品是什么？为什么？

贝尔格莱德 Old Mill 酒店。

最喜欢的是空间内元素的统一及变化。酒店整体现代简洁，统一设计元素的材质、凹凸的变化贯穿整个空间的造型。

问题三：2016 年你最期待自己在哪方面有提升？

希望自己在大空间的项目中，从前期概念到后期的整体把控上都能有一个更好的提升。

张学翠

问题一：一句话总结你自己的 2015。

我的 2015 年，忙碌而又充实的一年。

问题二：2015 年你最欣赏的设计作品是什么？为什么？

最欣赏的作品是 91 岁高龄的华裔设计师 I.M. Pei（贝聿铭）老师的伊斯兰艺术博物馆。贝老的设计总是匠心独运，让人叹为观止。

问题三：2016 年你最期待自己在哪方面有提升？

希望未来一年里能在商业空间设计的领域获得更多的领悟，能有更多机会与同行沟通交流，提升自我。

王文凯

问题一：一句话总结你自己的 2015。

在设计师的眼里，只有源于生活的灵感才值得与您一同分享。

问题二：2015 年你最欣赏的设计作品是什么？为什么？

最欣赏余平老师的花迹酒店（备注：金堂优秀）。传承了传统文化精神，唯独素而耐久。

问题三：2016 年你最期待自己在哪方面有提升？

2016 年希望做出更好的作品，提高自己的综合设计水平。

魏贤龙

问题一：一句话总结你自己的 2015。

2015 是自己设计作品最多的一年，在设计水平上也有很大进步。

问题二：2015 年你最欣赏的设计作品是什么？为什么？

最欣赏的是上海卫视主办的“梦想改造家”节目里面的方案设计。

因为是他们证明了什么叫做设计、设计的价值是什么以及设计是一份有爱的职业。

问题三：2016 年你最期待自己在哪方面有提升？

希望自己的设计水平以及自己对设计团队的管理方面有所提升。

莫俊麒

问题一：一句话总结你自己的 2015。

工作方面顺风顺水，很多领域得到了贵人的指点。

问题二：2015 年你最欣赏的设计作品是什么？为什么？

王仲平的《夹缝中的家》（备注：金堂优秀），因为这个案例是我从业以来，以设计师角度去分析，觉得这是最难的一处住宅改造，但王仲平却做到了，真的不得不让同样作为设计师的我们折服，也让我更喜欢这个设计师和这个作品。

问题三：2016 年你最期待自己在哪方面有提升？

希望可以把自己的室内设计本质素养得到进一步提升，不断学习不断进步！

30-40 岁设计师观点

曹殿龙

问题一：一句话总结你自己的 2015。

意想不到的忙碌带来意想不到的收获。

问题二：2015 年你最欣赏的设计作品是什么？为什么？

最欣赏《北京凤凰卫视媒体中心》，该项目给人带来完全不同的空间体验，给建筑本身带来更多的可能性，优美的曲线形态完美地与环境交相辉映。

问题三：2016 年你最期待自己在哪方面有提升？

2015 和 2016 应该不会有太大的区别，一如既往地努力做好每一个项目。多读些书，更多关注和学习传统文化。服务大众，做出更多符合规律、满足当下、有利未来的设计。

曹刚

问题一：一句话总结你自己的 2015。

设计之路痛并快乐着，庆幸自己还在进步。

问题二：2015 年你最欣赏的设计作品是什么？为什么？

JAYA 的《安缦法云酒店》。因为设计的灵魂失去了就不会再有了。

问题三：2016 年你最期待自己在哪方面有提升？

希望自己在对中国传统文化的了解方面有所提升。

曹建国

问题一：一句话总结你自己的 2015。

2015 是进步与成长的一年、充实而忙碌的一年，对于建易设计公司及我个人来说更是具有挑战的一年！

问题二：2015 年你最欣赏的设计作品是什么？为什么？

这一年我最喜欢香港郑中设计团队的作品，正如郑中先生一直坚信的"只有建筑与室内设计的完美结合才能创造完美的酒店作品"的理念，我认为这句话同样适用于室内各空间的设计，因为室内空间也是建筑的一部分。

问题三：2016 年你最期待自己在哪方面有提升？

建易设计经过几年的发展和修整，2016 年我将带领建易设计团队继续朝着样板间、会所精细化设计的目标而努力，也希望在软装的路上能有更大的突破和提升。

曾莉

问题一：一句话总结你自己的 2015。

回归设计，在设计中做自己。

问题二：2015 年你最欣赏的设计作品是什么？为什么？

如果是问我自己的作品，我会说一年最欣赏的是太原时代自由广场的售楼处和样板间的设计，这个项目是我们从设计到最后落地最完善的一个项目，设计图纸和效果图与最后的现场照片接近度在 95%，这个也是我们原来没有预想到的。

我想说，一个好的设计作品需要三方面的努力：

一是设计师在创造这个作品时是开心的、自由的；

二是业主对设计师的信任，这个很重要，可以让设计师为业主想到一切的可能性；

三是施工单位给予的支持，在细节的处理上、材料的选择上和设计师一起沟通完成，实现落地。

问题三：2016 年你最期待自己在哪方面有提升？

2016 年，我希望自己对空间和细节的理解以及落地能有更独特的见解。

曾文峰

问题一：一句话总结你自己的 2015。

完成了一些项目，有辛酸也有快乐，走走停停，发生了很多故事，希望这些能成为以后的一段美好回忆！

问题二：2015 年你最欣赏的设计作品是什么？为什么？

北京宴，用建筑空间去表达三维、思维、仿真、穿越，用陈设制造怀旧，使我们对空间产生一种美妙的、有意思的体验！

问题三：2016 年你最期待自己在哪方面有提升？

希望在做每个建筑空间设计的同时赋予它灵魂和故事，让它展现出生命力。

陈刚

问题一：一句话总结你自己的 2015。

让生命更疯狂、让作品更理性、让心态更平静。

问题二：2015 年你最欣赏的设计作品是什么？为什么？

恋上地中海的夏日转角。纯粹美好的设计，地中海情怀的情书。

问题三：2016 年你最期待自己在哪方面有提升？

悟境、禅意，还原设计本身。境花水月与水月境花之间的悟境。

陈海

问题一：一句话总结你自己的 2015。

这是不断思考，不断尝试，寻找方向的一年。

问题二：2015 年你最欣赏的设计作品是什么？为什么？

2015 我最欣赏的是日本设计师藤森照信的作品。藤森照信的作品完全逃出了现代主义的桎梏，朴实而自由，充满童真，呈现出与他的民族、历史、文化、环境以及本人气质完全融合的独特情感境界。

问题三：2016 年你最期待自己在哪方面有提升？

期待自己能回归本源，从自己的本土文化中汲取养分并有所突破。

陈辉

问题一：一句话总结你自己的 2015。

收获的一年，有更多领域可以去尝试。

问题二：2015 年你最欣赏的设计作品是什么？为什么？

还是自己的创作和设计，对于自己来说，新的领域的设计，总是有有趣的设计思维。

问题三：2016 年你最期待自己在哪方面有提升？

希望在新的设计领域有所建树。

陈嘉君

问题一：一句话总结你自己的 2015。

发现了不一样的自己，在室内设计的道路上有了更加开拓的视野。

问题二：2015 年你最欣赏的设计作品是什么？为什么？

今年我最满意的作品是广州萝岗品雅城 B 性别墅（已投稿项目之一）（备注：自己获奖作品）。因为这个项目代表了我们公司对地产项目的开拓性尝试，从概念开发到变成实体工程，都是专属于我们自己的一个全新案例。

问题三：2016 年你最期待自己在哪方面有提升？

1. 期待公司团队整体的创作水平有进一步的提升，向国际级水准迈进；

2. 希望能从公司管理层面上进一步完善设计服务流程。

陈君

问题一：一句话总结你自己的 2015。

2015 是忙碌的一年，也是收获的一年，更是思路清晰的一年。

问题二：2015 年你最欣赏的设计作品是什么？为什么？

2015 最欣赏的设计应该是梁建国老师进集美组做的一些建筑景观，室内一体的中式作品，他的作品我都很喜欢，我觉得梁老师的作品把自然和人文历史通过现代的方式结合得非常好，每套作品都有意想不到的新东西，他的作品不是翻版、不是重复，而是细致地思考、大胆地尝试。

问题三：2016 年你最期待自己在哪方面有提升？

我对于 2016 期待很多，最希望自己能成为“不为了设计而设计”的设计师，在设计与自然、生活的结合方面有自己独特的认识和实践！

陈明晨

问题一：一句话总结你自己的 2015。

少即是多。

问题二：2015 年你最欣赏的设计作品是什么？为什么？

没有最欣赏的作品，因为每个优秀的作品都有自身的特点和气质，只是在于我们从哪个角度去欣赏而已，也许你觉得完美无缺时，你的设计已经在停滞不前了，人要活到老学到老。

问题三：2016 年你最期待自己在哪方面有提升？

期待自己在设计与生活中再多些精简，慢慢学会多用减法去生活和设计。

陈润刚

问题一：一句话总结你自己的 2015。

2015 年是极具挑战的一年。

问题二：2015 年你最欣赏的设计作品是什么？为什么？

2015 年最欣赏的设计作品是意大利米兰世博会日本馆的设计，它体现了：“和”与“自然”。

问题三：2016 年你最期待自己在哪方面有提升？

2016 年要静心、思考、学习、深挖领域的原代码，体现我们的理念：“无处不设计、无处不互联、无处不营销”；设计 & 十翼。

陈永根

问题一：一句话总结你自己的 2015。

这一年，平淡的设计过程充满对事物的创新与再创造，满意的结果是对过程的最好诠释。

问题二：2015 年你最欣赏的设计作品是什么？为什么？

大自然。大自然是上帝给我们的最完美的“作品”，所有的设计作品都是基于对大自然的理解、变通与再创造而得来的。

问题三：2016 年你最期待自己在哪方面有提升？

要提升对事物的认知力、对项目的理解与阐述力。

程晖

问题一：一句话总结你自己的 2015。

沉淀下来，方向更清晰。

问题二：2015 年你最欣赏的设计作品是什么？为什么？

安藤忠雄：伊丽莎白街 152 号豪华公寓。建筑和室内高度统一，将自然、舒适、静谧的东方气质与现代建筑完美结合。

问题三：2016 年你最期待自己在哪方面有提升？

希望能在互联网上找到一些志趣相投的客户，这样设计过程和结果都会有惊喜！

崔海涛

问题一：一句话总结你自己的 2015。

忙碌与收获并存，压力与喜悦同在。

问题二：2015 年你最欣赏的设计作品是什么？为什么？

美国 Clive Wilkinson 建筑事务所完成的“野蛮人集团”设计作品。整套作品将工作区间完美串联，使得有限的办公空间得到更好的利用。

问题三：2016 年你最期待自己在哪方面有提升？

说不上具体到某个方面，因为各个方面都需要提升。最期待的还是作品能让客户更加满意吧。

戴华伟/刘敏

问题一：一句话总结你自己的 2015。

为了继续前行而忙碌，没能静下来思考人生。

问题二：2015 年你最欣赏的设计作品是什么？为什么？

如果指我们公司的作品，最欣赏的应该是《重庆一九二一码头火锅》（备注：自己获奖作品）。这个作品让我和设计伙伴投入了很多精力。与客户的沟通过程是由困难到轻松的，最终的结果是愉快而有效的。客户很信任我们，并且给了我们自由发挥的机会。所以这个作品是不受太多约束、为自己而做的。

问题三：2016 年你最期待自己在哪方面有提升？

以前的自己想法比较保守，缺少跳跃性思维，希望 2016 年自己在思维模式上能有所转变。

单钱永

问题一：一句话总结你自己的 2015。

2015 年是新的起点，认真选择、认真做自己、认真做每一个项目。只要路是对的，就不怕路远。

问题二：2015 年你最欣赏的设计作品是什么？为什么？

我喜欢贴近自然的设计，并没有所谓的最欣赏。因为好的作品都能触动人心。

问题三：2016 年你最期待自己在哪方面有提升？

一步一脚印，踏实走好每一步，有沉淀才会有爆发，期待有好的项目和新的尝试。

邓达明

问题一：一句话总结你自己的 2015。

2015 年，是我放慢节奏、沉淀静思的一年。

问题二：2015 年你最欣赏的设计作品是什么？为什么？

2015 年我最欣赏的作品是傅厚民先生设计的东京四季酒店 MOTIF 餐厅，我一直都很喜欢傅厚民先生的设计风格，典雅而不失贵气，还能给人很清爽的感觉。就这项目而言，“东京”、“四季酒店”是“全球顶尖”的代名词，而傅先生将东西方的元素融合，用现代的手法演绎出来，而且尺度把握得非常完美，所以我非常欣赏这套设计作品。

问题三：2016 年你最期待自己在哪方面有提升？

近几年软装领域发展得很快，而且它能直接高效地提升总体室内设计效果、突出空间主题，所以 2016 年我会重点提升自己的软装设计能力。

邓劼

问题一：一句话总结你自己的 2015。

忙绿且收获进步的一年。

问题二：2015 年你最欣赏的设计作品是什么？为什么？

《名流公馆》（备注：自己获奖作品），不同于以往设计的所谓“新传统”、“新古典”或者“乡村”，第一次尝试以东方人自己的思考角度去诠释“新东方”风格，虽然不同于以往大宅，但业主的认可给予了我莫大的欣喜。

问题三：2016 年你最期待自己在哪方面有提升？

进一步巩固和深究细节对整体的影响，从微观到宏观得以更好地贯穿，同时认识和探寻质地、肌理、感官温度不同的材料间搭配的可能性。

丁金华

问题一：一句话总结你自己的 2015。

学会了放下和拾起！

问题二：2015 年你最欣赏的设计作品是什么？为什么？

湖滨四季（备注：自己获奖作品），因为它让我付出了整整五年的心血，呈现出的效果不仅仅能带来视觉上的享受，更多的是给我们五观六感带来的震撼！

问题三：2016 年你最期待自己在哪方面有提升？

2016 年我希望能够结交更多的设计师朋友，交流想法、汲取营养、不断成长。更希望可以提高对大众的服务质量，拿出更好的服务和更好的作品。

范日桥

问题一：一句话总结你自己的 2015。

“在路上”。

问题二：2015 年你最欣赏的设计作品是什么？为什么？

David Rockwell 的纽约 Edition Hotel，纯粹而富有诗意。

问题三：2016 年你最期待自己在哪方面有提升？

对生活中的美的感受能力。

方磊

问题一：一句话总结你自己的 2015。

2015 年，“设计”这个词贯穿了我生活的各个方面：一面带领团队对新事物发出挑战；一面寻求回归传统的精神，还要不失自我风格，尽量在二者间寻求平衡点，让大家看到设计除了盲目跟从潮流以外，还有其他更值得思考和钻研的方式。

问题二：2015 年你最欣赏的设计作品是什么？为什么？

虽然从事的工作是室内设计，但我一直很热爱建筑设计并十分关注它。因为室内设计和建筑设计是密不可分互相关联的，要说 2015 年最欣赏应该算是 Snøhetta 事务所设计的意大利博尔扎诺观光吊车站项目，建筑师用一个海螺式的仿生结构建筑设计，对建筑力学构造的高难度挑战，通过建筑将自然与城市关联起来，在为使用者提供多功能用途空间的前提下，更进一步地亲近自然，更好地体验景观的重要性，和奥地利因斯布鲁克的滑雪场有异曲同工之处，像一件艺术品一样，存在的本身即是美。

问题三：2016 年你最期待自己在哪方面有提升？

希望自己能将擅长的设计领域把握得更纯粹，也希望事务所能够在目前国内高速发展的前提下，有序地控制好时间进行设计推敲和模拟，为下一步拓展新的业务领域打好基础，更好地服务到我们的客户。

方日新

问题一：一句话总结你自己的 2015。

2015 年我的工作虽然不能说是完美的，但是我已经尽力了，我知道自己还存在不足之处，但是我仍在不断修炼，未来我会做得更好、更坚持。

问题二：2015 年你最欣赏的设计作品是什么？为什么？

最欣赏不好说，我相信每个设计作品都是对生活和空间的不同诠释，不同的生活阅历创造出不同的作品，可以让我们的情感自然生长，经过时间历练，变得越发生动， 每一个设计作品中都有值得我们学习的地方。

问题三：2016 年你最期待自己在哪方面有提升？

学无止境，人生就是一个不断学习的过程。从业至今，一直很少有机会接触到商业空间，希望未来能多做些商业项目。2016 年我希望能多出去坐坐，开阔视野，因为好的设计是永恒的，在经过很长一段岁月后仍然经典，无论是从空间的重构还是色彩的搭配、材质的运用、灯光的辅助来说都是成功的 。

高飞

问题一：一句话总结你自己的 2015。

痛并快乐着。

问题二：2015 年你最欣赏的设计作品是什么？为什么？

我一直喜欢建筑大师的经典作品，2015 我知道了一个比利时设计师叫 Axel Vervoordt，非常喜欢他的作品，我觉得他是在西方极简中找到了一种东方之美。

问题三：2016 年你最期待自己在哪方面有提升？

2016 年希望自己多读书，多看些好的艺术作品，最近比较喜欢研究艺术史，我希望自己在艺术鉴赏力上有所提升。

高雄

问题一：一句话总结你自己的 2015。

我们时常与时间赛跑，看似赢了时间却输了自己。学会慢一些，再慢一些。

问题二：2015 年你最欣赏的设计作品是什么？为什么？

The House Collective 品牌酒店——博舍 (The Temple House)，博舍由英国著名设计师事务所 Make Architects 担纲设计。

该英国团队尊重人文传承的原则，对建筑选址范围内的古建筑进行了活化保留，并通过全新的现代设计理念和技巧，将他们和现代设计元素融合到了酒店的内外设计中，集合了不同的可持续性环保设计，玻璃材料的使用被用心地精细规划，在确保自然光的照射及视野的通透度之余，力求减少冬季热能的浪费或在夏季过度吸热。此外，雨水的收纳再利用以及水利环保措施也均被融入到酒店的建筑设计中。翠竹和梯田等具有当地特色的主题元素。这样的设计理念从外部建筑到酒店内部包括客房在内的细节内饰设计被贯穿如一，力求为宾客提供内外呼应的完整体验。

这样保持文化又有前瞻性的设计，是值得我们学习的。

问题三：2016 年你最期待自己在哪方面有提升？

平和做自己。做个可以维持平衡的人：平衡自己的家庭、平衡团队协作关系、平衡我的专业技艺。在“维持”的基础上做好每一件事情，在开拓中把握机遇。相信严于律己就能得到收获，这会远远超过预定计划所带来的动力和成就。现在无法断言接下来几年的发展，但可以肯定的是我会继续带着自己的团队在设计领域里开辟新思路，在设计与文化特色的有机结合中产出更多脱颖而出且符合市场经济的好作品。

葛亚曦

问题一：一句话总结你自己的 2015。

重新开启，再造未来。

问题二：2015 年你最欣赏的设计作品是什么？为什么？

最喜欢北京中粮瑞府的设计，因为它的设计做到了和人们的生活进行很好地沟通。现如今，生活在高楼大厦的人们很少能有一套能够与自己沟通心灵的房子，而他做到了。

问题三：2016 年你最期待自己在哪方面有提升？

与其他设计师一样，陈设设计的工作充满挑战，我们一直在强调要做一些符合人文价值、符合美学的设计。要想到达美，形成影响力，我们就该思考要拿什么工具、什么理论、什么方法，去影响、去示范、去表达、去沟通。创新，即样式的创新、体验的创新，我们要有能力在设计观念、设计理念下形成我们自己的观点、知识系统，这样才能让我们更好地工作。孔子曰：“吾尝终日不食，终夜不寝，以思，无益，不如学也。”最好的创造是不断学习、练习，这是我们做好的设计的前提，也是必须具备的条件。

顾碧波

问题一：一句话总结你自己的 2015。

2015 年是忙碌的一年，也是充实的一年，在这一年里我收获了很多。

问题二：2015 年你最欣赏的设计作品是什么？为什么？

最欣赏的作品是上海的 GUCCI 餐厅，因为它将时尚与西式高级正餐完美结合在一起，餐厅的内部空间和细节处理值得学习。

问题三：2016 年你最期待自己在哪方面有提升？

2016 年希望通过自己的努力能有更好的作品呈现，能有更多时间出去学习交流，提升自我价值。

桂涛

问题一：一句话总结你自己的 2015。

忙碌、充实、打开眼界的一年。

问题二：2015 年你最欣赏的设计作品是什么？为什么？

香港的 Castello 4 西式餐厅 / 酒吧。设计师 Michael Liu 使用常见的混凝土、水泥板、红铜板配以不同的灯光效果，营造出一个既科幻又厚重，充满神秘感的另类空间，使人感觉仿佛来到电影星战的世界，是个让人眼前一亮的小众脱俗作品。

问题三：2016 年你最期待自己在哪方面有提升？

希望自己能设计出更多让人眼前一亮又经得起细节推敲的作品。

韩文强

问题一：一句话总结你自己的 2015。

挑战中存在机遇，忙碌中略带惊喜。

问题二：2015 年你最欣赏的设计作品是什么？为什么？

英国设计师赫斯维克的系列展览和设计。从产品的角度看待环境设计，充满人文关怀，跨越设计界限，激发无限创意，让我深受启发。

问题三：2016 年你最期待自己在哪方面有提升？

整理设计理念，拓宽创意思路。

何华武

问题一：一句话总结你自己的 2015。

准备为将来奠定一个好的开始。

问题二：2015 年你最欣赏的设计作品是什么？为什么？

最孤独的图书馆，因为资源已经不再是稀缺，体验变成了稀缺。

问题三：2016 年你最期待自己在哪方面有提升？

非常期待自己的项目设计真正能为客户带来价值最大化。

侯胤杰，沈厉

问题一：一句话总结你自己的 2015。

激荡的年份，使整个商业环境的变化带来危机感，被动或主动的转变中涌现新机遇交替出现，SEA DESIGN 将迎来一个蜕变的新阶段。

问题二：2015 年你最欣赏的设计作品是什么？为什么？

作为商业空间设计师，最欣赏的作品是国内的连锁新品牌——很高兴遇见你。

我们的观察点不仅仅停留在风格上，而是在于设计与品牌定位、市场营销以及包装的全面配合。品牌利用明星效应，进行粉丝营销，通过软装来变换主题，线上线下进行互动，抓住市场上最热的关注点，以最小的投入取得最佳的经济效益。

问题三：2016 年你最期待自己在哪方面有提升？

随着互联网不断地冲击着传统商业模式，商业设计也面临着巨大的挑战，复合型和国际型的发展方向是必然的趋势，也就是我们需要用所谓的互联网概念来思考将来。2016 年我们将更广泛、更深入地与商业相关行业进行合作，让我们的设计能更直接、更准确地了解市场变化。把握好这次的转型期，创出属于自己的商业设计模式。

胡俊峰

问题一：一句话总结你自己的 2015。

调整步伐迎接更高的挑战

问题二：2015 年你最欣赏的设计作品是什么？为什么？

印象特别深刻的好像不多。

问题三：2016 年你最期待自己在哪方面有提升？

继续提升作品的层次和品质。

胡世列

问题一：一句话总结你自己的2015。

时间不一定能证明许多东西，但一定会让你看透许多东西！设计的成熟需要时间，2015年我仍在和时间赛跑。

问题二：2015年你最欣赏的设计作品是什么？为什么？

2015年我最欣赏的设计作品是陈林设计的《北京宴电影主题餐厅》，陈林的魅力在于他总是能将曾经撼动内心记忆的碎片重新组合，唤起人们对周围环境和空间的感知，传达出个体对空间的独特感受。

问题三：2016年你最期待自己在哪方面有提升？

2016年将是造梦的一年，思考人与空间的关系、记忆与现实的关系、光影与原声的关系等，试图触动五感创造梦与境的情绪，营造舞台与现实神秘游离的空间氛围。

胡武豪

问题一：一句话总结你自己的2015。

市场竞争的残酷让我更确定，作为专业工作者需要不断学习和提升，使设计作品能够更有新意、更落地，提高自己在行业内的专业竞争力！

问题二：2015年你最欣赏的设计作品是什么？为什么？

2015年最欣赏的设计作品是：Dior韩国首尔专卖店。因为设计师是全球奢侈品店的设计第一人，时尚界称他为彼得大帝。欣赏这个作品的原因是传统的奢侈品店空间设计都是以大气简洁、材质细腻、空间感高级为标准，但DIOR韩国首尔店却在外立面结构造型上就突破了常规的方正简洁造型，而是设计了风帆的造型，使用了树脂和玻璃纤维的现代材质来塑造，内部空间也采用了传统奢侈品店中看不到的金属涂料的板材及浮雕面的表现手法，时尚现代的造型另我眼前一亮，所以我觉得这样的设计师能突破自己常规的设计手法，从容地突破自我，让我非常欣赏。

问题三：2016年你最期待自己在哪方面有提升？

对于我这个年龄的设计工作者来说，我觉得新一年最重要的就是突破自己，因为这个阶段是很多设计师的瓶颈阶段，要提升的主要有以下几个方面：①提高对世界文化艺术的理解能力；②留出时间到国外继续深造学习；③对商业领域设计的学习和提高，因为作为商业空间设计，必须要更清晰的理解商业；④提高团队的整体创作能力。

华翔

问题一：一句话总结你自己的2015。

埋头，静心，查己，做事。

问题二：2015年你最欣赏的设计作品是什么？为什么？

最喜欢Frank Gehry的路易威登基金会艺术中心。

问题三：2016年你最期待自己在哪方面有提升？

身材。

黄海涛

问题一：一句话总结你自己的2015。

2015是一个转折，在逆境中追寻机会和发展。

问题二：2015年你最欣赏的设计作品是什么？为什么？

自己的作品满意的太少。看见已建成的他人精品项目还是会有冲动和动力的。

问题三：2016年你最期待自己在哪方面有提升？

作品的完成度和方案的还原度。

黄剑才

问题一：一句话总结你自己的2015。

外塑形象，内筑实力，不求项目有多大，但每个案例都是一次突破，做个有影响力的设计师。

问题二：2015年你最欣赏的设计作品是什么？为什么？

《爷爷家青年旅社》、《胡同茶舍.曲廊院》和《墅家墨娑》（备注：都是今年金堂优秀）。因为最伟大的建筑空间其实可以在乡村，中国建筑设计的重点不只是城市化而应该是改良庞大的乡村地域和旧房子，传承历史，盘活落后。

问题三：2016年你最期待自己在哪方面有提升？

让设计的表现手段更加新颖，出乎意料又让人容易接受。

黄齐正

问题一：一句话总结你自己的2015。

2015即将落幕，时间很快，脚步很忙，不忘初心，方得始终！

问题二：2015年你最欣赏的设计作品是什么？为什么？

雅布设计的上海宝姿！

从外观上看，酷似冰山的垂直等腰三角形玻璃体，造型十分突出！

店里的装饰精致而不繁复，展现了非凡的设计功力！

丰富的木结构拼接，是一种建筑艺术的重生，更是新时代的设计追求。

问题三：2016年你最期待自己在哪方面有提升？

期待能在各个方面都得到提升，学无止境！多和外界交流沟通，将被动变成主动。敢于尝试，勇于尝试！

黄永才

问题一：一句话总结你自己的2015。

与团队合作，用心对待每一个作品。

问题二：2015年你最欣赏的设计作品是什么？为什么？

Frank Gehry的《LV基金博物馆》，因为它诠释了诗意与流动性。

问题三：2016年你最期待自己在哪方面有提升？

2016我最期待的是能与各类专才跨界合作，为未来的作品添加更多的可能性。

蒋丹

问题一：一句话总结你自己的2015。

2015是领悟很多的一年，让我感受到时间很紧迫。

问题二：2015年你最欣赏的设计作品是什么？为什么？

路易斯安娜州立博物馆，从外观至室内的都给我惊喜，从想法到施工完成我都很赞叹，它是一个充满未来感的博物馆，我很喜欢。

问题三：2016年你最期待自己在哪方面有提升？

2016的工作重心还是工装设计，希望在餐厅设计上能取

程晖

范日桥

葛亚曦

韩文强

何华武

侯胤杰，沈虏

胡武豪

得进步，有机会多学习经营，从甲方的角度去思考空间需求。

■ 金永生

问题一：一句话总结你自己的 2015。

一直在努力，力求做到精益求精。

问题二：2015 年你最欣赏的设计作品是什么？为什么？

吴滨的《云上的日子》

这套作品充满梦幻，又连接自然，引人入胜，让人有踏足云中的感觉。

问题三：2016 年你最期待自己在哪方面有提升？

设计本就需要时间来沉淀。经验和阅历都很重要，每过去一年，相对前面，对自己都是一个提高。我觉得设计本身就是一个不断提升的过程，每一段时间都会有新的东西加入到你的设计中来，拓宽你的设计思路。2016 年里我希望我的设计面更加广泛，涉及的领域能够更宽，做出更多好的作品。

■ 孔魏躲

问题一：一句话总结你自己的 2015。

依旧辛苦地奋斗着。

问题二：2015 年你最欣赏的设计作品是什么？为什么？

我最欣赏的是轻井泽台南店（备注：2014 年金堂获奖作品）。设计师将庄子的“至大无外，至小无内”哲学思想与设计大师安藤忠雄的建筑美学完美结合。

问题三：2016 年你最期待自己在哪方面有提升？

我们的老祖宗给我们留下了许多的东西，新的一年我将深入地学习和研究，不同的地域有不同的文化，接触不同的圈子，做不同的设计，体验不同的人生，折腾出不同的自我。

■ 黎广浓

问题一：一句话总结你自己的 2015。

设计这个职业，犹如人的第二重性格，如冷峻高山，总想临绝顶览众山、拥广阔的视野、含澎湃激情、握无限自信。“海纳百川，有容乃大。”大海放低体位才能容纳浩瀚直至壮阔，这是自然现象；而于人却是一种极深刻的哲理——“务事先为人”，我们需要学会把自己放低、学会包容、学会谦逊。看似矛盾分裂、冲刷激荡、互相抗衡而后成为我们，成为有态度的设计者。

问题二：2015 年你最欣赏的设计作品是什么？为什么？

有思想有创造力、空间充满着情感的设计作品。因为设计是人与人、人与物、物与物之间关系的链条式联动解决方案；设计同时是设计者、设计物与使用者或接收者之间进行的有效体验和交流沟通；是寻求观念或方法的最佳表述方案；生活包括其中一切组成元素，都是“设计赖以发生、发展的土壤和基础”。生活不缺少美，缺少的是发现，唯有善于发现的眼睛、懂得生活、欣赏生活，才会深切感受生活的细节，才能真正站在人心人性的角度去思考去设计。

问题三：2016 年你最期待自己在哪方面有提升？

设计不是一种技能，它是捕捉事物本质的感觉能力和洞察能力。设计行为就是用感官来接触外界，从而获取信息，然后将信息打碎重新组合，有目的、有计划地去干预人的体验与印象的生成过程。所以设计者最大的任务就是传达信息，用清晰严密的设计语言完成逻辑需求、甚至用幽默诙谐的设计语言来表达自己的生活态度。设计是对既定结果的追求，而真正的核心却是思索与践行的过程，当今经济高速发展，对物欲的追求极易把人的心态搞得慌乱复杂或本末倒置。而有远见的设计者应学会平静、学会调整、学会舍弃，只有回归本源才能看清事物本质，才能真正从本心去思索何为设计，何为本末。

■ 李财赋

问题一：一句话总结你自己的 2015。

简单生活，快乐设计。

问题二：2015 年你最欣赏的设计作品是什么？为什么？

梁建国老师的北京大栅栏胡同改造项目。因为他的设计反映出了中国典型性变通家庭，提倡的是人性，这是一个有爱的设计，设计应该生活化，生活也可以艺术化，这几点在这个项目中我都感受到了。

问题三：2016 年你最期待自己在哪方面有提升？

期待自己在传统文化上做大功课，做本土化的设计。

■ 李光政

问题一：一句话总结你自己的 2015。

很忙，但一直在努力学习，期待进步！

问题二：2015 年你最欣赏的设计作品是什么？为什么？

新中式混搭设计，因为我觉得民族的元素会更有生命力！

问题三：2016 年你最期待自己在哪方面有提升？

希望自己的设计手法能更加多元化，要抽时间锻炼身体！

■ 李吉

问题一：一句话总结你自己的 2015。

闲暇时充实自我，案例中挑战自我，忙碌中提升自我。

问题二：2015 年你最欣赏的设计作品是什么？为什么？

扎哈的香奈儿移动艺术馆，曲线优美、空间科技感十足、组装工艺精密。

问题三：2016 年你最期待自己在哪方面有提升？

期待在园林设计和软装搭配方面的能力有所提升。

■ 李金山

问题一：一句话总结你自己的 2015。

生活中的每一次经历都是收获，遇到的每一次挫折都会带来感悟。

问题二：2015 年你最欣赏的设计作品是什么？为什么？

JAYA 上海璞丽酒店。重温璞丽酒店，这是一位外籍设计师对中国元素的完美解读和应用，营造中式禅意的经典之作。

问题三：2016 年你最期待自己在哪方面有提升？

对现代中式设计艺术的运用手法需要提升。

■ 李日中

问题一：一句话总结你自己的 2015。

这一年里的挫折和收获让我对设计、对团队有了新的感悟和理解。

孔魏躲

李财赋

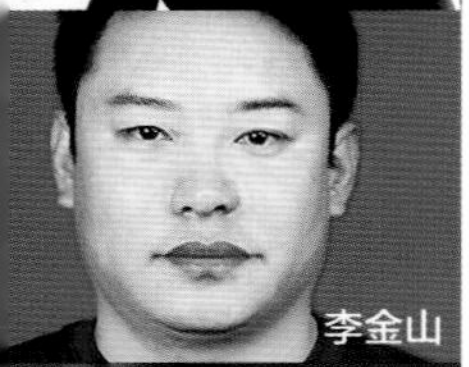

李金山

李渊

梁瑞雪

廖奕权

廖志强

问题二：2015 年你最欣赏的设计作品是什么？为什么？

纽约曼哈顿的住宅项目——伊丽莎白 152 号。在整个项目中，设计师一直在寻找四个元素的结合：光、空气、声音和水。在伊丽莎白 152 号中，运用了混凝土、铁及玻璃三大材料，来寻找元素之间的平衡，不只是在光线与阴影之间。

问题三：2016 年你最期待自己在哪方面有提升？

随着设计项目上甲方的层次和要求不断提高，除了自己的综合能力需要提升，团队的协作能力更需要尽快地成熟起来。

李硕

问题一：一句话总结你自己的 2015。

仍然是非常繁忙与非常不繁忙切换着的一年，设计行业嘛，看似可以自己掌控时间，但出于责任总有很多事情放不下，忙里偷闲感觉更好。

问题二：2015 年你最欣赏的设计作品是什么？为什么？

我喜欢看一些不同专业的学生作品，虽有些天马行空，但却较少受到材质、工艺、规章制度及人情世故的影响。

问题三：2016 年你最期待自己在哪方面有提升？

在学习和关注本专业相关知识的同时，还可以更多地关注其他设计行业的一流作品，包括服装设计、平面设计、产品设计、展示设计、园林设计等。

李祥君

问题一：一句话总结你自己的 2015。

紧张、忙碌、充实、快乐的一年！

问题二：2015 年你最欣赏的设计作品是什么？为什么？

2015 年最欣赏的设计作品是被业界誉为“城市绿螺”的上海自然博物馆新馆。其建筑形态的设计灵感于绿螺的壳体形状，充分秉承“以人为本，师法自然”的设计理念，整座场馆展现出传统建筑文化精粹与整体环境相融合、优美建筑形态与良好节能效果相融合、空间布局实用性与永续发展的前瞻性相融合的建筑风格，这是值得大家学习的。

问题三：2016 年你最期待自己在哪方面有提升？

2016 年希望能将设计做到极致，打造出更多精品展览馆。

李渊

问题一：一句话总结你自己的 2015。

忙碌、充实的一年。

问题二：2015 年你最欣赏的设计作品是什么？为什么？

欣赏的很多，比如东方卫视“梦想改造家”节目的一些作品。欣赏的原因不仅仅是因为作品本身，更多的是因为这些作品解决了一些普通大众的基本问题，设计的过程关注了人与人的关系，人与空间的关系，人与环境的关系等等，体现和传播了设计的价值。

问题三：2016 年你最期待自己在哪方面有提升？

照明设计，软装搭配等等。

练伟全

问题一：一句话总结你自己的 2015。

创业路上磕磕碰碰，在挫折中不断得到成长，更清楚自己的目标。

问题二：2015 年你最欣赏的设计作品是什么？为什么？

Yabu Pushelberg 新作：深圳湾一号样板房。理由在于此作品延用 Yabu 公司一贯的设计风格，干净大气的设计手法，空间内整体的把握恰到好处，不多不少，基本挑不出有多余的东西，细节局部彰显品位且富有内涵。

问题三：2016 年你最期待自己在哪方面有提升？

2016 年，我希望自己对空间的整体把握能力有所提高，加强对中华历史文化的理解，思考如何通过设计手段传承中国文化；第二希望提高自己对公司的管理能力。

梁瑞雪

问题一：一句话总结你自己的 2015。

2015 年痛并快乐着！

问题二：2015 年你最欣赏的设计作品是什么？为什么？

吴滨的《中粮瑞府》，我觉得这个作品对当代东方语言的解读很完美，典雅精致，做到了一个新高度。

问题三：2016 年你最期待自己在哪方面有提升？

2016 年期待自己的设计做到标准化和个性化的完美融合。

廖奕权

问题一：一句话总结你自己的 2015。

苦中作乐，天造人缘，命中注定坚持到底，定必胜利！

2015 年充满情感，是非常复杂且困难的一年。首先在年初举办了公司为庆祝成立五周年的旅行，公司全员和他们的家人结伴而行，非常融洽，愉快地让 2015 年有了一个美好的开始。

公司在众多客户的支持下不断扩充，在 2015 年 4 月左右成功搬迁到充满活力的新办公室。在新的工作环境下大家更有动力。

但在经济不景气的大势之下，项目数量大为减少，客户把项目预算压低，还有一些合作伙伴倒闭或潜逃。但在各位同事支持下，总算雨过天晴了。再加上年尾有两大人生中的重大喜事发生：我创业以来一值不离不弃的伴侣终于和我结伴终生，和我一起迎接更精彩的设计之路；第二件事就是非常荣幸地得到梁景华先生和何宗宪先生之提名竞选香港十大杰出设计师的荣誉，真的非常感动和安慰，这算是为 2015年划上了完美的句号。

问题二：2015 年你最欣赏的设计作品是什么？为什么？

2015 年是一个反思、感恩之年，我最欣赏的作品就是我公司的新办公室。随著同事们之间的默契加深和共同努力、克服困难、客户群素质的提升等因素，公司也在不断进步，同事之间感情更亲近，与客户也成为了好朋友。我觉得这就是我设计出来的最棒的作品。

问题三：2016 年你最期待自己在哪方面有提升？

我希望在其他设计技能上有更多的机会去尝试，例如在产品（生活用品）设计和艺术等方面。我觉得一个完美的空间需要有更完美的配置和软装，这就是我设计的空间。

廖志强

问题一：一句话总结你自己的 2015。

2015 尚未过去，无需总结。即使要总结的话也是喜比忧多，成长比成就多。

问题二：2015 年你最欣赏的设计作品是什么？为什么？

欣赏的作品其实有很多，但是我并不愿意去说哪一栋建筑是我最欣赏的，或者说某一位设计师是我所喜欢的，或者他的风格是我所喜欢的，我觉得每一个设计师、每一栋建筑都有自己的特质，都有一些不一样的东西，我更愿意去发现他的本质，发现他们在空间和建筑里所表现出的不足。

问题三：2016 年你最期待自己在哪方面有提升？

2015 尚未过去，如果现在要对 2016 有什么期许的话，我觉得为时尚早。从室内建筑设计，或者我个人的角度来讲，更愿意看到的是我们团队中每个人的成长，以及共同努力进步的这样一种结果，而不是去许愿，因为大家一起去为设计的美好做出更多的努力才是最好的方法。要说希望在哪一方面有提升的话，对于我个人来讲是在设计和管理能力上有所提升，但我觉得这些对于团队都是微乎其微的，我更希望的是我们的团队一起进步，这是我最大的愿望和期许。

林嘉诚

问题一：一句话总结你自己的 2015。

宝剑锋从磨砺出，梅花香自苦寒来。

问题二：2015 年你最欣赏的设计作品是什么？为什么？

《三宅一生东京 "Bao Bao" 店》，因为 Moment 事务所只用了七天的时间便打造出了这个仿佛突然之间就映入世人眼帘的创意空间，用统一亮白金色的几何形状来衬托色彩不同的几何形状的产品，环境与产品真正做到了相互呼应。

问题三：2016 年你最期待自己在哪方面有提升？

2016 年我希望自己更多关注内心的想法，不为设计而设计，而是引导出物质本身的特性与美。

林秋苹

问题一：一句话总结你自己的 2015。

踏踏实实做人，认认真真做事，对每个案子都做到无愧于心。

问题二：2015 年你最欣赏的设计作品是什么？为什么？

我一直很欣赏贝律铭的作品，例如美秀美术馆、苏州博物馆、伊斯兰艺术博物馆。贝聿铭的建筑设计有三个特色：一是建筑与环境自然融合；二是空间处理；三是对光的把控。我最喜欢他对中国山水理想风景画的把握。

问题三：2016 年你最期待自己在哪方面有提升？

2016 我希望自己多读多看，多走多学，不断反思，改变自己，开阔眼界，提高学习能力。

林森

问题一：一句话总结你自己的 2015。

根性 + 穿越 + 共享。

问题二：2015 年你最欣赏的设计作品是什么？为什么？

景浮宫瓷板艺术馆（备注：自己获奖作品）。它将传统中国技法及文化以时代的面貌体现出来。

问题三：2016 年你最期待自己在哪方面有提升？

明确设计属性，注入文化内核。

刘波

问题一：一句话总结你自己的 2015。

2015 忙中自乐！因为爱设计、爱原创。

问题二：2015 年你最欣赏的设计作品是什么？为什么？

2015 年我最喜欢新中式禅意的空间设计，我觉得中国式极简风将很快进入更多中国人的家庭及公共空间，中国人将不再崇洋媚外，会因中国元素而骄傲。

问题三：2016 年你最期待自己在哪方面有提升？

建筑及景观设计方面。

刘非

问题一：一句话总结你自己的 2015。

2015 年是阶段性的一年，在毕业十年之际，回首过去，展望未来，总结之前的失败与教训，阔步面向未来！

问题二：2015 年你最欣赏的设计作品是什么？为什么？

2015 年完成较好的项目就是两个乡村建筑项目。这两个项目都是利用古村落里面拆迁下来的木、砖、瓦、石等原材料，在新址上异地重建的，保留了乡村原有的质朴，增添了当代社会的审美元素，以满足当代城市人群休闲旅游的需求。

问题三：2016 年你最期待自己在哪方面有提升？

2016 年，将矢志不渝地把乡村项目研究继续做下去，同时会更关注当地本土文化，将这些融入到设计工作中。

刘国海

问题一：一句话总结你自己的 2015。

寻求转变的斗志伴随回归生活的淡然。

问题二：2015 年你最欣赏的设计作品是什么？为什么？

王亥成都的《崇德里》，空间在新旧融合上延生的结构共生一体，用新的角度诠释对传统的理解和保护，没有传统的元素却做出了传统的韵味。

问题三：2016 年你最期待自己在哪方面有提升？

于人于事于技，要有更放松更轻松的姿态。

刘浩宇

问题一：一句话总结你自己的 2015。

设计是没有止境的，我们要不断创新地去融合各种设计思想。

问题二：2015 年你最欣赏的设计作品是什么？为什么？

《望京 soho》， 该项目运用“动态山峰”的设计理念，拥有独特的曲线外观，从不同的方向望去会有不同的效果，但始终展现出优雅流动的美感。

问题三：2016 年你最期待自己在哪方面有提升？

对设计的细节要更加考究。

刘坤

问题一：一句话总结你自己的 2015。

从业以来最有收获的一年，感谢一路上陪伴自己成长的伙伴、家人、朋友、客户。

问题二：2015 年你最欣赏的设计作品是什么？为什么？

成都博舍酒店，这是一个演绎了中国传统美与现代设计美的好作品。

问题三：2016 年你最期待自己在哪方面有提升？

光与空间的融合。

刘涛

问题一：一句话总结你自己的 2015。

2015 年对于自己来说是发展忙碌的一年，做了比以往多一倍的项目，也是前几年积累的结果吧，但也暴露了自己团队的众多不足，感谢信任我们的客户，也感谢一直在努力的团队中的小伙伴们。

问题二：2015年你最欣赏的设计作品是什么？为什么？

一直喜欢如恩（设计共和）的项目，比如刚完成的一个给名模吕燕自己品牌设计的服装店。喜欢他们一直在用纯粹基本的材料来诠释空间，新旧建筑结合得恰到好处，这是真正意义上的建筑空间，很喜欢。

问题三：2016年你最期待自己在哪方面有提升？

我想要吸引更多人才，加强凝聚力，苦炼内功，争取对设计的理解能更宽泛一些。

刘雅正

问题一：一句话总结你自己的2015。

2015年充满了收获的喜悦，与坚持的不易。作品方向转型，我们团队的一些作品屡次获奖，充满收获的喜悦。同时因为大市场环境的变革，传统设计团队面临严峻的形势，需要在坚持创作的同时完成转型。适应新的网络环境和新型甲方企业，充满机遇与挑战。

问题二：2015年你最欣赏的设计作品是什么？为什么？

喜欢我们团队韩帅老师2015年设计的一个作品《雅汇茶事》（备注：参评未获奖）因为他在方寸之间融汇进去了中国传统人文精神，将宋代、明代的极简美学提炼，在室内封闭空间中巧妙地做出天景、廊桥、窗格等园林的元素，很唯美，这个作品没有拿奖很遗憾。

问题三：2016年你最期待自己在哪方面有提升？

2016年希望能延续我们团队的宗旨，做真正改变生活的设计，希望有更好的品牌形象和设计作品。我们要继续提炼传统文化，承宋明之极简，谱写东林造物之华章。

刘志豪

问题一：一句话总结你自己的2015。

2015年，平淡中有幸福！

问题二：2015年你最欣赏的设计作品是什么？为什么？

宋微建的《马厩酒店》。马厩酒店不是试图打破原有，而是选择顺应，保留了建筑原来的痕迹，在还原历史的基础上将其变身为一家具有现代感的小型酒店，并与自然和谐共处。设计给原有建筑以充分的“尊重”，尊重历史、尊重自然，这是最能打动我的地方。

问题三：2016年你最期待自己在哪方面有提升？

2016年，我希望我能更学会“尊重”，无论对人还是对物！我也希望“尊重”能自始至终体现在我的设计之中。

卢忆

问题一：一句话总结你自己的2015。

在忙碌中，能真正静下来看看自己。

问题二：2015年你最欣赏的设计作品是什么？为什么？

其实喜欢的作品挺多的，如墨尔本Adelphi酒店、纽约citizenM时代广场酒店、方所等。它们最大的特点是符合当下时尚审美观，包括功能的综合商业操作。

问题三：2016年你最期待自己在哪方面有提升？

希望自己能把团队整合得更好更完善，把每个项目做得更完善！同时能给自己留更多的时间静下来思考。

龙丽仁

问题一：一句话总结你自己的2015。

专注可以激发设计灵感。

问题二：2015年你最欣赏的设计作品是什么？为什么？

没有！也许是没有发现！

问题三：2016年你最期待自己在哪方面有提升？

哲学 。

陆佳

问题一：一句话总结你自己的2015。

充实、成长、积累，这三个词代表了2015年的所有。

问题二：2015年你最欣赏的设计作品是什么？为什么？

《云上的日子——世贸云湖》。因为它有中国的意境和情结。

问题三：2016年你最期待自己在哪方面有提升？

希望各方面的见识和综合能力再不断提升。

逯杰

问题一：一句话总结你自己的2015。

2015年我的人生迈入到40岁的新阶段，从事设计工作20年来，开始考虑设计的意义是什么、生活的意义是什么、生活与设计之间真正的关系是什么……

问题二：2015年你最欣赏的设计作品是什么？为什么？

2015年我最欣赏的作品是意大利米兰的GESSL卫浴展示中心的室内设计，因为它让我真正感受到了什么是品质。

问题三：2016年你最期待自己在哪方面有提升？

2016年我期待能有多一点的时间去感受生活，慢慢体验设计与生活的关系与意义，能让我的设计改变自己的状态，同时也希望为他人带来改变。

罗伟

问题一：一句话总结你自己的2015。

2015年对于韦高成以及我个人来说，是崭新的“五周年”开局之年，可谓承前启后，走向成熟，迎接未来，是十分关键的一年。我一直在思考并坚守着，我们要做设计的坚守者，坚守作为社会分工的本分与责任，坚守设计的使命即为服务与梦想，坚守不断完善的认真与执着，坚守自己对设计的那份初心与快乐，坚守东西方融合的传统与创新，坚守人们对你信任的道德与良心，坚守推动设计行业健康发展拨乱返正的力量，坚守志同道合、共同事业的团队阵营，坚守理想与面包、即做别人也做自己的态度。

问题二：2015年你最欣赏的设计作品是什么？为什么？

最欣赏的设计作品永远在未来。我喜欢有东方自然美学而又有现代国际范儿的作品，梦想在十年后为自己盖一栋在蓝天之下、高山之上、树丛之间，自然唯心、有机生长、艺术温暖的房子。

问题三：2016年你最期待自己在哪方面有提升？

2016年，我最期待能够带领我的团队开创设计梦想，解决环境与人的关系，为空间注入它本身承载的功能和作用，为大众带来更多的空间美学。

吕靖

问题一：一句话总结你自己的2015。

有进步，但还需要努力。

问题二：2015年你最欣赏的设计作品是什么？为什么？

最欣赏的作品说不上来是哪个，但整个行业里的设计师都进步很快，有太多好的作品，有太多值得学习的地方。

问题三：2016年你最期待自己在哪方面有提升？

设计公司的管理以及公司品牌的推广是我们希望能学习的。

吕军

问题一：一句话总结你自己的2015。

简单生活，快乐工作，提升自我，乐于分享，忙于事情，闲于心静。

问题二：2015年你最欣赏的设计作品是什么？为什么？

能让人的心灵得到安静的作品都欣赏。万物生于静归于静，不论是道家的炼心炼气，儒家的修心养性，还是佛家的“六根清静”，都以练静为入手，心不能静便无所安，心不能定便无所守。

问题三：2016年你最期待自己在哪方面有提升？

人生是不断学习的过程，无论是设计、思想还是生活，都希望得到一个全方位的提升。生活的知足让我体会到什么是幸福，而人生不满足则会告诉我，我还可以做的更好，学会知足，但不轻易满足。

马静自

问题一：一句话总结你自己的2015。

具有挑战的一年。

问题二：2015年你最欣赏的设计作品是什么？为什么？

ECLAT-1F（备注：自己获奖作品），活泼、动感且富有戏剧张力。

问题三：2016年你最期待自己在哪方面有提升？

努力加强更有底蕴且更富深远精细的思虑设计。

买佳男

问题一：一句话总结你自己的2015。

我的2015是辛勤的一年，有苦有甜，是自身修为清晰并成长的一年。肯定了自己从业15年来的坚持，明确了自己事业的定位。

问题二：2015年你最欣赏的设计作品是什么？为什么？

带有绝对概念性的创意设计作品我都喜欢！能刺激我的设计思路！尤其是将无形变有形的设计作品！

问题三：2016年你最期待自己在哪方面有提升？

期待在设计思维上和人生信仰上有所提升！

毛毳

问题一：一句话总结你自己的2015。

越来越觉得静下心来做设计一种幸福，从2010年伴随金堂奖开始，每一步都走向更成熟的设计手法，设计语言和思维都在2015年体现出自己静下来做设计的愉悦。

问题二：2015年你最欣赏的设计作品是什么？为什么？

2015年《回》酒店（备注：2014获奖作品），入到眼帘让我非常喜欢，中式的空间结构，设计巧妙的客房空间，不是夸张而是在稳中取胜，气息光感宁静，通过这个作品让作为设计师的我希望自己沉静下来，去感受设计所带来的乐趣，也许更象征着自己的改变和从新认识对设计的理解。并不是一味去抄袭而是对感受的提升。

问题三：2016年你最期待自己在哪方面有提升？

2016年我找到了属于自己的设计语言，并不是说心思沉静就要做出一个空间沉静的作品，而是静下来思考让未来几十年的每个作品从骨子里拥有一个故事，我希望我能成为一个会讲故事的设计师，无论故事好坏，只要有故事，就为空间赋予了灵魂。

毛小阳

问题一：一句话总结你自己的2015。

一直在路上。

问题二：2015年你最欣赏的设计作品是什么？为什么？

INT2architecture设计的60平米的圣彼得堡公寓，小空间，大智慧。

问题三：2016年你最期待自己在哪方面有提升？

空间规划以及概念设计。

孟繁峰

问题一：一句话总结你自己的2015。

生活工作平分秋色！

问题二：2015年你最欣赏的设计作品是什么？为什么？

可能不是一个设计作品，而是一组设计作品，那就是梦想改造家中对那些急需设计改造的小、差、难户型的改造，不是豪宅最需要设计介入的空间，那些挣扎在生活空间囹圄中的业主更加需要设计的存在和改变。

问题三：2016年你最期待自己在哪方面有提升？

2016最期待自己的生活品质得以提升，一个懂得生活的设计师才是最好的私宅设计师。

穆鑫

问题一：一句话总结你自己的2015。

在大浪淘沙的设计潮流中，坚持表达关于我们自身的生活和文化。

问题二：2015年你最欣赏的设计作品是什么？为什么？

拙政园，既有历史的沉淀也充分体现了我们东方人对于空间的认知，是我们寻找自己设计方向的一本很好的教科书。

问题三：2016年你最期待自己在哪方面有提升？

对于设计空间的人文体验是我一直研究的方向，希望在关于传统的传承和创新上能有新的收获。

纳杰

问题一：一句话总结你自己的2015。

继续较着真做着自己坚信的事……

问题二：2015年你最欣赏的设计作品是什么？为什么？

年轻设计师CAGE运用Lego零部件搭建的The Transformers base（变形金刚汽车人基地）

原因：这个具有强烈结构主义的作品充满着想象力，设计者在二维平面上运用翻、拉、挑、插、折叠等手法制造三维立体形态，最终突破方盒子体系，构成一个复杂又纯净的空间！但之所以选择这个作品最重要的一个原因是设计者 CAGE 是我五岁半的儿子，也算是本人对于未来大师的致敬。

问题三：2016 年你最期待自己在哪方面有提升？

创造力，英文，地狱架子鼓。

倪健

问题一：一句话总结你自己的 2015。

感知、感悟、感恩。

问题二：2015 年你最欣赏的设计作品是什么？为什么？

彼得•卒母托的瑞士瓦尔斯温泉浴场，它反映出了空间材质的自身本质，能将其空间气质完美呈现出来。以空间材质自身的语言抵制浪费，感悟精简。

问题三：2016 年你最期待自己在哪方面有提升？

希望对材质的认知、运用更加合理。

倪泽

问题一：一句话总结你自己的 2015。

平淡人生路上的一个节点。

问题二：2015 年你最欣赏的设计作品是什么？为什么？

中国所有设计同仁呈现的所有作品都令人欣赏，正是每一位从业者前仆后继的奋进，才让中国的设计以加速度速率弥合近现代西方设计的引领态势。

问题三：2016 年你最期待自己在哪方面有提升？

自己要加速跑动，我们的人要一起奠定基础，走得更远。

潘高峰

问题一：一句话总结你自己的 2015。

让理念传播各处，把设计落到实处。

问题二：2015 年你最欣赏的设计作品是什么？为什么？

王澍设计的中国美术学院象山校区，它以塑造整体的园林景观为理念，打造建筑与景观相结合的校区。

问题三：2016 年你最期待自己在哪方面有提升？

我希望明年能不断接触有意思的设计项目，提高自己和团队的综合能力，并且在改造型的项目上能有所建树。

潘宇

问题一：一句话总结你自己的 2015。

2015 一直在自我对话、自我博弈。想给自己一个超现实的寓言，想表达与世界、与自我的对话。

问题二：2015 年你最欣赏的设计作品是什么？为什么？

努力发现中。

问题三：2016 年你最期待自己在哪方面有提升？

2016 希望能更深入地与世界、与自我交流。

彭丽

问题一：一句话总结你自己的 2015。

低调的一年，对未来充满期待，我和我的团队一起努力成长的一年！

问题二：2015 年你最欣赏的设计作品是什么？为什么？

逝去的印度设计大师贾雅 JAYA 的作品，如杭州法云安缦、富春山居、上海璞丽酒店等等，从他的作品里我们可以深刻感受到设计真正的魅力，他从不为某个年代或某种风格而设计，而是为找出美丽和宁静而设计。

问题三：2016 年你最期待自己在哪方面有提升？

展望 2016，我希望能够在时间管理问题上有所提升，拥有更广泛的设计空间和更多的体验空间，合理安排时间尽情做自己真正喜欢的设计。

彭征

问题一：一句话总结你自己的 2015。

一扇门关闭之时也是另一扇门开启之刻，2015，我懂得了设计最伟大的力量并不是超越自我，而在于懂得放下自我，见天地，见重生。

问题二：2015 年你最欣赏的设计作品是什么？为什么？

安缦法云，缅怀贾雅。

问题三：2016 年你最期待自己在哪方面有提升？

希望我带领我的设计团队尝试新的设计领域，设计无边界，设计的乐趣和意义也总是在 CROSSOVER 跨界中产生。

钱敏

问题一：一句话总结你自己的 2015。

感受自然，用生活体验设计，用设计改善生活。

问题二：2015 年你最欣赏的设计作品是什么？为什么？

Panda box，因为这是我的心血。我作为室内设计师跨界做时尚产品设计，从颜值上说应该是世界箱包设计中较高的一款设计。

问题三：2016 年你最期待自己在哪方面有提升？

期待在 2016 可以找到自己的定位，同时展开跨界艺术家之路。最终希望可以成为一名中国设计界的多面手。

乔飞

问题一：一句话总结你自己的 2015。

应该有许多的意外吧！本想大的经济形式收缩会带来一些冲击和影响，但反而比以前更忙一些，团队建设一直不敢松懈，专业不是靠个人而是靠团队！谢谢业主相信我们！

问题二：2015 年你最欣赏的设计作品是什么？为什么？

记得在一家杂志上看到日本的一项目，一所宅院，非常难忘！人就应该在这种环境下生活，东方意境，亲切、拙美、朴实，建筑与景观、景观与空间、空间与人、人与自然，那么的和谐平衡，我们要反省我们自己丢了什么！

问题三：2016 年你最期待自己在哪方面有提升？

多学习，多思考，多应用，梳理我们自己，了解更多的知识，让设计拥有精神内涵。

秦玉息

问题一：一句话总结你自己的 2015。

一个执着于梦想的设计者，2015，以设计成就梦想，以梦想诠释设计！

问题二：2015 年你最欣赏的设计作品是什么？为什么？

2015 年有许多优秀的设计作品问世，每一个好的作品都有一个好的主题，但是我最欣赏的不是美轮美奂的奢华，美感对于室内设计来说固然重要，而最能打动我的是带有浓郁中国传统文化和民族色彩的设计作品，中国历史文化不应该在时光流逝中成为过去，中国地大物博，传统文化源远流长，在当今装饰风格五花八门的视觉冲击下，传统文化渗入浓厚的西方色彩，可是，你我作为龙的传人，是不是应该致力传扬中国文化呢？

问题三：2016 年你最期待自己在哪方面有提升？

2016年我将继续致力于在设计作品中融入更多的中国文化元素，在用材上结合更多的新型环保节能建材，让我的设计作品向众人展示出源远流长的中华历史。我身处广西壮乡，壮文化地域风情浓厚，这里同时承载着的，还有我对华夏文化的倾慕和求索。如何将民族文化合理巧妙地融入建筑与室内设计当中，体现出民族的特色和文化内涵，这是我的使命，只有民族的，才是世界的。

■ 邱洋

问题一：一句话总结你自己的 2015。

风起云涌，波澜不惊。

问题二：2015 年你最欣赏的设计作品是什么？为什么？

汤物臣 . 肯文的 ON OFF Plus（备注：金堂优秀），既有张力，又很内敛，并且有着让人去思考的能量。

问题三：2016 年你最期待自己在哪方面有提升？

希望有更多有挑战的、有趣的项目来实施。

■ 任朝峰

问题一：一句话总结你自己的 2015。

2015，我们搬到了新的办公场地。在一条小河边上，建筑是一座白色的小楼，我们在二层。河边的树很茂盛，二楼的露台被树枝簇拥着。我们经常在露台上聊天、晒太阳、谈生活、谈工作，有时候也在这里聚会，喝酒到深夜。办公室越来越像家，我们用自己的方式理解设计，处理工作上的事情。5 个合伙人延续自己在设计上特有理解，但相同之处也越来越多，这个是我们比较害怕的，我们希望保持不同，保持自己特有特质。

问题二：2015 年你最欣赏的设计作品是什么？为什么？

项目：三联海边书屋 设计单位：直向建筑 设计师：董功

一直有关注董功先生。当这个项目的设计方案出来的时候，我就感觉非常好，非常珍贵、稀有。在简单的形式下，蕴藏了非常复杂的空间状态，空旷场地与建筑关系让人有一种抽离感。光线在空间中成为舞者，时间是她的乐章。

问题三：2016 年你最期待自己在哪方面有提升？

对于项目的执行方面，希望遇到更好的合作伙伴和更优质、更专业的供应商。

■ 任亮

问题一：一句话总结你自己的 2015。

2015 年应该是学习提升的一年，我觉得今年各方面的变化都是非常快的，移动互联网给我的生活带来诸多变化，随之而来是习惯的改变，习惯的变化会带来生活模式的演变，生活的变化从而体现在各个行业规则的变化，最终会得到设计思维的变化。

问题二：2015 年你最欣赏的设计作品是什么？为什么？

（GA）Design Consultants 设计的，是一个集装箱摩天大楼，在印度孟买。它是一个竞赛项目，为贫民提供临时用房，由集装箱堆叠形成，是高达 100 米的线性建筑。

我觉得这是建筑师快速有效地解决印度孟买贫民居住要求的一个好办法，成本低廉，可持续发展性强。集装箱可在孟买港口回收，在没有外力情况下集装箱 10 层叠加，8 个的单元连续组成，集装箱之间快速简单地进行装配。在建筑上装有太阳能电池板和微型涡轮机，用以满足日常生活需要的能量。

问题三：2016 年你最期待自己在哪方面有提升？

需要在对事物认识的深度和广度上提升，能够从设计角度出发，更深刻的认识事物，从事物演变中寻找出设计的线索。

■ 沈嘉伟

问题一：一句话总结你自己的 2015。

匆忙的一年 ，注册公司，接了很多项目 ，消化很多项目。

问题二：2015 年你最欣赏的设计作品是什么？为什么？

澜悦东南亚餐厅（备注：自己获奖作品）， 自由开放，设计也可以做的很好玩，很有自己个人色彩的餐厅，能得到大家的认可。

问题三：2016 年你最期待自己在哪方面有提升？

2016 年希望自己可以接触到更好的项目，能多提升自己在设计作品上质感。

■ 沈吟

问题一：一句话总结你自己的 2015。

2015 年是我人生的转折，新的开始让我重新审视自己，重新定位工作与生活，虽然还走在追逐光亮的黑暗道路上，但追求美好的心是火热的，期待自己破茧重生。

问题二：2015 年你最欣赏的设计作品是什么？为什么？

今年我最欣赏的设计作品是青城山六善酒店，其设计将当地天造地设的自然美融入感官体验，作品纯正、个性化、可持续发展、与环境自然和谐，这正是未来设计的发展之道。

问题三：2016 年你最期待自己在哪方面有提升？

期待自己在新的一年不忘初心，继续拓宽思维，挖掘团队更多的潜力，发展团队更多的可能性。

■ 孙斌

问题一：一句话总结你自己的 2015。

一直在路上，实现最朴素的设计表达。

问题二：2015 年你最欣赏的设计作品是什么？为什么？

J&A 杰恩设计作品同德昆明广场（备注：金堂优秀）。

作为昆明北市区的商业地标，改变了昆明商业空间的表现形式，空间设计的整体性发挥了完整的产品服务体系。与同类竞争性物业相比，同德昆明广场在投入运营后的出众经营效果是明显的。

问题三：2016 年你最期待自己在哪方面有提升？

希望在 2016 年的设计作品中发挥云南特有的地域优势，研究本土符号的现代呈现方式，逐步完善设计服务的完整体系。

■ 孙大勇

问题一：一句话总结你自己的 2015。

忙。

问题二：2015 年你最欣赏的设计作品是什么？为什么？

2015 年最欣赏的作品是槃达自己的“节节攀升”。因为这个作品让我们对未来生态建筑有了新的畅想，我们希望创造一个经济、工业和社会三者高效统一并且真正实现零浪费的新型建造生态链条。

问题三：2016 年你最期待自己在哪方面有提升？

2016 年希望能有更多的人认可我们的生态的理念，更期待我们能有实际的案例建成落地，作为生态设计的范本来呈现，在当前不计后果的城市规划、环境污染和经济危机的大环境下，建筑领域更迫切和有责任去重新思考设计进程和可持续材料的应用。

孙洪涛

问题一：一句话总结你自己的 2015。

放慢节奏，静心做好每一个作品的一年。

问题二：2015 年你最欣赏的设计作品是什么？为什么？

隈研吾的中国美院民间艺术博物馆，建筑与山体、环境及周边建筑融合得非常好。

问题三：2016 年你最期待自己在哪方面有提升？

设计的可持续发展性的研究，以及低成本营造好的空间效果方面的探索。

孙纳

问题一：一句话总结你自己的 2015。

2015Anna 走走看看，与设计同成长！

问题二：2015 年你最欣赏的设计作品是什么？为什么？

时尚 & 实用并存的设计。

因为本人的设计理念一直秉承纯粹艺术与现代生活的契合，实现人性化美的艺术作品。

问题三：2016 年你最期待自己在哪方面有提升？

2016 期待创造更美好的色彩空间，让我们用色彩改变生活，营造更生动的空间。

覃海华

问题一：一句话总结你自己的 2015。

机遇与挑战并存。

问题二：2015 年你最欣赏的设计作品是什么？为什么？

欣赏的作品为广西南宁范设计 • 咖啡生活馆，这里是一个集合制图深化、固装、软装、材料选配中心、咖啡、书吧、健身、设计师培训等等的，为设计师与广大客户提供的综合服务平台，改变行业现存的多种问题，让大家简简单单做有范的设计，随心所欲过有范的生活。

问题三：2016 年你最期待自己在哪方面有提升？

多参与行业交流活动，做好知识结构的补充。

汤善盛

问题一：一句话总结你自己的 2015。

继续沉淀积累的一年。

问题二：2015 年你最欣赏的设计作品是什么？为什么？

本真的设计。因为这些东西是可以保留传承的，就像是卡洛斯科帕的作品一样，半个多世纪过去了，你再去看的时候还是震撼的 。

问题三：2016 年你最期待自己在哪方面有提升？

设计情怀。

汤双铭

问题一：一句话总结你自己的 2015。

有挫折、有惊喜、有希望，设计道路上有迷茫，但我更坚定自己的信念去成就更多的梦想。

问题二：2015 年你最欣赏的设计作品是什么？为什么？

现在设计师的作品大多都有自己的特点，符号性很强，大多吸取很多国外的先进理念结合本土的文化元素，设计思维多元化、国际化。我个人更喜欢隈研吾大师的作品，他的作品在我看来非常尊重自然，尊重自己国家的文化，简单直接、引人深思。

问题三：2016 年你最期待自己在哪方面有提升？

进一步开拓视野，树立独有的酒店设计理念，将各国酒店理念与国内现实相结合，开拓国内酒店设计新方向。

唐春

问题一：一句话总结你自己的 2015。

快乐充实的 2015。

问题二：2015 年你最欣赏的设计作品是什么？为什么？

邱德光先生设计的新装饰主义作品《台南陈公馆》。

古典的韵味、东方美，有种吸引力。这般独特的文化磁场，静水流深且内敛含蓄，“中国味”为西方世界带来完全不同的感官冲击。

新装饰主义有别于传统的装饰主义的华丽感，新装饰主义讲究陈设和配置，着重于控制空间的欣赏性，典雅与品味。在呈现精简线条同时，又蕴含奢华感，通过异材质的搭配质感与层次，朝向更多对“人”的尊重，而不再张牙舞爪地表现，是未来几年空间设计的焦点。传递出更加个性的审美主张；则极富情趣，并运用光与影的变化，营造出空灵流动的室内氛围。新装饰主义将空间构成繁复华美的场域，细腻的工艺、奢华的面料，打造出崭新的复合式美学。

问题三：2016 年你最期待自己在哪方面有提升？

2016 年应该是我出更多优秀作品的一年，创新设计、丰富界内界外知识是接下来重点需要提升的地方。

田艾灵（曾用名田芬）

问题一：一句话总结你自己的 2015。

专心无它更快乐！

问题二：2015 年你最欣赏的设计作品是什么？为什么？

不仅仅一两个，主要特点是创新、节能、环保，体现了设计赋予的价值：以美的眼光创造更好地服务于人生活的产品，以尊重自然的态度、克制资源的浪费，提供有续共生的设计产品。

问题三：2016 年你最期待自己在哪方面有提升？

建筑结构、软装、英语的系统再学习。

王冬梅

问题一：一句话总结你自己的 2015。

一切设计由衷而发。

孙大勇

王冬梅

问题二：2015 年你最欣赏的设计作品是什么？为什么？

2015 最欣赏的作品：位于希腊雅典 Filothei 的 Nipiaki Agogi 幼儿园。表达的是纯真的、高端的幼儿活动空间。

问题三：2016 年你最期待自己在哪方面有提升？

总结以往的设计经历，在 2016 继续怀有自然的设计情怀，希望自己在新的方案中更多体现简洁给空间带来的高贵的气质。

王广蓉

问题一：一句话总结你自己的 2015。

2015 年，是自我反省和重新认知的一年。

问题二：2015 年你最欣赏的设计作品是什么？为什么？

刘波的《莲•修》（备注：金堂优秀）、《禅•意•境》。

问题三：2016 年你最期待自己在哪方面有提升？

希望在 2016 年，能够做到心境平和，作品的整体空间感及意境有一个质的变化。

王俊宏

问题一：一句话总结你自己的 2015。

用不同的视点去观察，突破自己所看不见的。

问题二：2015 年你最欣赏的设计作品是什么？为什么？

2015 比较值得一提的作品，第一个想到的是华航的“next Generation 新世代计划”，可以见到的是近几年航空公司在包装营销方面，除了机身外壳的彩绘机，例如长荣的 Holle kitty 彩绘机，以前不曾有人打过室内机舱的主意。华航这次大胆的举动不仅请到陈瑞宪先生，甚至结合了不同领域的佼佼者，包括与云门舞集合作的云门舞集彩绘机身，并邀请林怀民先生担任形象广告代言人，更有知名服装设计师张叔平先生设计华航制服，还有美术设计陈俊良先生替华航餐具赋予全新的面貌，当然整个整体统筹的部分还是以陈瑞宪先生以宋代文化发想，在客舱内宛如穿越时空走进宋代的山水画中，这也是一种宣扬东方文化将之营销国际的概念。室内设计的领域可以从地面拓展到空中，是一个让我们为之惊艳的作品呈现，而此次跨领域不同设计精英一同努力的设计作品，也是值得我们一同思考的方向，在机舱内像是一种一气呵成的随处可体验到的细腻思维，破除了各种既定的成见与想象，才能展现如此成功的好作品，能在一趟航空旅行当中有这么多不同的体验，是一件非常幸福的事。

问题三：2016 年你最期待自己在哪方面有提升？

面对即将到来的 2016 年，自己对于过往，在时间管理上始终缺乏的状态，2016 年需将其补上填满，期待自己能更进一步地整合出每周运动三次到四次的可能性，并持续且有效率地实施减重计划！

王猛

问题一：一句话总结你自己的 2015。

好好坚持做自己，营造不同的、优质的生活方式，然后带给大家。保持用环保、再生材料，降低能源消耗，让空间可持续发展。

问题二：2015 年你最欣赏的设计作品是什么？为什么？

安藤忠雄、隈研吾的空间作品，前者表达场所精神，后者表达自然与再设计。

问题三：2016 年你最期待自己在哪方面有提升？

持续地坚持做好自己。

王穆紘

问题一：一句话总结你自己的 2015。

忙碌并快乐地活着。

问题二：2015 年你最欣赏的设计作品是什么？为什么？

戴昆老师的绿城玫瑰园样板房作品。中式、美式的融合，大胆用色，且协调统一。

问题三：2016 年你最期待自己在哪方面有提升？

用色及软装选配上。

王少青

问题一：一句话总结你自己的 2015。

2015 我们给商业客户带来的高回报率与附加值，帮客户解决问题。

问题二：2015 年你最欣赏的设计作品是什么？为什么？

隈研吾设计的《积木咖啡馆 Café Kureon》。日本的建筑师与我们拥有更相近的审美哲学，宁静、安逸、与自然融于一体又考虑周边环境的设计风格很容易让我们找到共鸣，是将环境运用到建筑中的翘楚。

问题三：2016 年你最期待自己在哪方面有提升？

2016 我们要用设计投入与设计价值为客户带来的享受与愉悦感，以及为客户心理带来极大的优越感和满足感。

王帅

问题一：一句话总结你自己的 2015。

奋斗的路上虽然艰辛，但离自己的梦想越来越近

问题二：2015 年你最欣赏的设计作品是什么？为什么？

孙建亚老师的《虹梅 21》（备注：金堂优秀），用建筑的方式思考室内，从外立面延伸到室内，设计语言干净利落，“给房子一个灵魂”。

问题三：2016 年你最期待自己在哪方面有提升？

在品位生活上能够更细腻，让自己的作品能够更动人。

王晚成

问题一：一句话总结你自己的 2015。

2015 对于我来说是革新的一年，犹如蛇成长中的蜕皮一样，会很痛苦但已经成长。

问题二：2015 年你最欣赏的设计作品是什么？为什么？

2015 我最欣赏的作品是《最孤独的图书馆》，没有最好最完美的作品，但有最适合的作品，安静地在无人的海边，最适合看书了。

问题三：2016 年你最期待自己在哪方面有提升？

2016 年希望在英文沟通能力上提高，便于更好地与其他国家的设计同行交流，并且现在已经在加强英文学习。

王伟

问题一：一句话总结你自己的 2015。

追求稳定与精进，生活和工作才会时时充满惊喜。

问题二：2015 年你最欣赏的设计作品是什么？为什么？

隈研吾的《北京瑜舍酒店》。

简约时尚于空间中随处可见，同时又在细节处加入中国古典韵味，浓烈的时代风格和无限舒展的空间设计，完美诠释了耳目一新的个性空间，使设计与功能完美融合。

问题三：2016 年你最期待自己在哪方面有提升?

我希望在设计领域能够更加深入地学习钻研，涉猎广泛而定位准确，作品在精而不在多，从而让每个案例都能不单调、不乏味，让它拥有更长久的美感与功能性。

王永

问题一：一句话总结你自己的 2015。

时间过得很快，竞争很激烈，压力很大。

问题二：2015 年你最欣赏的设计作品是什么？为什么?

《大厨小馆餐厅》（备注：自己获奖作品）。继承了中国传统藤制编制艺术，由本公司设计团队七天亲自完成。

问题三：2016 年你最期待自己在哪方面有提升?

中国传统设计的提升，园林景观、生态建筑的学习实践。

吴德斌

问题一：一句话总结你自己的 2015。

还没晃过神就结束的一年。

问题二：2015 年你最欣赏的设计作品是什么？为什么?

特斯拉 Model S P90D。特斯拉改变了全球交通对石油类的依赖，在技术上为实现可持续能源供应提供了高效方式，大力推动了纯电动汽车在全球的发展。与此同时，特斯拉电动汽车在质量、安全和性能方面都做到汽车行业最高标准。而 Model S P90D——世界上最快的四门豪华轿跑车，也是特斯拉智能豪华电动四门轿跑车 Model S 车型系列今年七月新添的成员。最新旗舰版 Model S P90D 可实现从 0 到 96km/h 的加速仅需 2.8 秒。高性能的 Model S P90D 可实现数字化控制前轴和后轴，在毫秒间将动力分配给前后轴，这种实时精确控制使 Model S 的牵引力、稳定性、操控性和安全性产生革命性提升。也就是说，与此前任何一款电动汽车相比，P90D 更全面地表现出了电力推进技术的优点：瞬时扭矩提供的是让人不可思议的加速度，并且行进过程平稳安静。

问题三：2016 年你最期待自己在哪方面有提升?

世界不同区域的历史、人文，是我一直感兴趣的课题。2016年，我会继续行走在探索不同地域人文、历史的发现之旅。

吴晓温

问题一：一句话总结你自己的 2015。

忙碌并热爱着设计这份工作。

问题二：2015 年你最欣赏的设计作品是什么？为什么?

隈研吾设计的 Towada City Plaza 市民活动中心。“负建筑”，建筑是融入，而不是抢夺占领城市，让建筑“消失”，让建筑真正的价值能够在人们活动中体现，在 21 世纪开创新的建筑理论与观点。

问题三：2016 年你最期待自己在哪方面有提升?

生活美学，多从朴实的生活当中体会“天地有大美而不言”。

吴震东

问题一：一句话总结你自己的 2015。

2015 对于我本人来说是学习——成长——收获的一年，作为专业的室内设计师最大的收获莫过于设计作品得到大众的认可。

问题二：2015 年你最欣赏的设计作品是什么？为什么?

最欣赏的设计风格是简约中式风格，因为简约中式风格摈弃了传统中式的繁杂，保留了它的内涵，显得特别有品味和禅意。

问题三：2016 年你最期待自己在哪方面有提升?

2016 年期待自己在综合知识面上有一定的提升，希望和某些跨界的领域多接触，从而可以让自己的眼界和思路更开阔点。

夏刚

问题一：一句话总结你自己的 2015。

团结所有力量服务共同目标。

问题二：2015 年你最欣赏的设计作品是什么？为什么?

昆明花之城，人造景点中不多的能让人流连忘返的。

问题三：2016 年你最期待自己在哪方面有提升?

提升管理能力和金融知识。

谢辉

问题一：一句话总结你自己的 2015。

用开放的心态在学习中前行，有很多的收获。

问题二：2015 年你最欣赏的设计作品是什么？为什么?

自己最欣赏自己的作品是《兰·会馆》，因为是对学习的总结后自己的一个阶段性成果，在设计思路和思维方式上都有了蜕变。

问题三：2016 年你最期待自己在哪方面有提升?

2016 期待自己在私宅设计中有更突破性的设计，带着这代设计师的责任感为私宅设计注入新的视角和审美。

谢文川

问题一：一句话总结你自己的 2015。

改变的一年，辛苦的一年，充实的一年，收获的一年，升华的一年，圆满的一年。

问题二：2015 年你最欣赏的设计作品是什么？为什么?

当然是自己的设计事务所喽。它就像自己的孩子一样，从前期的规划到设计，从土建的改造到最终公司的运营。看着它从一个空旷的毛坯房一点一点地变成为自己的团队量身定制的办公空间，看着这些天马行空的想法和创意一步步地落地实现，集甲方与设计师于一身的我在这个时候是最自豪和骄傲的。

问题三：2016 年你最期待自己在哪方面有提升?

当然是在不断创新的设计与新材料的完美结合与实际运用方面，能够得到深入的研究和探索，不断地总结经验，不断地升华自己的设计内功，设计出有自己风格的好作品，并把它完美地呈献给大家。

谢银秋

问题一：一句话总结你自己的 2015。

慢慢沉淀，走稳走扎实的一年。

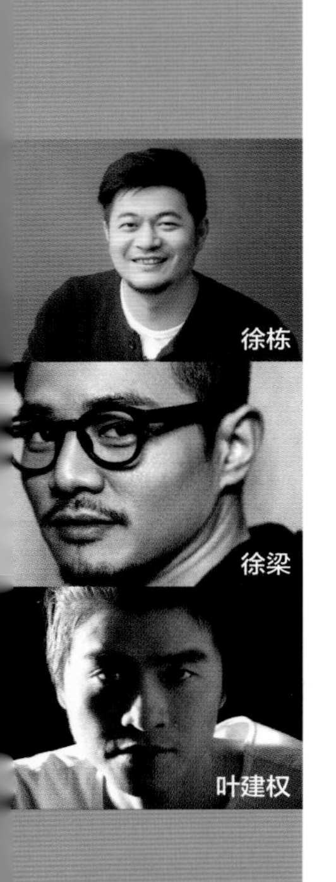

问题二：2015 年你最欣赏的设计作品是什么？为什么？

《梁建国之家》。不仅具有国际水准，且和中国韵味结合得非常好，是中国设计风格的典范。

问题三：2016 年你最期待自己在哪方面有提升？

继续国际游学，提升眼界和设计感悟，同时拓展圈子，加强设计管理。

谢泽坤

问题一：一句话总结你自己的 2015。

以更高效、专注和在地性为设计前提，创造性地解决问题并由此创造出专属价值。

问题二：2015 年你最欣赏的设计作品是什么？为什么？

单品优越性已无法说明问题，我觉得宜家在理性与感性、商业与艺术之间取得很好的平衡，民主设计理念下其强大的系统管理、自我更新及设计营销能力，造就永续共赢的经营法则和超高价值。

问题三：2016 年你最期待自己在哪方面有提升？

更高效地协作沟通与系统运营力。

徐栋

问题一：一句话总结你自己的 2015。

一切，继续努力。

问题二：2015 年你最欣赏的设计作品是什么？为什么？

吴滨作品《诗意栖居——江山 99 别墅》。简单、大方，虽然看过去平淡，没有什么特别的颜色和元素，但组合在一起，给人感觉叠合出一处处诗意的空间。

问题三：2016 年你最期待自己在哪方面有提升？

希望在新的一年里能提高一下现场实际和图纸之间的把控能力，能尽量做到图与实际的吻合度。

徐静

问题一：一句话总结你自己的 2015。

我觉得可以用这四个关键词来概括自己的 2015：震惊、反思、学习、感恩。

问题二：2015 年你最欣赏的设计作品是什么？为什么？

2015 年我最欣赏的设计作品要数我们团队完成的一个别墅室内设计项目，地点位于深圳大梅沙万科东海岸，它的成功之处在于实现了客户要求与设计方案的完美对接，客户的要求更加细腻明确，而我们也做到耐心而精准地把握其喜好，不仅能呈现美观的视觉效果更兼具充分的实用功能，目前这个项目正在施工阶段，大家可以跟我一起期待作品的最终呈现。

问题三：2016 年你最期待自己在哪方面有提升？

2016 年我期待自己在平衡工作和家庭的关系上有所提升，在我看来，家庭之于工作是坚实的后盾与支撑，一个设计师只顾工作而忽视家庭是不可取的，能够把对生活的爱浇筑到设计之中，才能不断推出精彩而且打动人心的作品。

徐梁

问题一：一句话总结你自己的 2015。

2015 对我来说是个极大的跳跃，致力于住宅设计十年，今年却突然转折到了商业空间设计，让自己深有感触，学习了、提升了，对设计的理解更深入，更认为通过设计能改变一切，体会设计价值所在。

问题二：2015 年你最欣赏的设计作品是什么？为什么？

内建筑的民宿项目，始终觉得在让人居住的环境中，他们一贯的风格过于硬朗，但往往还表述着柔软的一面。

问题三：2016 年你最期待自己在哪方面有提升？

现在的我更希望整理出一些属于自己的理论体系，更独立自己的风格。再逐步完善自己，相互学习，不断提升。

徐玉磊

问题一：一句话总结你自己的 2015。

成长，蜕变。

问题二：2015 年你最欣赏的设计作品是什么？为什么？

“梦想改造家”的大部分作品。这些作品把小空间利用得淋漓尽，并且旧貌换新，既保留了原建筑本有的年代感，又自然地将现代设计的时代感融入其中。

问题三：2016 年你最期待自己在哪方面有提升？

希望能在 2016 年更多地提高自己管理设计团队的的能力。

许立强

问题一：一句话总结你自己的 2015。

形成设计公司自我独立运行的一套闭环流程，公司出品质量明显提升。

问题二：2015 年你最欣赏的设计作品是什么？为什么？

高迪圣家大教堂，百年工程，严格执行创造力，各个环节的标杆，永远值得学习。

问题三：2016 年你最期待自己在哪方面有提升？

加强项目控制力，减少公司所有项目失败率，提升项目完成度，帮助项目产生盈利。

杨航

问题一：一句话总结你自己的 2015。

走走停停，在设计和旅行中走过了 2015。

问题二：2015 年你最欣赏的设计作品是什么？为什么？

我最喜欢的作品莫过于“简”，因为这一类的作品最耐看，而且最有味道，同时越简单的东西也越难去做出它的精髓来。

问题三：2016 年你最期待自己在哪方面有提升？

能出更多好的作品展现给大家，同时也能在自己的作品里有自己的风格。

杨隽

问题一：一句话总结你自己的 2015。

2014 年开始团队转入“精专某一版块设计”路线，2015年已进入深度实践和一个个成果的收获期；过程不简单，但我们坚定“这样的方向”对自己和行业都是很有意义的事情，并愿意全力地去做好。

问题二：2015 年你最欣赏的设计作品是什么？为什么？

应该说比较广泛，其中以台湾、日本的大多优秀案例最为欣赏。原因在于，这些案例里不管是对设计的表达形式、空间使用意义的理解，都相对“单纯”且具有设计高度。这对于当下国内“百花齐放”的行业状态，是一个反面；是值得国内不少设计师总结自己，去学习、去开拓思路，并最终找到自己定位的好“老师”。

问题三：2016年你最期待自己在哪方面有提升?

如果说多年来：所有的个人生活阅历、团队经历是帮助了对“设计本质意义”的探索思考，所有的设计学习是提升了眼界，那么，在即将到来的2016，我希望是继续在团队的“手”上下功夫，即：让设计和实施落地，更优化地协作、并共同完成，最终取得具有高度的一个个设计成果。

杨克鹏

问题一：一句话总结你自己的2015。

梳理总结的一年，慢下来重新审视自己，为新的提升做好准备！

问题二：2015年你最欣赏的设计作品是什么？为什么?

孟也的作品。轻松愉悦，国际范儿，洒脱！

问题三：2016年你最期待自己在哪方面有提升?

2016年计划将继续全面提升设计业务水准，扩大公司宣传力度和逐步塑造公司品牌影响力！

杨莉

问题一：一句话总结你自己的2015。

回归根源，赋予灵魂，创造新生命力！——Lily

问题二：2015年你最欣赏的设计作品是什么？为什么?

2015最欣赏的作品是李道德先生的牛背山项目，这是一个艰苦而充满人文关怀的公益项目——为大山中的志愿者们建造活动中心与山难救援站。为此他身赴中国最美云海之下，在这片寂寥的落寞村庄，开始了这场困难重重的造梦。从前了解他的作品都是一系列视觉冲击比较强，空间生命力特别强的作品，这个作品让我很期待这种手法在大自然的怀抱中是怎样绽放的，也就是自然与未来的碰撞。我喜欢这种别具一格的表现方式！

问题三：2016年你最期待自己在哪方面有提升?

希望自己可以用建筑师的思维方式来筑建室内空间，并且在建筑学方面有一些新的认识及更系统地进行深入的学习及游历，用阅历去创造新的建筑空间。

杨奕

问题一：一句话总结你自己的2015。

在不断忙碌中保持清醒的思维，探索设计的无限可能。

问题二：2015年你最欣赏的设计作品是什么？为什么?

其实在过去的一年中关注过很多不错的设计作品，叫得上名字叫不上名字的都有，在不断涌现的设计作品中，能充分地感觉到新一代的设计师在逐渐地成长与成熟，越来越多的好作品被实现。如果非要说一个，我只能说2015的一位设计界大师的离去，让大家都惋惜不已，他的好作品中我最喜欢上海璞丽酒店。

问题三：2016年你最期待自己在哪方面有提升?

一直认为自己的设计趋于平稳，也就是太保守，可能对业主来说能满足他们的期望及最终的效果，但对于竞争日趋激烈的设计环境需要一些更有创意、更有特征的设计作品，期待自己在未来的一年能在设计创新上有所突破。

杨臻

问题一：一句话总结你自己的2015。

在2015年的设计道路上又坚实地落下一个脚印，还要继续在设计道路上潜心修行。

问题二：2015年你最欣赏的设计作品是什么？为什么?

2015年有很多作品都非常喜欢，如：居然顶层设计中心梁建国之家、深圳回酒店（备注：前2个都是2014年获奖），墅家墨娑（备注：今年优秀）等等，因为这些优秀的作品都在对“传统文化传承”和“当代审美意向”的关系做出了深层次的探研。不再一味地模仿和抄袭，改变了以往设计千脸一面的状态，为中国当代设计打上鲜明的文化标签。

问题三：2016年你最期待自己在哪方面有提升?

2016年希望自己能对传统文化意境的解读有更深刻的理解，并提高传统文化意境、精神和当代设计艺术手法相碰撞后，相斥、相消、相融合、相依存又能迸发出和谐美感的能力，让自己设计作品的人文内涵有一个新的提升。

姚小龙

问题一：一句话总结你自己的2015。

在忙碌中学习，突破自我!

问题二：2015年你最欣赏的设计作品是什么？为什么?

OPA建筑事务所的空中水屋。建筑与自然的完美结合，加上水后带来的光影效果，亦真亦幻。

问题三：2016年你最期待自己在哪方面有提升?

继续开拓自己的视野，加强对中西方历史文化的理解!

叶晖

问题一：一句话总结你自己的2015。

峰回路转，厚积薄发的一年。

问题二：2015年你最欣赏的设计作品是什么？为什么?

2015最欣赏的作品是季裕堂大师的广州文华东方酒店，虽然已过多年，但内心的那份纯净还有空间材质的舒适度，还是深切地触动我内心追求设计本初的初心，希望设计师们多多发扬中国精神层面有深度的设计，致敬大师。

问题三：2016年你最期待自己在哪方面有提升?

2016最期待自己植根于内心的修养，以人为善，把有质感有思想的空间更好地呈现出来。

叶建权

问题一：一句话总结你自己的2015。

在忙碌中开始，在忙碌中结束。

问题二：2015年你最欣赏的设计作品是什么？为什么?

最欣赏自己的办公室，设计是属于自己内心的东西。

问题三：2016年你最期待自己在哪方面有提升?

2016年希望自己能做更多对社会有意义的事情。

余颢凌

问题一：一句话总结你自己的2015。

2015，是破茧成蝶的一年，成立了自己的团队——Studio.Y余颢凌设计工作室，不忘设计初心。

问题二：2015 年你最欣赏的设计作品是什么？为什么？

我最欣赏的是孙建亚设计师的别墅设计作品《虹梅 21》（备注：金堂优秀）。

整个室内功能的布置和区分完全与建筑本身融为一体，没有多余颜色和元素的堆砌，完全基本色的运用，消褪了设计和装饰的痕迹，达到浑然一体的效果。极简的精神也是室内设计中推崇的少即是多的“减法设计”，我个人非常喜欢这样本原的设计态度以及最终呈现的效果。

问题三：2016 年你最期待自己在哪方面有提升？

1、对于设计本身，期待做出更多自然、生态、环保、有人文关怀的作品，可持续发展一直是世界发展的大命题，在室内设计中一样适用，还原设计本身，做生态设计，将会是我在2016年着重提升的地方。

2、设计管理方面，希望可以提升自己的管理能力，发掘团队中每个人的优秀品质，带领团队协作，做更多的好作品，设计更多舒适之家。

■ 张宝山、翟慧琳

问题一：一句话总结你自己的 2015。

2015 沉淀自己回归设计初衷，进一步理解生活品质下的幸福感。

问题二：2015 年你最欣赏的设计作品是什么？为什么？

扎哈•哈迪德团队的作品：位于亚塞拜然首都巴库的《盖达尔阿利耶夫文化中心 Heydar Aliyev Center》和《迪拜前卫博物馆》。因为作品的设计理念反应了建筑学中的解构主义理念，拥有白色流体线条的文化中心和博物馆，用几何造型设计来隐藏掉多余的梁柱结构，使得外观得以平滑而带有轻盈感，作品有张力赋予想象，给城市带来生命力……

问题三：2016 年你最期待自己在哪方面有提升？

“放空”自我；“境心”设计；重在思想！

■ 翟中好（旷野）

问题一：一句话总结你自己的 2015。

忙忙碌碌的一年，忙着做设计，忙着跑工地，忙着开公司。

问题二：2015 年你最欣赏的设计作品是什么？为什么？

梁志天的南京九间堂别墅设计，他的设计总是那么干净。

问题三：2016 年你最期待自己在哪方面有提升？

希望自己每套设计出来都是一套好作品。

■ 张连涛

问题一：一句话总结你自己的 2015。

人生的精彩不是实现梦想的瞬间，而是坚持梦想的过程。

问题二：2015 年你最欣赏的设计作品是什么？为什么？

梦想改造家中系列作品，接地气、不矫作、关爱民生，“勿以善小而不为”，室内设计并非高宅大院就能代表。

问题三：2016 年你最期待自己在哪方面有提升？

寻根溯源，走出去，让眼睛告诉自己世界的感观，让脚走去体验大地的温情。

■ 张林

问题一：一句话总结你自己的 2015。

平凡本是生活的常态，2015 因设计而精彩，平凡的生活因创意而不凡。

问题二：2015 年你最欣赏的设计作品是什么？为什么？

2015 年最欣赏的设计作品是上海三林亿丰时代广场（备注：参评未获奖）。因为本案设计立足于设计一个集生态公园（街区）(Park)、购物中心 (Shopping)、会所 (Convention) 为一体的文化娱乐与家庭式消费的主题型综合体，让购物不只是一种生活需求，而转变为生活享受，享受天伦、感知文化。设计师在设计商场中庭时别出心裁，设计了一个天空主题的空间，更具有视觉震撼力，给人天空不空、容纳百川的感受。

问题三：2016 年你最期待自己在哪方面有提升？

新的一年，希望自己能够设计出突破自我原有风格的作品，打破模式的束缚，实现创新，做简单而走心的设计。

■ 张晓亮

问题一：一句话总结你自己的 2015。

充实、饱满，幸好自己能分身有术。

问题二：2015 年你最欣赏的设计作品是什么？为什么？

欣赏充分考虑功能性同时原创性和创意性强的作品，如 BIG 事务所的案例。

问题三：2016 年你最期待自己在哪方面有提升？

设计实践及设计管理。

■ 张笑

问题一：一句话总结你自己的 2015。

2015 年是充满激情、闲适、平衡和成长的一年。

问题二：2015 年你最欣赏的设计作品是什么？为什么？

上海《柏悦酒店》，喜欢季裕棠先生轻松游走于东西方文化的洒脱和从容，有大家风范。

问题三：2016 年你最期待自己在哪方面有提升？

希望自己在 2016 年有更多的时间读书和读历史，潜移默化地提升自己的专业。

■ 张英

问题一：一句话总结你自己的 2015。

坚持不懈地在设计这条路上前行。

问题二：2015 年你最欣赏的设计作品是什么？为什么？

琚宾老师的《东方之家》作品，因为在这套作品里，设计师将东方文化的精髓做了深层次的提炼，而所提炼出来的元素结合空间使用的感受，从观、闻、嗅等角度体现深度的人文关怀。

问题三：2016 年你最期待自己在哪方面有提升？

2016 年，希望自己在设计方面能有一个更系统化的设计，包括建筑外在、室内空间、灯光等方面有更多的理解及参与，因为我认为设计有一个系统化、精细化的发展方向，需要设计师对整个项目有全盘把控的能力。

■ 张之鸿

问题一：一句话总结你自己的 2015。

在折腾中进取，在折腾中找到新的方向。

问题二：2015 年你最欣赏的设计作品是什么？为什么？

安藤忠雄的建筑设计作品以及室内设计作品对我们公司的设计业

务起到了很大的启发性以及引导性。因为我们一直在思索建筑与城市、人与建筑、人与建筑空间的关系，似乎在他的作品中能够让我们感受到建筑与地域与人文的亲和度，以及在建筑形式之上所表达的当代人所需要并且能够产生共鸣的精神需求，拉近了人与建筑、人与城市的关系。当下是形式跟随功能的时代，似乎很少有建筑能够表达情感和引导人们的内心思维，安藤忠雄的作品用简练的线条、简单的材质表达了他的信仰与象征，这就是我们一直欣赏他的地方。

问题三：2016 年你最期待自己在哪方面有提升？

眼界、学识，希望自己的设计更加有语境，希望能够找到属于自己的原创设计。

张志锋

问题一：一句话总结你自己的 2015。

简单地做有哲学的、无拘无束的设计。

问题二：2015 年你最欣赏的设计作品是什么？为什么？

丹麦设计团队 BIG 的 big U，big U 是一个以设计的力量联系社会各个阶层，改善城市环境，增大社会与环境的效益，甚至增加了就业机会的良性持续发展案例。

问题三：2016 年你最期待自己在哪方面有提升？

2016 年及 2016 年以后，最期待的是能够继续简单地做有哲学的、无拘无束的设计。

张志勇

问题一：一句话总结你自己的 2015。

幸福的、收获丰盛的、但是收入减少的 2015，我很满足！

问题二：2015 年你最欣赏的设计作品是什么？为什么？

Noma 餐厅是本人今年最欣赏的作品，世界第一餐厅的优雅与粗放，从人本、自然出发的思维方式，质朴、简约，和本人的设计理念相契合！

问题三：2016 年你最期待自己在哪方面有提升？

希望自己的作品在融入文化性方面能更进一步，作品让观者感受到似曾相识的文化倾向性，但观者一时间想不到出处，这是我做设计一直在追求的。将文化元素提炼——抽象——融入空间。让观者身临其中产生一种熟悉而亲切的陌生感！

赵海月

问题一：一句话总结你自己的 2015。

事无巨细，都全力以赴、尽职尽责地去完成，才有可能将工作目标做到尽善尽美。

问题二：2015 年你最欣赏的设计作品是什么？为什么？

佛山市东方广场新地 KTV，（备注：今年优秀）。最吸引我的是设计师用“视觉标识”打破常规的固有化认识，手法新颖，所表现的空间完美大气，也充分发挥主观联想和想象，准确地主导观众的视觉反应。

问题三：2016 年你最期待自己在哪方面有提升？

是设计师的心境，一切不可能尽如人意，但求无愧于心，追求在业主要求和设计之间达到一个平衡，并始终坚持在现有的条件下，保证做出来的是精品。

赵晓志

问题一：一句话总结你自己的 2015。

设计是个辛苦的行业，在繁忙的工作中多些时间去思考。

问题二：2015 年你最欣赏的设计作品是什么？为什么？

Chahan Minassian。他的作品没有过多的语言，简单明了却能体会他的力量强大。

问题三：2016 年你最期待自己在哪方面有提升？

设计思维是一个作品的灵魂，作为一个设计师的我希望2016年在设计的思考层面有更好的提升。

赵越

问题一：一句话总结你自己的 2015。

2015 年是自己情怀、积累、感受更多样化的一年。

问题二：2015 年你最欣赏的设计作品是什么？为什么？

最喜欢的作品是吕永中设计师设计的是上海中国素餐厅。这个餐厅是气韵东方的标杆式的作品，无形中设计给人一种空间心灵上的体验。

问题三：2016 年你最期待自己在哪方面有提升？

2016 年的期待有两方面，一方面是继续积累情怀，感受生活；另一个方面是加强设计的流程管理。

郑磊

问题一：一句话总结你自己的 2015。

注重使用者的舒适性和心理感受，让作品更理性，让心态更平静。

问题二：2015 年你最欣赏的设计作品是什么？为什么？

外婆家餐厅——内建筑作品。内建筑是我们中国大陆设计师的典范，在客观大环境之下，以他们独有的姿态，在自己热爱的行业道路上潇洒地走着。

问题三：2016 年你最期待自己在哪方面有提升？

设计是一个终身学习的事业，期待通过学习，交流眼界阔，研讨思辨深，把自己的专业水准进一步提升，做出更出众的作品。

郑展鸿

问题一：一句话总结你自己的 2015。

最困难的时候同时也是成长最快的时候，

问题二：2015 年你最欣赏的设计作品是什么？为什么？

台北涵碧楼，此作品手法简练、流畅，同时又从另一个视角来体现出东方元素之美。

问题三：2016 年你最期待自己在哪方面有提升？

在公司经营策略上，希望能有所突破！

钟凌云

问题一：一句话总结你自己的 2015。

重新出发，挑战自己固有的思维！

问题二：2015 年你最欣赏的设计作品是什么？为什么？

贝律铭：苏州博物馆。贝老把中国的建筑精华与园林精华浓缩到一个方寸之地，并内涵博大的国人的处世哲学和美学态度。

赵越

白晓龙

问题三：2016 年你最期待自己在哪方面有提升？

生活美学及体验感加强，做到空间与人的互动和体验更加别致有趣！

周飞文

问题一：一句话总结你自己的 2015。

在过往多年设计工作的基础上，2015 年尝试了更多的现代自然系设计风格，同时也明确了坚持做自己热爱并擅长的现代自然风格，尽量把此类风格，做到最精最佳。

问题二：2015 年你最欣赏的设计作品是什么？为什么？

2015 年最欣赏的室内设计作品，是在今年意外故去的印尼设计师佳雅的安缦系列酒店作品，因为过去住过，零星了解过他的酒店作品，却不知道是那位设计师，当时就很喜欢。东方自然风情和现代设计手法的完美结合，当时就在我内心留下很过共鸣。今年的事件，让我有机会找来他的一系列设计作品，他的风格恰恰是我潜意识中一直想要追求的方向，他指引了我，坚定了我做自己热爱的现代自然系自我风格之路的想法！

问题三：2016 年你最期待自己在哪方面有提升？

2016 年，我希望自己，能在我认定的这个设计方向上，找到更多的实践机会，更多的演练和尝试，能做出一个有自我特色的东方风情与现代空间手法相结合的设计作品！

周远成

问题一：一句话总结你自己的 2015。

平凡、平静地生活，并且做着有意义的设计。

问题二：2015 年你最欣赏的设计作品是什么？为什么？

Stian Korntved Ruud 的《每日一勺》。普通的事物，普通的设计，有意义的工作。

问题三：2016 年你最期待自己在哪方面有提升？

计给生活带来更多快乐。

朱毅

问题一：一句话总结你自己的 2015。

重新回归艺术创作领域，感觉很刺激。

问题二：2015 年你最欣赏的设计作品是什么？为什么？

香港 CE LA VI 餐厅设计，来自 AB CONCEPT。他们的作品根植于对生活、自然和形态的情感，依照大自然所启示的道理行事，让作品内容充满了生命力，而不是过度的表达形式，这才是最重要的意义。

另外一个是 Gabriel Dawede 纺织艺术装置，善于用缝纫线打造多姿多彩的彩虹，构建出不一样的空间感觉。

问题三：2016 年你最期待自己在哪方面有提升？

艺术创造和多些跨界尝试。

朱勇

问题一：一句话总结你自己的 2015。

整合资源，深耕渠道，设计为本，顺势而为。

问题二：2015 年你最欣赏的设计作品是什么？为什么？

梁建国的新故宫系列，完美无二的符号加上洗去铅华的空间，适度的比例尺度造就了全新当下的状态，完美！

问题三：2016 年你最期待自己在哪方面有提升？

当然还是设计本身，希望我未所见、前未能及的东西，不管是哪方面，进步一点点。

卓稣萍

问题一：一句话总结你自己的 2015。

2015 是有设计“痕迹” 的一年，用执着的心做专注的事，更加接近目标。

问题二：2015 年你最欣赏的设计作品是什么？为什么？

扎哈 • 哈迪德的作品。她的作品让人们感受到她对作品的渴望，建筑与时尚的结合，空间给建筑带来无限力量。她可以利用不同的手法创造拼接，成为未来感十足的符号，突显其未来发展方式和未来主义生活，并带来具有视觉冲击性的视觉体验。

问题三：2016 年你最期待自己在哪方面有提升？

设计不只是设计事物本身，而是在设计之外的一种感官体验，我觉得设计如人，最重要的是思想和精神，所以在设计过程中除了彰显空间的生命力与独特性，更加强调的是人文与艺术的思想对话。这是一个快速变化的时代，设计师更应洞察世界，不断地学习，用更高的视角去分析设计的价值和意义，学会用思想表达设计。

邹咏

问题一：一句话总结你自己的 2015。

任何人都可以对你的设计打 100 分，但你永远只能给自己打 90 分！要给自己一个希望，一个空间。我们一直在努力并且能不停努力下去。

问题二：2015 年你最欣赏的设计作品是什么？为什么？

Mario Buatta 的作品，人称布艺王子，鬼才的设计，让我们推敲及学习。

问题三：2016 年你最期待自己在哪方面有提升？

在确保满足使用功能的前提下，达到审美功能的最大化

祖父江贵

问题一：一句话总结你自己的 2015。

很幸运的在 2015 年我们有多样化的发展机会，在原有的售楼处、会所及酒店领域之外，尝试了餐饮和 SPA 等商业空间设计。带领着团队一步步完成项目，到最后竣工照片拍摄为止，周期虽然很久，最后完成的效果都非常不错。

问题二：2015 年你最欣赏的设计作品是什么？为什么？

虽然已经开业一段时间，前一阵子我又去到东京丸内区的 INTERMEDIATHEQUE 展览馆参观。这是一个历史建筑的改建项目，原来是东京中央邮局。里面展示着东京大学总合博物馆收藏的学术标本。空间的规划及展示方式非常有趣，各种动物骨头标本，还有具备历史价值的工具等，设计上没有过多的表面装饰，是个能让人感受到设计本质的展览馆。

问题三：2016 年你最期待自己在哪方面有提升？

未来我希望自己能不断挑战新的项目，保持对于新材料与新技术的敏感度。项目上探索每个地域文化的特殊性，做出最合适的方案。设计不只在于表面装饰，创造出良好的空间及光线感受的环境，并且要超乎设计，对于项目的运营方法，或者家具、饰品等提出更细腻独到的见解。

陈萍

问题一：一句话总结你自己的 2015。

做好自己，做好设计，进步设计，进步自己。

问题二：2015 年你最欣赏的设计作品是什么？为什么？

王俊宏的《森境设计上海中式办公室》演绎和诠释人文底蕴，讲述中国历史越陈越香的意境。

问题三：2016 年你最期待自己在哪方面有提升？

设计意境的表现。

白晓龙

问题一：一句话总结你自己的 2015。

静则修身，动则惊艳。

问题二：2015 年你最欣赏的设计作品是什么？为什么？

当然是《春天自助烤肉地铁概念餐厅》（备注：自己获奖作品。不是自恋自己的设计作品有多么创意，而是自己设计迷失一段时间重新踏上设计征程的重要开始，在整个创作过程中自己和团队都经历了一次思想洗礼。

问题三：2016 年你最期待自己在哪方面有提升？

新的一年希望自己在设计理念和思想境界做得更好更完善。

刘家耀

问题一：一句话总结你自己的 2015。

脚步有些缓慢，也许每步都踏得比以往深。

问题二：2015 年你最欣赏的设计作品是什么？为什么？

季裕棠 tony chi，他的作品就像一本小说，具有丰富情节，让人回味无穷。

问题三：2016 年你最期待自己在哪方面有提升？

每个设计，对于背后故事的发掘。

苏丹

问题一：一句话总结你自己的 2015。

忙碌而充实，学习而成长。

问题二：2015 年你最欣赏的设计作品是什么？为什么？

优秀的设计作品太多了，没有最欣赏，只有更欣赏，值得我学习的地方太多。

问题三：2016 年你最期待自己在哪方面有提升？

当然是总体的提升。从今年的金堂奖能感觉到现在人们对于设计的要求越来越高了，设计师的设计水平也提升得很快。我希望我的设计更人性化，对于细节的把控更精致些。

孙玮

问题一：一句话总结你自己的 2015。

在 2015 年完成了很多新的案例，为我们未来团队的发展打下了坚实的基础！

问题二：2015 年你最欣赏的设计作品是什么？为什么？

JAYA 的杭州《法云安缦酒店》。无关风格与元素，质朴的设计体现了空间带给人文的一种温度，让我们对于设计选材、色彩、外环境都有所思考！

问题三：2016 年你最期待自己在哪方面有提升？

2016 年我希望在我的设计里再加入一些更多的内容，更多地去接触一些各业态的商业空间，让我们从存在于设计之内却在设计之外去审视社会以及人生！

孙康

问题一：一句话总结你自己的 2015。

沉淀内心，自我提升，2015 是实现思维跨度的一年。

问题二：2015 年你最欣赏的设计作品是什么？为什么？

今年印象比较深的作品，是来自 Luigi Rosselli Architects 在澳大利亚的一个夯土墙建筑。它是完全融入自然的一个设计，考虑了当地的沙丘地形、气候特点等因素，230 米的夯土墙蜿蜒在山丘边缘非常有气势，在材料和技术的使用上，充分考虑了亚热带的气候特质，确保沙丘之下的住宅内部空间自然凉爽。这很像防空洞的设计原理，其内部空间也是完全融入了当地文化。沙丘的高处，设计了一个金色的凉亭，待太阳下山以后人们可以在这里乘凉，观看夕阳。

做这样具有人文关怀的设计，是我个人非常喜欢的。我一直认为，好的设计是能够与自然空间和谐相处的，就像从那里生长出来的一样。

问题三：2016 年你最期待自己在哪方面有提升？

继续内部空间设计的可持续性研发，并尝试跨界概念的融合性设计。

钱钧

问题一：一句话总结你自己的 2015。

各种尝试，各种吸收，真正在做设计的一年。

问题二：2015 年你最欣赏的设计作品是什么？为什么？

最欣赏作品：芝作室 Lukstudio 的《The Noodle Rack 隆小宝面馆》。

原因：竹模混凝土制作的外立面和晾面架传统工艺的主题给人留下深刻印象。对传统材料的应用非常有创意，砖块、水泥、锈铁、木制家具，粗糙质朴和细腻精致，东方传统得到现代风格的诠释。为未来我们设计传统小吃类行业提供了很多思考。

问题三：2016 年你最期待自己在哪方面有提升？

2016 希望在细节的设计能力上有所提升，各种材料的把握能力更加进步。

陈纪进

问题一：一句话总结你自己的 2015。

设计革新生活，发展的力量。2015 我还是坚持努力营造低碳环保优雅的设计理念。设计为人服务，2015 随着人民生活方式的多样化，个性出行旅游度假的兴起，对甲方不仅要提供性价比高的方案，还要打造符合市场需求的优雅个性空间。

问题二：2015 年你最欣赏的设计作品是什么？为什么？

隈研吾的波特兰文化村，现代的设计手法与民族文化的结合。

问题三：2016 年你最期待自己在哪方面有提升？

2016 希望自己一直追求的低碳设计理念更多地为大众营造丰富多彩生活方式。

40岁以上设计师观点

Arnd Christian Mueller

问题一：一句话总结你自己的2015。

我的合作伙伴、朋友和客户都十分让我引以为豪，尤其是我们的整个momentum团队，十分快速、高效、专业地完成了每一份任务。

问题二：2015年你最欣赏的设计作品是什么？为什么？

我并不想挑一个单一的物品或建筑物，我认为在天津和北京（可能还有别的城市）举办的设计周活动对于主办城市是非常重要的，设计周中的很多的展览、交流和讨论，都十分有助于中国设计创造更多价值、获取更多尊重。我仍然十分喜欢china designer的口号“design is value”。

问题三：2016年你最期待自己在哪方面有提升？

各个方面吧（笑）。我的设计事务所今年取得了历史上最好的业绩增长，希望在2016年能够延续下去，一如既往地做出更多更好的项目。

余平

问题一：一句话总结你自己的2015。

沿着土、木、砖、瓦、石之路完成“花迹酒店”，给金堂奖年终交卷。

问题二：2015年你最欣赏的设计作品是什么？为什么？

最欣赏自己几年前完成的作品“瓦库”（备注：前几年自己获奖作品），经过时光打磨，室内变得更加温润，更加接近设计的心理预期。

问题三：2016年你最期待自己在哪方面有提升？

继续沿着土、木、砖、瓦、石之路，完成一个建筑作品。

张智忠

问题一：一句话总结你自己的2015。

市场的不确定性形成了双刃剑：一方面在设计上更加注重精品类别空间在细节方面的考量，同时因市场节奏放缓，较理想的设计周期容得深入化的探讨而力创精品。

问题二：2015年你最欣赏的设计作品是什么？为什么？

实地感官及体验了台北松烟诚品文创园，认为此作品非常好，它是融开发、旧改、商业及运营几方面都很成功的案例。

问题三：2016年你最期待自己在哪方面有提升？

2016年，希望我们的作品能够在设计新理念上更加强化，更为全面地提升空间设计的人文气质及内涵。

赵绯

问题一：一句话总结你自己的2015。

稳步发展、平静愉悦。

问题二：2015年你最欣赏的设计作品是什么？为什么？

泰国《Soneva Kiri度假酒店》。自然朴实，充分利用本地材料。

问题三：2016年你最期待自己在哪方面有提升？

个人修为方面、对设计的独特理解方面。

赵宁

问题一：一句话总结你自己的2015。

设计艺术是一门遗憾艺术，在每个项目中尽心尽力去消除遗憾，是我的设计准则。

问题二：2015年你最欣赏的设计作品是什么？为什么？

德国慕尼黑设计村的住宅设计作品。这些建筑都是单体别墅，设计中没有国内豪宅那种奢华和金碧辉煌，有的只是温馨的环境、极简的设计理念、合理的布局、巧妙的构思以及在布局中处处充满了人性化设计。虽然没有奢华的材料，但是作品仍然能够给人们带来强大的视觉冲击力。

问题三：2016年你最期待自己在哪方面有提升？

设计艺术也是一门综合艺术，它的特点是无止境。所以要不断学习以提高自己的综合素质，在以后的作品中各个方面都有所提高。

赵睿

问题一：一句话总结你自己的2015。

2015年一直保持疯狂的工作状态。

问题二：2015年你最欣赏的设计作品是什么？为什么？

欣赏的设计作品有很多，我没法去分辨哪一个是最喜爱的，每个值得欣赏的作品，都有其不同的特色。

问题三：2016年你最期待自己在哪方面有提升？

2016年我希望以更加认真的工作态度去完成我手上的每一个任务。

殷艳明

问题一：一句话总结你自己的2015。

思考、探索与践行，助力年轻设计力量。

问题二：2015年你最欣赏的设计作品是什么？为什么？

《2015米兰世博会·日本馆》。

日本馆应该是把传统与现代两种元素融合并诠释得比较精彩的展馆之一。建筑外立面由钢、木结合构成，首先营造出一种“古往今来”、“软硬相济”、“虚实相生”的整体感受。设计师选取榫接木造型作为东方（日本）传统文化的一个点、一个符号，让它经过裂变自然展开，形成矩形阵式的墙体，通而不透。一面墙，是传统美、形式美，还有实践美，如艺术品般给人以极强的视觉感染力，表现出一种极强的文化自信。

室内展馆的设计具有延展性，在不同内外空间呈现日本文化的特色：农耕、文字、艺妓、海洋……作为表达手段的动漫与声光科技效果令人叹为观止，把日本民族文化的历史、现在与未来娓娓道来。必须承认，日本把很多缘起于中国的东方文化理念传承保持得很完好，整体设计亲和力强、自然、现代而不失优雅。

问题三：2016年你最期待自己在哪方面有提升？

2016年做有情怀的设计，让设计为公益发声、让设计真正走近大众化，彰显设计的价值和意义。

许天贵、李文心

问题一：一句话总结你自己的 2015。

2015年是本团队意图转型的一年，过去多是着墨于台湾住宅设计，今年积极蓄积能量，为参与更多元的设计方案类型而努力，同时也为开拓大陆之设计机会而准备。

设计无界，期待以设计的力量，向世界展现华人的丰厚设计底蕴与独有的文化涵养。

问题二：2015 年你最欣赏的设计作品是什么？为什么？

很难提出一个具体代表个案。

过去几年两岸三地设计人才辈出，呈现多元多样之设计面貌，但隐忧的是其设计成果明显受到西方国际主流美学牵动。其中，我最为欣赏的是能够谦卑地压抑设计者主宰设计的欲念，放下强调个人风格的主观意识，以尊重环境脉络与使用者内在需求，用不着痕迹的设计元素，完成高度原创性以及东方文化意涵的设计，更是难能可贵。

问题三：2016 年你最期待自己在哪方面有提升？

沈淀反思华人文化的内涵与能量，而非随着国际化、均质化的国际样式移动。

这需要对华人历史文化与美学更深刻的体会，融合当代技术与精神，勇于突破与挑战，提升华人设计内涵与国际影响力。此外，也期待挑战各种不同领域之设计方案。

李道宝

问题一：一句话总结你自己的 2015。

探索、创新。

问题二：2015 年你最欣赏的设计作品是什么？为什么？

JAYA 设计的上海璞丽。因为她汇聚中国古老元素与现代工艺科技。

问题三：2016 年你最期待自己在哪方面有提升？

在精品、文化、主题酒店设计方面有所提升。

刘威

问题一：一句话总结你自己的 2015。

2015 年对我来说是交流学习的一年，这一年我先后前往意大利、德国、日本、韩国、澳大利亚和泰国与当地的设计机构、设计师进行了学术交流和学习。

问题二：2015 年你最欣赏的设计作品是什么？为什么？

我最满意的作品是自己的办公室（备注：自己获奖作品），把道家文化的精神与空间设计结合，找到了一个符合我的设计哲学的方向。

问题三：2016 年你最期待自己在哪方面有提升？

16 年继续挖掘传统文化精髓，并与现代文明结合做属于我们自己的设计。

史永杰

问题一：一句话总结你自己的 2015。

有进步、也有不足；有收获、也有付出；有坚持、也有放弃；心存感恩、继往开来。

问题二：2015 年你最欣赏的设计作品是什么？为什么？

《TCL 小贷公司》（备注：自己获奖作品）。因为相较以往的项目，它是一次自我突破，也是对金融企业办公环境的一次全新尝试，它最大的亮点就是摒弃传统金融公司给予人庄重刻板的印象，大胆采用纯净的白色做为主色调，将充满科技韵律感的曲线造型和艺术气息浓郁的软装饰品相结合，营造一派时尚、雅致、轻松的空间氛围。

这一理念源自对企业功能定位深层的洞悉，也是我们探索互联网思维下，人在空间中情境交互体验的潜在需求，客户的肯定从侧面印证了本案的成功。

问题三：2016 年你最期待自己在哪方面有提升？

宏观方面，空间建构创新与文化有机融入，决定了项目的格调；

微观方面，细节决定成败，物料工艺、主题陈设以及情境照明等方面的专业研磨和精准落地，是作品完美呈现的关键。

希望在未来一年中，我和我的团队能够继续在这两方面不断完善、再创佳作。

宋必胜

问题一：一句话总结你自己的 2015。

依然忙碌和匆匆的一年，很庆幸的是梦想依然还在那儿等我，我想对它说声谢谢。

问题二：2015 年你最欣赏的设计作品是什么？为什么？

自己今年做的作品里面，最喜欢的还是美术馆这个（备注：自己获奖作品），因为这个项目从最初的构思到设计施工完成，都是遵从自己一直喜欢的尚简和创新的思路在走，业主给了我们最自由的创作空间，施工方也很积极地配合我们把很多想法变成了现实，大家一起成就了这个非商业化的艺术空间。整个作品的设计完成度和使用后的社会满意度都很不错，这也是今年最开心的一件事。

问题三：2016 年你最期待自己在哪方面有提升？

2016 年很期待在商业化的项目设计上能够得到提高，这一类项目的多样化和专业化将会成为一种趋势，我们的团队还需要更多的历练和积累。

江蕲珈

问题一：一句话总结你自己的 2015。

忙碌充实的 2015。

问题二：2015 年你最欣赏的设计作品是什么？为什么？

《Lapis Thai 藏珑泰极》（备注：自己获奖作品）。原因很简单，这是自己创作项目，这就是对自己、对团队的肯定。

问题三：2016 年你最期待自己在哪方面有提升？

在人生体验中希望得到更深刻、更上一层楼的提升，设计师强调合理性的部分多受客观及受限个人主义的影响，时而放弃了创作和天马行空的想法，被强调设计应是现实社会中的一部份，代表的是现在社会文化而非尚未实现的理想。有时放弃早期独尊贵权式的设计转而追求纯粹合理性的设计，纯粹合理性创造一个简单的形式以满足一切生活和必须，同时又是高雅而真实的，这也是本人必提升修炼的人生一课。

郑树芬

问题一：一句话总结你自己的 2015。

充实而幸运的一年。

问题二：2015 年你最欣赏的设计作品是什么？为什么？

我最欣赏的是一名美国设计师叫 Thomas Pheasant。他从业已经有 30 多年，他从小的家装项目起步，现在大多为一些名人大佬做家居设计，例如美国总统的休闲会所。他在设计手法的处理上非常得体到位，他喜欢用比较古典的元素融入自己的想法，或者是比较现代的元素与古老的东西混搭起来，这样的设计就会比较新颖又有创意。

他也是一名家具设计师，从他的家具设计作品也能明显地感受到他的设计思想。在空间的处理上，硬装方面也会运用到很多古典东西，例如比较花俏的花线、柱头等。而在颜色方面，他比较喜欢运用一些比较淡的颜色，如米色，白色等，这样人们在房间里的时候就很容易体会到古老的元素和时代感。

问题三：2016 年你最期待自己在哪方面有提升？

希望有更多的时间出去旅行，不要像现在这么忙，慢下来工作和生活。

蒋国兴

问题一：一句话总结你自己的 2015。

2015 年自己在公司慢慢被淡化，这是团队的力量，也是自己所希望的，自己主导的案子也慢慢变少，有更多的时间去认真做某几个案子，感觉得自己比以前轻松很多。

问题二：2015 年你最欣赏的设计作品是什么？为什么？

2015 年最喜欢的设计作品当然是《水云间》(备注：自己获奖作品)，这个案子是一次湖南旅行的感悟，让自己多年来想表现的现代中式得到真正的落地。

问题三：2016 年你最期待自己在哪方面有提升？

2016 年期待自己在综合方面有更多的提升，比如说摄影、灯光等等。这几天刚刚也报名摄影及灯光学习班，也期待自己的案子能得到业内外人士的更多肯定。

金卫华

问题一：一句话总结你自己的 2015。

2015 是不断成长的一年。

问题二：2015 年你最欣赏的设计作品是什么？为什么？

欣赏的作品有很多，只要是好的作品都喜欢。

问题三：2016 年你最期待自己在哪方面有提升？

除了在设计方面有提升，还希望在社交层级上有更多的收获，比如能认识更多的设计风云人物，使自己的视野进一步拓展。

李文

问题一：一句话总结你自己的 2015。

沉下来做原创设计。

问题二：2015 年你最欣赏的设计作品是什么？为什么？

《蠔朋汇鲜蚝蒸味馆》（备注：自己获奖作品）。大量采用吃完的废弃蚝壳做主要装饰材料是变废为宝的二次利用，也算是当下提倡的绿色设计。

问题三：2016 年你最期待自己在哪方面有提升？

在国学和设计哲学方面加强学习。

吴少余

问题一：一句话总结你自己的 2015。

2015 是在设计上更为专注的一年。

问题二：2015 年你最欣赏的设计作品是什么？为什么？

2015 最欣赏梁建国的系列作品。其作品立足于深厚传统文化之根，对中国建筑风格做了高度的概括提炼，并且用极其简练的手法传达出来，既能让人感受到强烈的时代感，又以强大的传统文化感染力震撼着观者的心灵。

问题三：2016 年你最期待自己在哪方面有提升？

2016 年期待更深入参透设计的内核，挖掘形式背后的精神，以更纯粹的设计手法来呈现更具力量的作品。

梁礎夫

问题一：一句话总结你自己的 2015。

因生活而设计，因设计而美好。

问题二：2015 年你最欣赏的设计作品是什么？为什么？

《雅诗阁大连盛捷天城服务公寓》（备注：自己获奖作品）。

以国际化的设计语言诉求一种简单的美，给住客温厚的亲和力而又不失高级公寓的尊贵气质。整体设计风格统一、简洁而明快、大方，显示出强烈的纵深感，加之以清透、明媚的光色渲染。工整气派、大家风范，反衬公寓现代时尚的特性，以干练快捷的设计节奏，展示出质量与效率并举的时代精神。功能区域清新明快的线条和色调，使各个休闲空间都成了一段宜人的间奏曲。结合突出的立体感和节奏感，不同空间在对比中达成和谐，不仅保持风格的统一，更呈现高雅气质。

问题三：2016 年你最期待自己在哪方面有提升？

用心观察生活，感悟人生真谛，让设计与生活互动。

梁锦驹

问题一：一句话总结你自己的 2015。

呼吸着高端设计气色的 2015。

问题二：2015 年你最欣赏的设计作品是什么？为什么？

每一个项目都是精心创作；当中的《星座会馆》（备注：自己获奖作品）是其中赏心的项目，室内空间充分体验“基于艺术，始于建筑”的理念，每一细部的设计都源项目的定位出发。

问题三：2016 年你最期待自己在哪方面有提升？

来年抓紧对项目高水平的坚持，不论在高端豪华住宅、酒店及商业领域继续打造成功的项目。

林燕

问题一：一句话总结你自己的 2015。

坚持该坚持的，放弃该放弃的，不忘初心，方得始终。

问题二：2015 年你最欣赏的设计作品是什么？为什么？

很喜欢隈研吾 2015 设计的北京茶馆。整个茶馆全部采用白色塑料空心砖建造，从天花板到墙壁全部使用了半透明的长方形塑料模块进行拼装，在阳光的照射下有一种玲珑剔透的感觉，结合具有东方意境的家具及陈饰，与周边的环境保持一种对话，整个作品融纯净华丽、精致大气、现代古典于一体，如一壶好茶让人回味无穷！

问题三：2016 年你最期待自己在哪方面有提升？

希望在 2016 年将数字化技术运用于室内设计中。

胡笑天

问题一：一句话总结你自己的 2015。

20 多年的主张，我还在坚持；20 多年的道路，我还在行走。

问题二：2015 年你最欣赏的设计作品是什么？为什么？

我欣赏的作品永远是生活中每一刻的感动。因为每个人都可以从自己的角度欣赏，深入地去还原这个凝固而平淡的景象，在不同的人、不同的心态和不同的时间里产生不一样的故事结局，且每个故事结局都会是真实的、完整的和感动的。

问题三：2016 年你最期待自己在哪方面有提升？

未来学家丹尼尔·平克说，未来生存应该具备六种技能：

1、讲故事的能力

2、整合事务的能力

3、共情能力

4、设计感

5、会玩

6、找到意义感

我想这些就是我努力要完善自己的地方。

胡威

问题一：一句话总结你自己的 2015。

灵感发自勤奋及放飞的心灵。

问题二：2015 年你最欣赏的设计作品是什么？为什么？

扎哈·哈迪德的《曼哈顿顶层豪宅》。天才的想象力让建筑注入新的建筑精神，现代而时尚，充满未来感。"

问题三：2016 年你最期待自己在哪方面有提升？

从新的项目寻找幸福感。然而，行走切勿太匆忙，生活——才是真正的意义。

Dominique Amblard

问题一：一句话总结你自己的 2015。

在客户的全力支持下挑战个人建筑、景观及室内设计的极限，成果十分圆满。

问题二：2015 年你最欣赏的设计作品是什么？为什么？

说实话直到目前还没发现 2015 年让我心动的作品。我欣赏真实的设计者，从学生时代就十分欣赏 LE CORBUSIER，欣赏 TADAO ANDO、JEAN NOUVEL、Christian de Portzam。

问题三：2016 年你最期待自己在哪方面有提升？

继续我的工作目标：智慧引导，坚持从不复制，只量身定制。期待自己能参与更多从零开始介入的项目（从建筑设计开始介入项目直到完成室内设计），这样可以更好地帮助客户完成一个优秀的设计项目。

何勇

问题一：一句话总结你自己的 2015。

忙碌的一年，收获的同时也学到了很多。很高兴能看到越来越多好的设计，能感受到业主对设计的期待、要求越来越高，更理解设计师的思想，对设计师认可度的提高。

问题二：2015 年你最欣赏的设计作品是什么？为什么？

好的作品层出不穷，每个项目的立项、设计风格、造价都不尽相同，很多没有可比性。非常难以抉择更欣赏哪个，各有各的特点，设计上都有各自的闪光点。

问题三：2016 年你最期待自己在哪方面有提升？

希望能在引领业主在设计、经营等综合方面做更进一步的工作。设计不仅仅是要做得“好看”，也要贴近实际，我们不仅要体现设计师要表达的思想，更重要的是理解业主的目标、方向和需求！

尼克

问题一：一句话总结你自己的 2015。

2015 设计工作是痛苦与快乐的过程，寻找设计灵感，沉思、焦灼，经过痛苦煎熬、艰苦磨砺，自己的劳动成果得到大家的肯定，便是工作中最大的快乐！

问题二：2015 年你最欣赏的设计作品是什么？为什么？

最欣赏的作品是《减法自然》（备注：自己获奖作品），人与自然的和谐，赋予室内自然而有质感的生命。一个优秀的空间设计，不管是来源于哪个时代或哪种风格，都应该能触碰人们内心最柔软的部分，引起欣赏者的共鸣。这套作品没有限定设计风格取向，只是不断探寻东方和西方、人文和自然，追寻任何令人心头一热的美学元素，用原生态的手法呈现在大自然中，激发心灵对生命的赞美。

问题三：2016 年你最期待自己在哪方面有提升？

“路漫漫其修远兮，吾将上下而求索”。我所追求的自然生态设计理念会一直贯穿在我的设计之中，让这喧嚣的世界有一片宁静。我会将这种观念分享给更多人，让更多的人全身心去感受空间、气味、质地及自然所给我们带来的“舒服”的状态。

何永明

问题一：一句话总结你自己的 2015。

内修外拓，以书传承！

问题二：2015 年你最欣赏的设计作品是什么？为什么？

比较欣赏中式的设计，因为中国的传统文化、地域文化是时候体现它的魅力了。

问题三：2016 年你最期待自己在哪方面有提升？

在设计方面，希望在各类型的室内空间中，给我更大的发挥空间，让更多创意及新颖的元素注入，发掘更多诠释东方文化的当代语言，令设计作品不但美观、实用，而且是一个有故事、有生命、有趣的空间。

在公司方面，培育后进，发挖后起之秀。提升公司的管理水平及运作效率，令公司成为一间优秀的设计公司。

李俊瑞

问题一：一句话总结你自己的 2015。

一切与设计无关。

问题二：2015 年你最欣赏的设计作品是什么？为什么？

最欣赏我们团队做的“中日友好医院中央保健楼室外花园设计”。

它将中日文化结合得恰到好处。

问题三：2016 年你最期待自己在哪方面有提升？

如何做一个好项目和如何做好一个项目。

刘军

问题一：一句话总结你自己的 2015。

很充实，做了几套自己比较满意的作品。

问题二：2015 年你最欣赏的设计作品是什么？为什么？

《湖南怀化新麦来 KTV》（备注：自己获奖作品）。利用 GRG 新材料和 3D 情景结合，让客户亲身感受到放松的氛围。

问题三：2016 年你最期待自己在哪方面有提升？

中国传统工艺的再生与探索，对乡村改造项目的提升。

孙建亚

问题一：一句话总结你自己的 2015。

在市场不景气的时候趁有空做一些好作品。

问题二：2015 年你最欣赏的设计作品是什么？为什么

《虹梅 21》（备注：自己获奖作品）。

这原本是一个非常普通并且大家都触手可及的别墅改造设计，它可以很一般，也可以很不一样，就看设计师如何看待并且付出自己的时间及创造力。

问题三：2016 年你最期待自己在哪方面有提升？

我们正朝向"做更国际化的作品，用更环保的视觉看设计，用更贴近人心的态度做设计"的方向发展。

王远超

问题一：一句话总结你自己的 2015。

在过去的一年中完成了自己设计生涯中的第一个五星级酒店，忙碌并快乐着。

问题二：2015 年你最欣赏的设计作品是什么？为什么？

2015 年我最欣赏及膜拜的设计作品是澳洲大师 Kerry Hill 的青岛涵碧楼酒店项目。在他的作品中看不到奢华材料的堆砌或是跳跃性的色彩，而是运用原木、花岗石、玻璃、金属等自然质朴的材料，结合对东方美学的理解，融入人文、建筑、园艺、自然环境等各种元素，营造出美丽和谐及宁静的极简风格。大师作为一个"老外"能把中国文化"天人合一"哲学思想演绎得如此精妙，实在是令国人设计从业者汗颜。

问题三：2016 年你最期待自己在哪方面有提升？

在以往的设计工作当中，对设计根源的东西认识不够，以后更重要的是务实，比如要重点考虑投资方的投资效益，帮助投资方考虑造价跟运营的关系，提升投资回报率，这才是设计的本质。技法方面最为头痛的是灯光运用方面的缺失，力争在 2016 年能有所长进。

王黑龙

问题一：一句话总结你自己的 2015。

2015 年的市场有诸多的不确定性。我们在保持公司发展方向的前提下，也对战略进行了调整，如更加凸显我们全方位的综合素质和专业能力，特别是在成本控制方面。

问题二：2015 年你最欣赏的设计作品是什么？为什么？

我们有许多未完工的项目。一些项目在建造的过程中也面临着停顿、调整。我们今年有几个会所项目是值得一看的，有自己的特质和面目，到时会与大家一起分享。

问题三：2016 年你最期待自己在哪方面有提升？

我们除了在更广的领域与业主方展开合作外，还尝试跨国和跨地区合作，如今正为香港中环 IFC 设计的顶级商用写字楼项目。我希望我们的团队今后有更多机会走出国门，展现一个有创意、有历练的设计团队的风采。

王践

问题一：一句话总结你自己的 2015。

从未停止过对自己梦想无条件的坚持。

问题二：2015 年你最欣赏的设计作品是什么？为什么？

自己即将完工的一个酒店设计——《墨憩精品酒店》。

崇拜别人不如超越自己，完成每一次的挑战实际上是完成了对自己的又一次救赎，对作品专业角度的欣赏不如对自我价值和品性的肯定和鼓励！

问题三：2016 年你最期待自己在哪方面有提升？

相对独立的设计思想和完整的设计执行体系。

胥洋

问题一：一句话总结你自己的 2015。

不断挖掘问题并解决问题。

问题二：2015 年你最欣赏的设计作品是什么？为什么？

雅布的 PORTS 上海店，没有华丽的元素却做出华丽的效果。

问题三：2016 年你最期待自己在哪方面有提升？

如何在室内空间更好地运用建筑语言。

陈丹凌

问题一：一句话总结你自己的 2015。

比 2014 年更闲。

问题二：2015 年你最欣赏的设计作品是什么？为什么？

有两套。一套是法国设计师 Gérard Faivre 的作品，位于巴黎圣日耳曼大道旁的一座有着历史建筑称号的公寓。室内空间保留了很多原先遗留下来的装饰印记，比方说人字拼地板、大理石壁炉、墙面的装饰墙板，并且注入更现代的概念进行搭配。在我看来，这间公寓优雅和时髦并存，自由与自律兼具，所以非常打动我。另一个是伦敦设计公司 Candy & Candy 的新作品金伍德公寓，堪称经典与时尚的完美结合。

问题三：2016 年你最期待自己在哪方面有提升？

沟通技巧。与人交流一直不是我的强项，希望新的一年里能有所改进。

葛晓彪

问题一：一句话总结你自己的 2015。

学习，锻炼，再提升。

问题二：2015 年你最欣赏的设计作品是什么？为什么？

法国设计师 Jean-Louis t deniot 设计的巴黎公寓。欣赏他的作品，令人激动和鼓舞。

问题三：2016 年你最期待自己在哪方面有提升？

最期待自己在软装方面有较大提升。

陈武

问题一：一句话总结你自己的 2015。

沉淀总结，蓄势待发！

问题二：2015 年你最欣赏的设计作品是什么？为什么？

东京的《安达仕酒店》。商业与艺术、传统与现代、时尚与经典的完美融合！

问题三：2016 年你最期待自己在哪方面有提升？

希望自己能慢下来，多点时间思考，能多出些经典的精品项目。

陈轩明

问题一：一句话总结你自己的 2015。

我的 2015 年就是保持不知的状态。

问题二：2015 年你最欣赏的设计作品是什么？为什么？

2015 年没有最欣赏的设计作品。

问题三：2016 年你最期待自己在哪方面有提升？

可以再提升的地方就是放下的地方。

王平仲

问题一：一句话总结你自己的 2015。

真实的故事，诚实的设计。

问题二：2015 年你最欣赏的设计作品是什么？为什么？

Alberto Campo Baeza 设计的《House of the infinite》。平台式建筑的设计融入大自然，形体简洁但不简单，在海边的强风之中散发出一种宗教式的宁静。

问题三：2016 年你最期待自己在哪方面有提升？

想做的事情太多，所以得提升时间管控能力。

何崴

问题一：一句话总结你自己的 2015。

付出的一年，也是收获的一年。

问题二：2015 年你最欣赏的设计作品是什么？为什么？

2015 年中国建筑设计和室内设计领域有很多好的作品，很难说哪个是最好的。作为一个设计师，我试图从同行的设计案例中读取他们在设计背后的故事和情绪，很高兴有越来越多的好作品出现。

问题三：2016 年你最期待自己在哪方面有提升？

当然是设计费。对于中国的设计师来说，特别不是以作商业项目、大项目为主的设计师来说，设计费实在是和他们的付出不成比例。现在几乎什么都在涨价，只有设计费很多年没有变化了，所以说，我最期待设计费得到提升。哈哈。

王传顺

问题一：一句话总结你自己的 2015。

2015 年是落花有意流水无情、事倍功半的一年。

问题二：2015 年你最欣赏的设计作品是什么？为什么？

2015 年我最欣赏的设计作品是：日本设计师安滕忠雄设计的上海市嘉定区保利大剧院，因为这个作品将建筑与室内设计完美结合，整体设计、室内外融为一体，并将灯光照明、艺术造型、建筑体量感及建筑材料统筹综合考虑，既满足功能的需求又有强烈的艺术效果、非常有个性和特色。

问题三：2016 年你最期待自己在哪方面有提升？

2016 年期待自己在综合能力上有更大的提升。

潘俊

问题一：一句话总结你自己的 2015。

一个优秀的设计师不光要做好设计，还要熟悉施工工艺、材料、色彩。精益求精的同时，做到实用主义美学与人文关怀的完美结合。这是我们正在做的，也是我们追求的目标。

问题二：2015 年你最欣赏的设计作品是什么？为什么？

我最欣赏 LUXE 室内设计杂志，和 HOUZZ 网站的作品。因为它们做到实用主义美学与人文关怀的完美结合，美观、舒适、充满生活气息。

问题三：2016 年你最期待自己在哪方面有提升？

希望在家具、材料、软装渠道上有所突破，HOUZZ 网站就有好多材料、家具，毕竟是国外的网站，不知到怎么买。

富元

问题一：一句话总结你自己的 2015。

用敬畏之心对待每一项设计。

问题二：2015 年你最欣赏的设计作品是什么？为什么？

韩美林大师的雕塑《和平守塑》。从作品中感到无尽的生命力，感受生命的尊严顽强，在感悟中成长、在成长中觉悟。

问题三：2016 年你最期待自己在哪方面有提升？

最期待自己在学术（设计语言）方面有提升。

罗劲

问题一：一句话总结你自己的 2015。

2015 是跨界、转型、融合的标致节点，更是我们沉淀、思索、积蓄的腾飞起点。

问题二：2015 年你最欣赏的设计作品是什么？为什么？

很难说最欣赏的，但这一年有几个很欣赏的项目，如垂直绿化典范新加坡艺术学院、阶梯错落的首尔综合办公楼、日本的飘带教堂等，但作为办公设计团队来说，还是喜欢 Team Bank Easy credit 的新办公室的轻松生态且极具品质和创意的空间环境。

问题三：2016 年你最期待自己在哪方面有提升？

2016 希望公司有机会打造更多的富于激情创意的众创空间整体设计项目，也希望我和我们的团队有机会走出去，多看看国内外类似的成功案例。

连自成

问题一：一句话总结你自己的 2015。

迈向更加成熟稳健的设计方向。

问题二：2015 年你最欣赏的设计作品是什么？为什么？

《中山润园售楼处》（备注：自己获奖作品）。它的设计核心就是体现我们中国人根本的生活方式和意境追求，透着意韵，滤去城市喧嚣与浮躁的简明而悠扬的表达。

问题三：2016 年你最期待自己在哪方面有提升？

希望自己能够在商业设计和设计师自我追求的平衡的过程中，更能靠近自己追求的方向。

陈文豪

问题一：一句话总结你自己的 2015。

累并快乐着。

问题二：2015 年你最欣赏的设计作品是什么？为什么？

陈瑞宪老师。华航 777 客机客舱与机场贵宾室设计。秾纤合度，优雅恬适。在商业性与艺术性的结合上做了最好的诠释。

问题三：2016 年你最期待自己在哪方面有提升？

作品的艺术性与创造性。

陈武

王平仲

何崴

罗劲

编委观点

北京　刘凌莉

问题一：一句话总结你本地（如：天津、上海）设计的 2015

北京设计的 2015 突显民族风。生态、环保是本年北京设计的主打词。

问题二：2015 年你最欣赏你本地（如：天津、上海）的设计作品是什么？为什么？

“爷爷家青年旅行”。

本案是一个普通农房改造项目，原建筑属于业主的爷爷，故得名“爷爷家青年旅社”。作品立足于中国传统村落，周边建筑都为百年左右的夯土房，作品在建筑外观上，保留原有夯土的厚重感、时间感和沧桑感，使老房未遭破坏。变化是在原有建筑二层面向风景的一侧开设了一个新的带窗，既满足了新功能的通风、采光需求，又为使用者提供了很好的观景点。

作品尊重老建筑的结构，同时植入了房中房，它可拆卸、可移动，可以在未来被移除从而恢复原有建筑的空间布局；使用者可以通过推动房中房自主改变室内空间布局。

这是一个非常规的旅店，服务人群为来自世界各地的年轻人，他们敏感、躁动、充满活力，富于创造力。这个青旅现处于试运营阶段，但已经收获了大量的好评。很多人慕名而来，为当地村落和农民带来了活力、影响力和客观的经济收入，具有良好的社会价值。

问题三：2015 年你最欣赏你本地（如：天津、上海）的青年设计师（40 以下）是谁？为什么？

何崴。1997 年毕业于清华大学建筑学院，获得建筑学学士学位；1997 年赴德国留学，先后就读于德国亚琛工业大学（RWTH Aachen）和斯图加特大学，并取得建筑学与城市规划硕士学位；2003 年归国后曾就职于国内外多家建筑、城市规划设计事务所；现任教于中央美术学院建筑学院，任数字空间与虚拟现实实验室主任，并兼任德国 Professional Lighting Design 杂志中文版《照明设计》执行主编；研究和创作跨建筑、城市、照明、摄影、装置艺术等多个领域。在国内外多次举办个人和集体摄影展，论文及摄影作品屡次发表于国内外学术专业期刊，并出版有：摄影日志《瞬间 • 意象的碎片》、《国外著名设计事务所在中国——gmp》（第一译者）、《欧罗巴的苍穹下——西方古建筑文化艺术之旅》（与宇文鸿吟合著），《国际照明设计年鉴 2008》（主编）、《国际照明设计年鉴 2010》（主编）、《阅读广场》（与虞大鹏合编著）等书籍。

具有大师潜力，将建筑设计与人文关怀有机结合，在作品中突显生态、环保主义。

贵州　王明江

问题一：一句话总结你本地（如：天津、上海）设计的 2015

贵州的设计，一直处于极度焦虑的状态，因为焦虑所以拼命赶路，很多时候反而忘了设计的最终述求。而 2015 年，贵州的设计团体似乎找到了打败焦虑的最好办法，就是真正用心去做设计这门令人无比焦虑的事情。相比去年，我们惊喜地看到贵州设计作品的激增，并且大多是令人感觉情绪昂扬的作品，或者贵州的设计，已经在不知不觉中开始向积极的方向滋长蔓延，暗示着某种成功的潜质。

问题二：2015 年你最欣赏你本地（如：天津、上海）的设计作品是什么？为什么？

每个作品给予我的享受是不同的，都有各自闪光的亮点。而其中让我印象最深的，要数《贵阳市保利温泉别墅》这个项目，给了我一次对未来空间构筑方向的反思，在实地观摩的过程中，有很多词汇从我脑海中引申并闪现出来：交流、链接、共生……这个作品在运用设计服务生活的同时，更好地慰藉了人心，满足了日益复杂多变的空间需求。

问题三：2015 年你最欣赏你本地（如：天津、上海）的青年设计师（40 以下）是谁？为什么？

郑嫦。在贵阳的女设计师虽不多，但像她这样不妖艳、不虚荣，潜心于设计的却很少。极少在一些浮夸、自我吹捧的场合见到她，更难在与设计无关、只与虚荣有关的秀场见到她。属于她的永远是她的方寸工作室，除了工地，她永远都静静地在那里。我们尊重这样的设计师，虽然我们不懂设计，但我们懂杂志，做杂志与做设计有同曲异工之境，如果写文字、做版面也成天飘在外面，享受花花世界的吹捧，自我陶醉，估计做不出什么好作品，设计亦然。设计考量的细节更多，那么多工序，那么多场景、空间的组织，岂是朝朝暮暮之功？所以，不在乎世俗的喧嚣、不消耗精力去哗众取宠、花大把时间在工作室的设计师是值得信赖和托付的。

河北　宋云霞

问题一：一句话总结你本地（如：天津、上海）设计的 2015

2015 年河北设计行业激烈竞争中缓步前进，整体水平提升迅速，市场逐步呈现细分化，新的机遇也不断产生。

问题二：2015 年你最欣赏你本地（如：天津、上海）的设计作品是什么？为什么？

《瑜初——自性之初》，把人性、东方禅学在女性生活中自然呈现，处处是随意，面面现初心。

问题三：2015 年你最欣赏你本地（如：天津、上海）的青年设计师（40 以下）是谁？为什么？

穆鑫，对设计有无比执着和坚韧的追求精神，对顾客有“换你心，为我心，始知顾客心”的境界。

河南　董忠涛

问题一：一句话总结你本地（如：天津、上海）设计的 2015

2015 对于河南室内设计行业来说，是思维碰撞的一年、设计丰收的一年、推陈出新的一年，河南设计有力量。

问题二：2015 年你最欣赏你本地（如：天津、上海）的设计作品是什么？为什么？

比较欣赏《益健苑庄园酒店》项目。因为在快速发展的年代，会经常见到奢华、工业风的作品，所以很难得见到这样能让人耳目一新，犹如清风迎面而来，特别亲切的乡村类项目。

问题三：2015年你最欣赏你本地（如：天津、上海）的青年设计师（40以下）是谁？为什么？

刘非。初次见到刘非是在广州设计周，当时彼此并不太熟悉，后来通过一来二往，逐渐了解。在河南80后设计师中，刘非是少有的能沉下心来做项目的设计师，也是少有的文化底蕴深厚的设计师。像今年的乡建项目，做得就特别有味道，从中可以看出一位设计师对于乡村建设的理解和认知。

济南　夏广崝

问题一：一句话总结你本地（如：天津、上海）设计的2015

济南设计的2015是团结向上、充满活力的一年。在这一年里，设计师们锐意创新，凝聚力量，用不凡的设计带动济南设计圈向更远、更高的方向发展。

问题二：2015年你最欣赏你本地（如：天津、上海）的设计作品是什么？为什么？

最欣赏济南禧悦东方酒店。作为济南首家本土自主品牌五星级酒店，禧悦东方酒店让宾客远离尘世的喧嚣，在自然雅致的环境中获得身心双重享受。酒店设计灵感来自中国"天人合一"的哲学思想，结合泉城济南独特的人文气韵，在尊重传统文化脉络的同时又有所创新，以丰富的中国色彩及中式空间层次感将现代元素和传统元素融合在一起，使西方美学理性和东方文化浪漫合理兼容，以现代人的审美需求诠释中国传统韵味的空间环境。

问题三：2015年你最欣赏你本地（如：天津、上海）的青年设计师（40以下）是谁？为什么？

我个人最欣赏的设计师叫刘志豪。因为设计师本人属于那种比较安稳、有思想且内功扎实的风格，从其作品中可以看出他设计的创新与灵性。他的设计风格将会成为新派设计的标志。

江西　钟洛洲

问题一：一句话总结你本地（如：天津、上海）设计的2015

2015年的江西设计精彩纷呈，优秀作品数量节节攀升，达到历年之最。江西设计力量走出去，各地设计大咖请进来，丰富多样的设计峰会一次次把江西设计和设计师推动成耀眼的明星。江西的设计师如王晚成、王景前、段尹琳、徐子明、刘文毅等不断亮相全国设计舞台，香港设计师梁曦文、陈飞杰等，台湾设计师朱柏仰、谭淑静、唐忠汉、任萃、沈志忠、陈连武、房元凯、郭侠邑、吴奉文等，内陆设计大咖梁建国、张灿、孙云、陈彬、谢斌、刘卫军、孙传进等，大咖们不断进入江西，让江西设计界成为了设计明星高频率出现的地方。江西室内，正在备受关注，正在历经腾飞！中国建筑与室内设计师网江西站、精英网和江西室内，作为江西唯一的设计领域专业网络和新媒体，致力于推动这些设计事件，我们既深表欣慰，也深感责任重大。

问题二：2015年你最欣赏你本地（如：天津、上海）的设计作品是什么？为什么？

2015年最欣赏的江西设计作品应数李日中的《粥行天下》。看了这个作品的时候，我以为是看了效果图，非常唯美，富有东方意境，光影处理，功能分割，都非常到位。而李日中本人研究生毕业，一直只专注于做设计、不施工，之前看到他呈现的作品都是住宅空间，非常有才华。突然看到，原来他对商业空间的设计也能够如此驾驭的时候，我觉得这是一位非常了不起、非常有前途的设计师。

问题三：2015年你最欣赏你本地（如：天津、上海）的青年设计师（40以下）是谁？为什么？

2015年最欣赏的江西设计师应该有三位，因为他们都非常有代表性。王晚成，达普斯设计事务所总监，非常有设计才华、思维敏捷、演讲能力很棒，这是综合能力的体现，中国设计星华中区拿了冠军，这是最好的证明。尽管他成为耀眼的明星，但是为人低调、不张扬，这是非常难得的。徐子明，内外建筑设计事务所总监，设计研究生毕业、大学教师，启蒙践行了南昌情侣主题酒店、主题餐厅的项目，后来主题餐厅项目遍地开花，更重要是他在服装、陶艺等领域创立品牌，是设计师跨界发展的最好代表。刘文毅，中航长江设计院院长，主案项目数不胜数，但是非常谦卑低调、不张扬，不买豪车豪宅，潜心设计，宣扬佛性茶道，被圈内人称为"道长"，他的境界在当今浮躁的语境下显得弥足珍贵。

南京　李合威

问题一：一句话总结你本地（如：天津、上海）设计的2015

近几年，以金堂奖为代表的中国室内设计年度评选在中国大地举办得如火如荼，经过各种媒体的大力宣传，很多好的设计作品和设计师都走入了消费者的视野。"设计创造价值""好设计提升生活品质"等观点已经逐步深入人心，设计师的价值正在被更多人肯定，中国室内设计行业在国际及国内的地位正在大大提高。所有这些，都极大地提升了设计师们做出好作品的欲望，南京也不例外。在过去的2015年，南京的设计师们都很努力，好的室内设计作品也层出不穷，各种风格也是百花齐放，2015金堂奖南京地区获奖数量占全国的比例也又创新高。所有这些都说明了南京的室内设计行业正在向积极的方向发展，相信南京设计师们在未来会创作出更加多的优秀作品，为消费者营造出更多的舒适空间，为中国室内设计行业发展添砖加瓦。

问题二：2015年你最欣赏你本地（如：天津、上海）的设计作品是什么？为什么？

非常多，各具特色。

问题三：2015年你最欣赏你本地（如：天津、上海）的青年设计师（40以下）是谁？为什么？

优秀的青年设计师也非常多，都很努力，也是各具特色。

南通　俞陆

问题一：一句话总结你本地（如：天津、上海）设计的2015

2015年是CD网在南通建站的第一年，秉承"为百万设计师呐喊，向千万业主传播"的宗旨，组织了包含设计沙龙、南山社区杯设计比赛、苏沪杭通设计交流、江西扬州设计业界游学交流等一系列"设计发声"主题活动，更在年度金堂奖中斩获3名优秀奖，"南通设计"和"南通设计师"正在进入全国设计业界视野，"南通设计"正在聚合行动！

问题二：2015年你最欣赏你本地（如：天津、上海）的设计作品是什么？为什么？

宋必胜老师的《南通经济技术开发区美术馆》，避免造价和材质铺张的同时以设计手法展示腾飞中的南通，不忘朴实和勤劳奋斗的精神，值得赞颂的作品。

问题三：2015年你最欣赏你本地（如：天津、上海）的青年设计师（40

以下）是谁？为什么？

2015 年涌现了一大批极其优秀的青年设计师，除了醉心设计数十年坚定信念的朱永春老师，还有数届金堂奖得主由伟壮。在带领团队创作过程中，他积极地参与设计师群体互动交流提升，值得推崇，成功的设计企业用开放的姿态吸引着众多优秀的设计师；更有孔魏躲、石小伟夫妇用恬淡姿态，融合工作、生活、兴趣，将“快乐生活，快乐设计”的设计师生活真实地展示给我们，为设计力量的执着保留“爱”的理由！

■ 宁波　叶建荣

问题一：一句话总结你本地（如：天津、上海）设计的 2015

百花齐放、欣欣向荣。

问题二：2015 年你最欣赏你本地（如：天津、上海）的设计作品是什么？为什么？

葛晓彪的《英伦水岸》，国际范的设计视野和天才的视觉表现。

问题三：2015 年你最欣赏你本地（如：天津、上海）的青年设计师（40 以下）是谁？为什么？

潘宇，追求极致的设计精神和务实的现场管控。

■ 青岛　张洪春

问题一：一句话总结你本地（如：天津、上海）设计的 2015

今年的参加人数比去年多一些，影响面相对较广。

问题二：2015 年你最欣赏你本地（如：天津、上海）的设计作品是什么？为什么？

《浮山溪谷养生会所》。这是青岛地区第一个众筹养生会所，人员最专业、场地最大且设计最全面、最系统。

问题三：2015 年你最欣赏你本地（如：天津、上海）的青年设计师（40 以下）是谁？为什么？

刘涛。项目虽然做得不多，也不是大型餐饮项目，但是能够坚持自己的原则，每一个项目都能够仔细分析地理环境、消费层面，和业主沟通交流非常到位。

■ 台湾　陈孟谕

陈孟谕
戴薇
张根良

问题一：一句话总结你本地（如：天津、上海）设计的 2015

人文荟萃，创意无限，台湾设计力绽放国际舞台。

问题二：2015 年你最欣赏你本地（如：天津、上海）的设计作品是什么？为什么？

京玺国际“R&D Cocktail Lab”。这个作品将东、西方文化相互融合，突破一般人对酒吧的传统印象，并在流行和复古间，创造出恰到好处的平衡，让人为之一亮，我很喜欢这样的新鲜感。“R&D Cocktail Lab”不只拥有独特的设计，整体氛围也让人觉得很舒适自在，每个细节都能让人感受到设计师的用心。

问题三：2015 年你最欣赏你本地（如：天津、上海）的青年设计师（40 以下）是谁？为什么？

京玺国际周譓如。

周总监的视野很宽、很广，不断突破自我，她的设计总是为大家带来许多惊喜，近几年，更是在国际舞台发光发热，夺下许多国际奖项，象是日本 GOOD DESIGN AWARD 优良设计奖、英国 FX 国际室内设计大奖、中国成功设计大赛的空间类设计大奖等。周总监除了拥有丰富的创意，她的思考角度也非常多元，因此能为客户提供最专业、最全方位的服务。

■ 云南　张滨

问题一：一句话总结你本地（如：天津、上海）设计的 2015

走出去、引进来，云南设计今年很精彩！

问题二：2015 年你最欣赏你本地（如：天津、上海）的设计作品是什么？为什么？

《听紫云度假酒店》。对传统文化有很好的继承，并将其运用于当代的设计之中，对当前和未来行业有较大启迪作用。

问题三：2015 年你最欣赏你本地（如：天津、上海）的青年设计师（40 以下）是谁？为什么？

纳杰。低调的为人，踏实的做事，独有的思想。

■ 重庆　戴薇

问题一：一句话总结你本地（如：天津、上海）设计的 2015

2015，重庆涌现出一大批有个性、有特色的小型时尚潮餐厅，他们的设计很多是由一批年轻的设计师完成。

问题二：2015 年你最欣赏你本地（如：天津、上海）的设计作品是什么？为什么？

2015 年，我最欣赏的在重庆本地的设计作品是赖旭东设计的《重庆丽笙南温泉度假酒店》，设计力道分寸精准，风格精致自然。

问题三：2015 年你最欣赏你本地（如：天津、上海）的青年设计师（40 以下）是谁？为什么？

2015 年最欣赏的青年设计师是夏朗，年轻向上，有创意、有想法。

■ 海南　张根良

问题一：一句话总结你本地（如：天津、上海）设计的 2015

专业性的学术活动不多，各种活动赛事倒是很多，整体设计水平在缓慢地提高中。

问题二：2015 年你最欣赏你本地（如：天津、上海）的设计作品是什么？为什么？

《海岛雨林海鲜坊》。因为很受消费者青睐，空间氛围也很能体现出地域特色，项目功能、空间划分和交通组织均非常理想，工艺与材料选择合理，且工程费用不高。

问题三：2015 年你最欣赏你本地（如：天津、上海）的青年设计师（40 以下）是谁？为什么？

最欣赏的本地年轻设计师是王裕军，他的作品创意新、实用，有自己独特的艺术风格，对客户服务精益求精，作风踏实，有孜孜不倦的专业精神。

年度新锐设计师

NEW STAR OF THE YEAR

崔树

他
中国设计星2015年度总冠军
80后新锐设计师

身上充满了80后的叛逆符号，疯狂、个性和执着，
但又严谨、细致的暖男；
是个疯狂的极限运动爱好者，
从滑雪、跳伞，到赛车和哈雷改造各种玩耍。

他
又是一个细致创意生活的打造者，
从室内设计，到艺术装置都由兴趣而生，乐在其中，
设计生活之于他就是：热爱、坚持和思考！

设计即生活，生活非设计；
2016，关注自己，让温暖充斥在设计的每个角落！

北京六合九象环境艺术设计机构创始人
中艺建筑设计院研发中心主任
2016中国设计星执行导师

枲达建筑创始合伙人 孙大勇

他是信息时代的追问者，用洞穴时代的建筑密码，营造后现代艺术空间-鸿坤美术馆；他是雾霾时代的反思者，用常见的建材与植物，构筑有生命感的室内环境-鸿咖啡；他是繁复混杂时代的简化者，用相对纯粹的建筑语言，生成质朴而有效的多功能空间-万科同乐汇；他是中西设计交融的践行者，跟来自维也纳的Chris Precht 组建合伙人建筑事务所，共同应对当下中国设计实践。

他还是一个热情的沟通者，从自然中寻求，基于人类的直觉与情感，用设计的手段去沟通，他的设计关键词是：人、自然、艺术，如果再加上一些，还有生命、环境可持续……也许，他的野心是设计沟通一切。

在他身上，我们看到了新时代新青年汩汩流淌的设计正能量。他就是中国设计星（2015-2016）华北II区十强，80后设计师新锐代表：孙大勇。

年度设计公益奖

PUBLIC WELFARE DESIGN OF THE YEAR

利昂设计股份

2014年8月15、16日，以“延安与梦想”为主题，由利昂设计公司公益赞助的《羊城晚报》第19届手抄报创作大赛圆满结束。活动由共青团广东省委员会、少先队广东省工作委员会、广东省延安精神研究会、《羊城晚报》社主办，得到包括广州市聋人学校18个孩子在内的大批羊晚小记者参与，得到了良好的社会反响和赞誉。

于2015年6月登陆新三板的“利昂设计股份”还主导成立了首只专注设计创意产业的天使投资基金及中共团广州市委下属关注青少年成长的慈善基金，帮助一批文化创意行业的年轻创业团体和项目插上了实现梦想的翅膀，鼓励和培育了一批中国设计的新生力量。

同济大学中意创益基金会、斐络设计

“同济大学中意创益专项基金”是由吴磊、梁靖等多名设计师和国内数家设计事务所联合同济大学教育发展基金会发起的公益项目。该项目倡议用设计改变生活，用创新延续传统。它致力于传承中国传统文化、保护发扬非物质文化遗产。目前已有众多爱心企业和人士加入到活动中，通过社会捐助的力量，对传统文化艺术进行保护和创新。

2015年8月，“同济大学中意创益专项基金”联合“斐络设计”共同启动“中意创益基金－《消失的地平线》/ 迪庆黑陶非物质文化遗产再设计”项目，牵头邀请中意两国设计师共同设计黑陶器皿，并通过考察、研讨、设计、展览、交流和推广等系列活动，保护和发扬尼西黑陶世代相传近千年的手工制作工艺，让非物质文化遗产再次复活。

Hotel

酒店空间

花迹酒店
HUA JI HOTEL

济南禧悦东方酒店
XIYUEDONGFANG HOTEL

雅诗阁大连盛捷天城服务公寓
ASCOTT DALIAN SOMERSET
AMAGI SERVICED APARTMENT

大慈寺文化商业综合体
DACI CULTURAL AND
COMMERCIAL COMPLEX

爷爷家青年旅社
PAPA'S HOSTEL

桔子水晶酒店
CRYSTAL ORANGE HOTEL

山西太原君豪铂尊酒店(精品店)
SHANXI SOVEREIGN
BOZUN HOTEL

郑州JW万豪酒店
JW MARRIOTT ZHENGZHOU

墅家墨娑
VILLAVIAAA MASVA

云南建水听紫云精品酒店
TINGZIYUN DELICATE HOTEL
OF JIANSHUI IN YUNNAN PROVINCE

重庆锦悦恒美酒店
CHONGQING
JASMINE INN HOTEL

花迹酒店
HUAJI HOTEL

项目名称 _ *花迹酒店* / **主案设计** _ *余平* / **参与设计** _ *马喆、逯捷、蒲仪军* / **项目地点** _ *江苏省南京市* / **项目面积** _ *1300 平方米* / **投资金额** _ *500 万元* / **主要材料** _ *旧砖、旧木、纯棉布织品等*

A 项目定位 Design Proposition

“花迹”坐落于南京历史街区，设计保留了原生建筑体上的“踪迹”之美；对受损部位进行文物式修复；在院落、墙头、窗台处大量植花种草，构成“花”与“迹”的主题。

B 环境风格 Creativity & Aesthetics

去掉装修式语言，不吊顶，无踢脚线，无门窗套，无消防栓门……，彻底避免物料开裂问题，让室内获得“长寿”。将室内墙体上的锐角打磨成圆角，用建筑语言来表达，简约，实用，经济。每个空间都有方便开启的窗户，阳光照进，空气流通。使用吊风扇，吐故纳新，提高空气质量。

C 空间布局 Space Planning

呈现原建筑本真的空间尺度与优良的质感基因。

D 设计选材 Materials & Cost Effectiveness

选旧砖、旧木、纯棉布织品等有生命属性的材料，将它们融入空间，并成为室内最终“品质”的担当者。

E 使用效果 Fidelity to Client

得到了投资人与历史街区管委会的高度认可，经营起步良好。

花迹酒店
HUAJI HOTEL

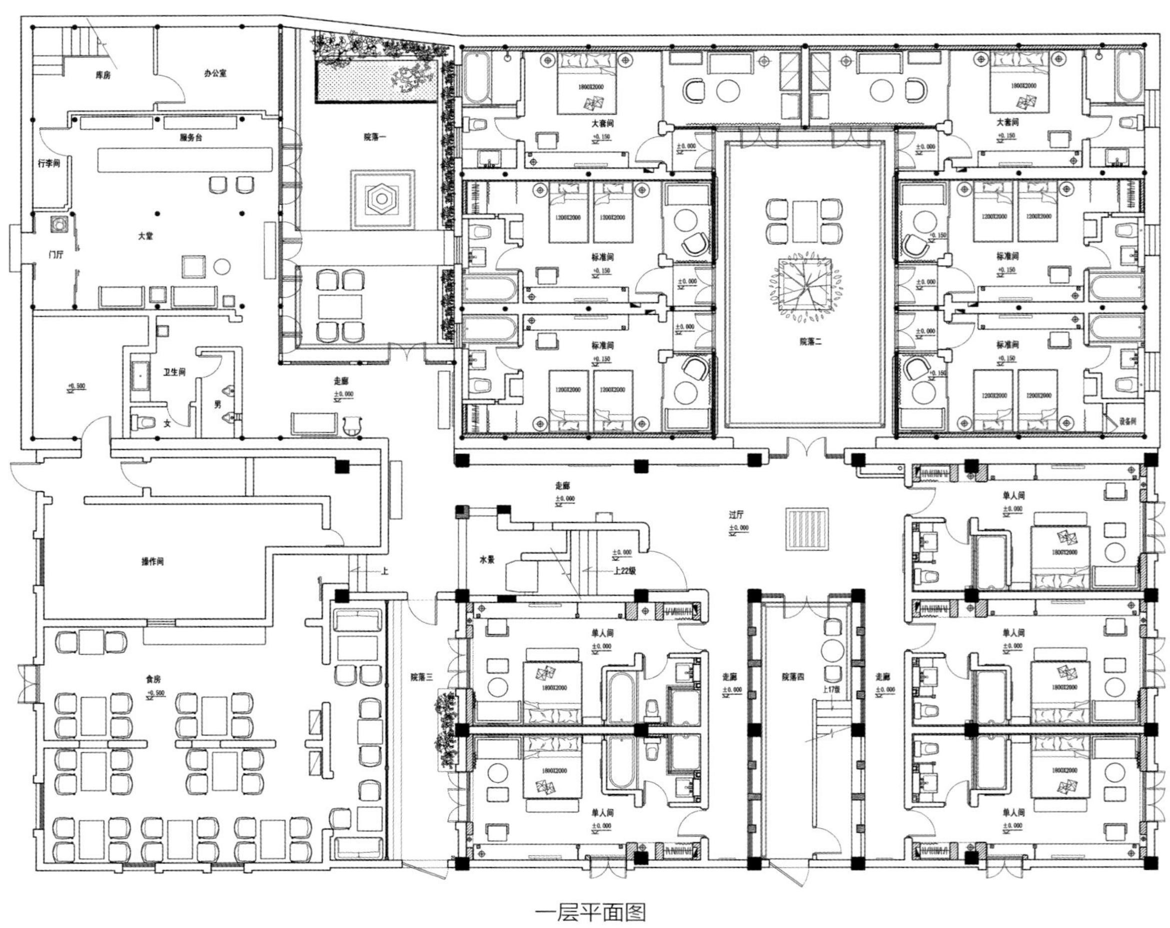

库房
办公室
服务台
行李间
大堂
门厅
院落一
院落二
院落三
院落四
大套间
标准间
单人间
卫生间
男
女
走廊
过厅
操作间
水景
上22级
上17级

一层平面图

济南禧悦东方酒店
XIYUEDONGFANG HOTEL

项目名称 _ 济南禧悦东方酒店 / **主案设计** _ 王远超 / **参与设计** _ 何勇、吕韶华、崔越、张述方、庄鹏、庞永甲、陈志杰、贾志远、闫海收、杜帅、王冠、蒋莹莹、贾铭莉、王桂朋、王凡 / **项目地点** _ 山东省济南市 / **项目面积** _50000 平方米 / **投资金额** _22000 万元

A 项目定位 Design Proposition
禧悦东方酒店是济南首家本土自主品牌五星级酒店，设有400余间客房并配以现代化餐饮、宴会、会议及康乐设施，并融入热情周到的服务，酒店毗邻国际会展中心，地段绝佳，交通便捷，是商旅人士的理想落脚点。

B 环境风格 Creativity & Aesthetics
酒店设计灵感来自中国“天人合一”的哲学思想，结合泉城济南独特的人文气韵，在尊重传统文化脉络的同时又有所创新，以丰富的中国色彩及中式空间层次感将现代元素和传统元素融合在一起，使西方美学理性和东方文化浪漫合理兼容，以现代人的审美需求诠释中国传统韵味的空间环境。

C 空间布局 Space Planning
利用并改造原有建筑布局，实现公共空间之间的遥相呼应，私密空间的层次与质感。

D 设计选材 Materials & Cost Effectiveness
打破传统选材的限制，以多种材料的融合，搭配出东方文化意境的延展。

E 使用效果 Fidelity to Client
让宾客远离尘世的喧嚣，在自然雅致的环境中获得身心双重享受。

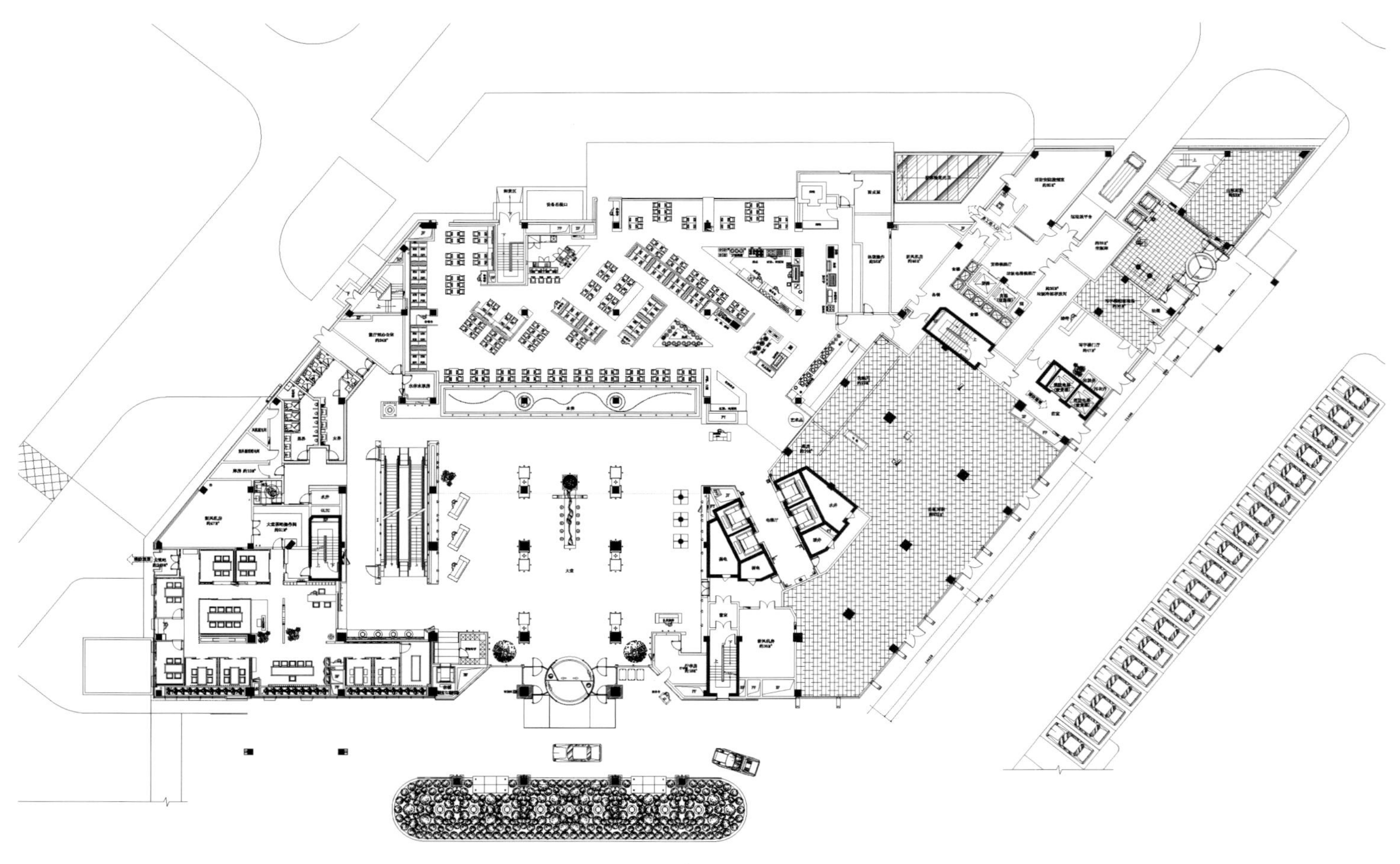

一层平面图

茶

Menu

MEAT
Fresh

雅诗阁大连盛捷天城服务公寓

ASCOTT DALIAN SOMERSET AMAGI SERVICED APARTMENT

项目名称 _ *雅诗阁大连盛捷天城服务公寓* / **主案设计** _ *梁礎夫* / **参与设计** _ *彭福龙* / **项目地点** _ *辽宁省大连市* / **项目面积** _*1100 平方米* / **投资金额** _*580 万元* / **主要材料** _ *木材、布料等*

A 项目定位 Design Proposition

以国际化的设计语言诉求一种简单的美，给住客温暖的亲和力而又不失高级公寓的尊贵气质。

B 环境风格 Creativity & Aesthetics

整体设计风格统一，简洁而明快。大方显示出强烈的纵深感，加之以清透、明媚的光色渲染，工整气派、大家风范，反衬公寓现代时尚的特性，以干练快捷的设计节奏，展示出质量与效率并举的时代精神。

C 空间布局 Space Planning

功能区域清新明快的线条和色调，使各个休闲空间形成了一段宜人的间奏曲。结合突出的立体感和节奏感，不同空间在对比中达成和谐，不仅持续风格的统一，更呈现出高雅的气质。

D 设计选材 Materials & Cost Effectiveness

以木材及柔软的布料等材质来营造出理想的艺术生活空间。

E 使用效果 Fidelity to Client

受到消费者的一致好评。

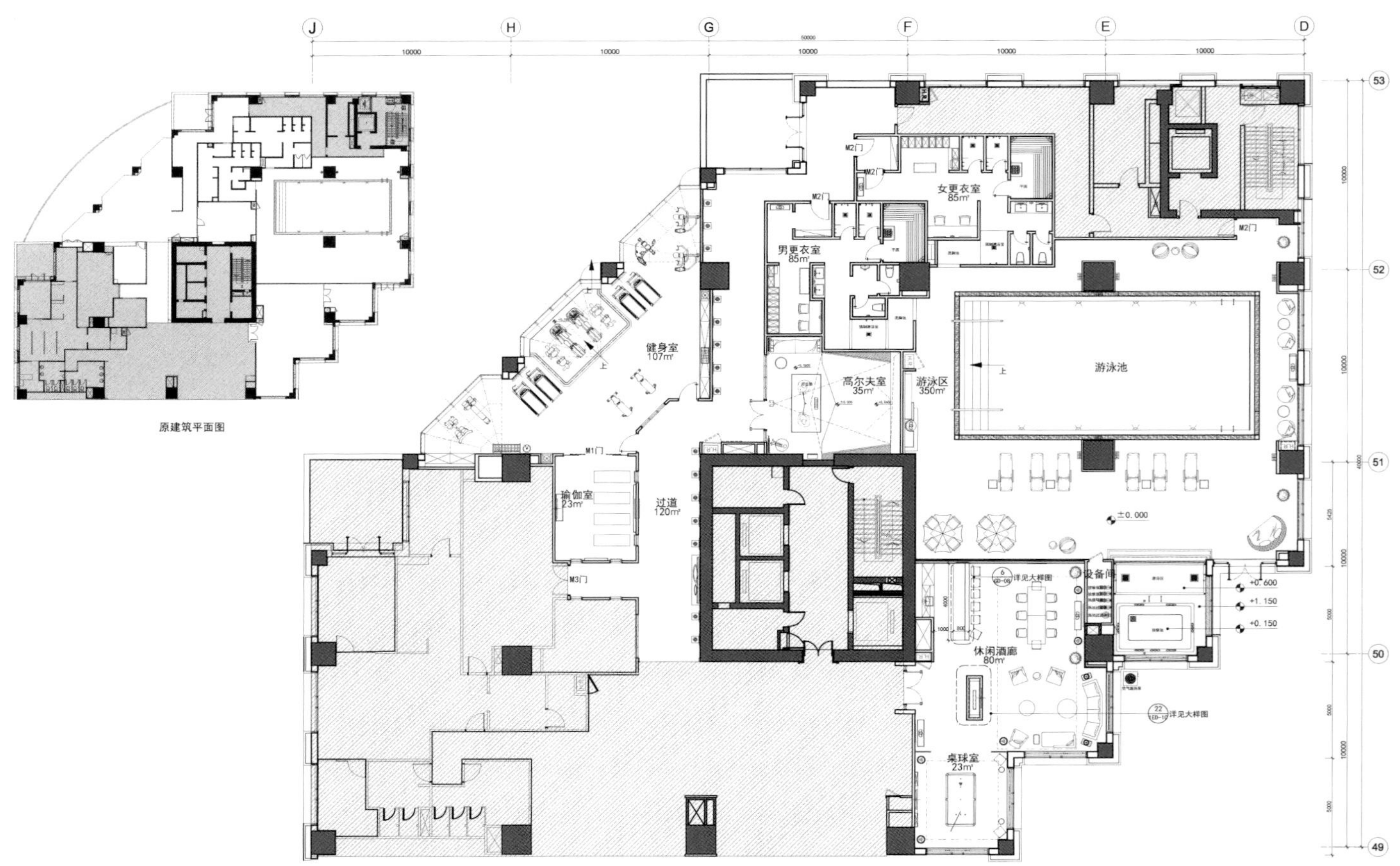
原建筑平面图
女更衣室
85㎡
男更衣室
85㎡
健身室
107㎡
高尔夫室
35㎡
游泳区
350㎡
游泳池
瑜伽室
23㎡
过道
120㎡
休闲酒廊
80㎡
桌球室
23㎡
设备间

平面图

50yd
Ball speed
Launch angle
Azimuth
Backspin
Side spin
Side var.
Head speed
Face angle
Tee
MENU
Driver
GOLFZON
Callaway

大慈寺文化商业综合体
DACI CULTURAL AND COMMERCIAL COMPLEX

项目名称 _ 大慈寺文化商业综合体 / **主案设计** _ 蔡敏希 / **项目地点** _ 四川省成都市 / **项目面积** _22775 平方米 / **投资金额** _493 万元 / **主要材料** _ 不锈钢、皮革、木皮、墙纸、地毯等

A 项目定位 Design Proposition
不同于该地区其他普通商务酒店，以设计师的力量用有限投资打造一个全新艺术的时尚酒店。

B 环境风格 Creativity & Aesthetics
改变酒店原来新古典欧式外观常用的米黄色调，用深灰浅灰色让整个外观内敛，低调神秘。室内设计以现代手法为主，为了与欧式外观达到统一，在柱子、灯具、家具上运用了西方典型的浪漫主义线条造型，并搭配了欧洲的建筑摄影画、雕塑小品与之呼应。

C 空间布局 Space Planning
放弃了酒店其他回报率低的配套空间，只保留大堂、多功能餐厅、会议室和客房，在客房中让盥洗台面、洗浴和坐便区各自独立以方便同时使用。

D 设计选材 Materials & Cost Effectiveness
用材上大量运用黑白灰无色系的材料：黑色不锈钢、灰色皮革、深褐色木皮、灰色墙纸和灰色地毯，还有烘托出整个空间定制设计的有色系家具和艺术品。

E 使用效果 Fidelity to Client
整个酒店开张短短一个月，入住率突破 85%，对于一个只有快捷酒店的投资标准，却达到如此感官效果好和回报率高的酒店，业主方和入住客人都非常满意。

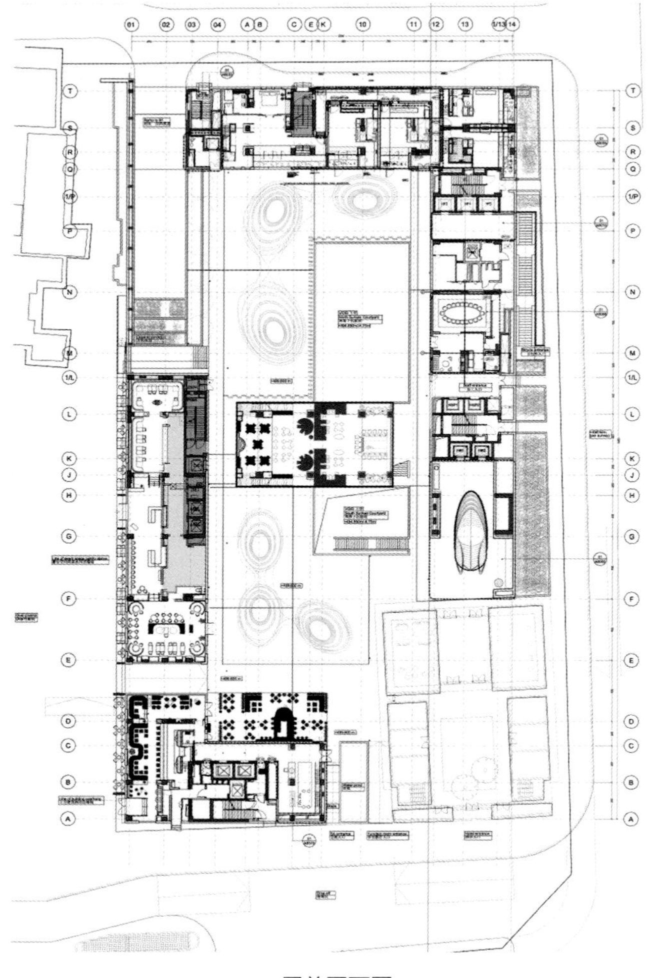

一层总平面图

爷爷家青年旅社

PAPA'S HOSTEL

项目名称 _ 爷爷家青年旅社 / 主案设计 _ 何崴 / 参与设计 _ 张昕、陈龙、韩晓伟、李强、周轩宇、陈煌杰 / 项目地点 _ 浙江省丽水市 / 项目面积 _270 平方米 / 投资金额 _20 万元 / 主要材料 _ 阳光板、当地乡土材料等

A 项目定位 Design Proposition

此青年旅社位于浙江丽水松阳县平田村。这个村落环境优美，但如同很多中国村庄一样，已经成为了留守村落。本案是一个普通农房改造项目，原建筑属于业主的爷爷，因此得名“爷爷家青年旅社”。本案旨在通过空间改造和新的业态定位，激活农村老建筑和带动整个村落发展，为来这个村庄的年轻人提供一个具有活力的、富于视觉和感知张力的临时性住所。

B 环境风格 Creativity & Aesthetics

本案位于一个中国传统村落中，周边建筑都为百年左右的夯土房，因此在建筑外观上，我们尽量保留原建筑的面貌，与环境和谐统一。建筑外观保留原有夯土的厚重感、时间感和沧桑感。唯一的变化是在原有建筑二层面向风景的一侧开设了一个新的带窗，既满足了新功能通风、采光的需求，又提供给使用者很好的观景点。

C 空间布局 Space Planning

为了尊重老建筑的结构，我们的新建和改造处理力求可逆。原有一楼为独立的三个隔间，我们将中间的隔板拆除，形成一个可供居住者和游客停留、交流的公共空间；二楼原为农民停放杂物和粮食的空间，我们植入了一组独立于原结构的居住单元体——房中房。它可拆卸、可移动，可以在未来被移除从而恢复原有建筑的空间布局；轻薄、半透明，是一个可以和使用者互动的构造，使用者可以通过推动房中房自主改变室内空间布局。

D 设计选材 Materials & Cost Effectiveness

新加入的居住单元选用了 2cm 厚的阳光板，它具有丰富的视觉透明性，不仅可以有限制地遮挡视线，形成半透明的效果，也可以与灯光结合，通过自身的折射、反射、衍射形成丰富的、不可捉摸的、甚至是迷幻的空间感受。阳光板材料也和原始土、木结构构建形成了强烈的视觉对比，给空间以张力。

E 使用效果 Fidelity to Client

这是一个非常规的旅店，服务人群为来自世界各地的年轻人，他们敏感、躁动、充满活力并富于创造。这个青旅现在虽然处于试运营阶段，但已经收获了大量的好评。很多人慕名而来，为当地村落的农民带来了活力、影响力和客观的经济收入。

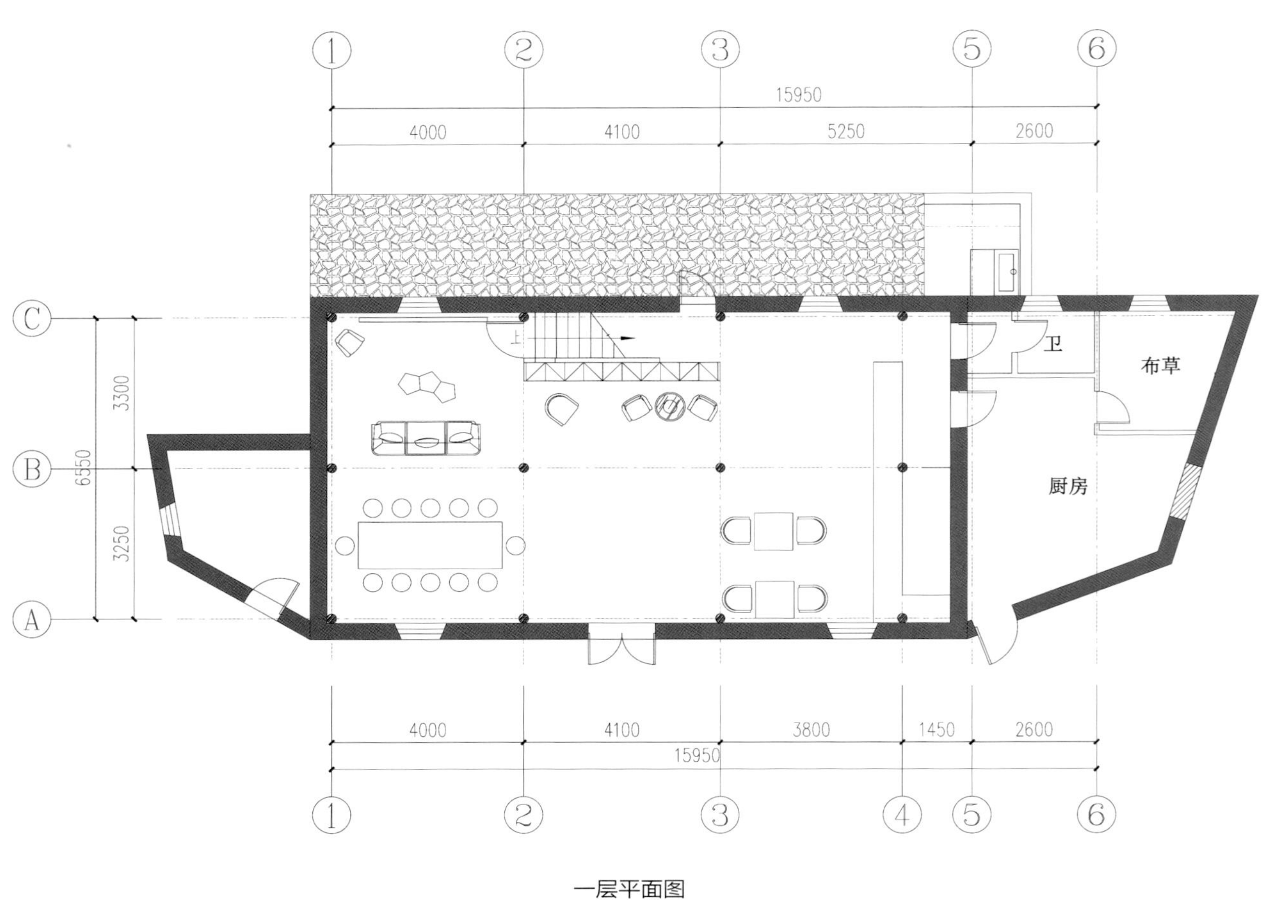

1
2
3
5
6
15950
4000
4100
5250
2600
C
B
A
3300
6550
3250
上
卫
布草
厨房
4000
4100
3800
1450
2600
15950
1
2
3
4
5
6

一层平面图

CHICAGO

桔子水晶酒店
CRYSTAL ORANGE HOTEL

项目名称 _ *桔子水晶酒店* / **主案设计** _ *潘冉* / **项目地点** _ *江苏省南京市* / **项目面积** _*570 平方米* / **投资金额** _*285 万元* / **主要材料** _ *穿孔铝板、钢琴漆面等*

A 项目定位 Design Proposition

作为酒店类建筑空间，除了本身常规的住宿餐饮等传统功能，为路途中疲惫的旅人提供一个可以无事停留的地方，在尊重个人隐私的同时，在公共空间内塑造一个可以让人们围城一圈的“大客厅”不仅保留了原本酒店大堂的使用功能，同时它成为了一个有温度的客厅；到了晚间，随着灯光、声响和主题的变换处理，他又可能变化成一个艺术音乐等活动的小型空间，某种意义上说用“文化沙龙”来定义可能相对更加准确。

B 环境风格 Creativity & Aesthetics

大堂具备优越的临街界面，设计师将自然界的元素采摘洗练，别过室外的芦苇丛，穿过门廊的芦苇意向，路过等待区高大的桔子树，走过总台背景上翩翩飞舞的蝴蝶，一直到垂直交通厅萤火再现。设计师用空间介面的层层叠加与反复咏唱为我们打造了一个抽象的田园映像。

C 空间布局 Space Planning

设计师从几何学进行思考，将现实的藩篱形象化，将固有形态切割分解，利用形象的渐变、疏密的渐变配合思维的延续，以及虚实渐变的手法打开空间延展性。同时从建筑空间尺度整体上考量，进深稍显欠缺。进深短浅导致建筑内部与外界的关系必须非常谨慎的处理。设计师选择淡化内与外的界限，力求将空间保持在一种既开放又闭合的平衡状态。为了使交通通而不畅，更有趣味感，又在门廊出稍微设置了一个小“障碍”。双重门廊组织人流从两侧绕行后汇聚在景观的中轴线上，颇有种中式影壁的风味。拉长了空间体验路径的同时在保温节能等方面也起着积极的作用。

D 设计选材 Materials & Cost Effectiveness

材料上使用了穿孔铝板、清澈透明的钢琴漆面，以冷暖平衡的环境色彩，并将自然植物变形成灯具，形成星点成片的空间照明。

E 使用效果 Fidelity to Client

有一位入境者是这样描述当时的心情“当年华老去，一程山水、一段故事、一个过客感悟着自净其志，不忘初心的坚持，穿越了轻寒的窗棂，温暖绽放缤纷的篇章。” 也有人觉得“那一串串灯光像极了小时候山林中的萤火，”桔子树“使人回忆起婆婆院里的柿子树以及她抚摸过我面庞略带皱纹的温度。”

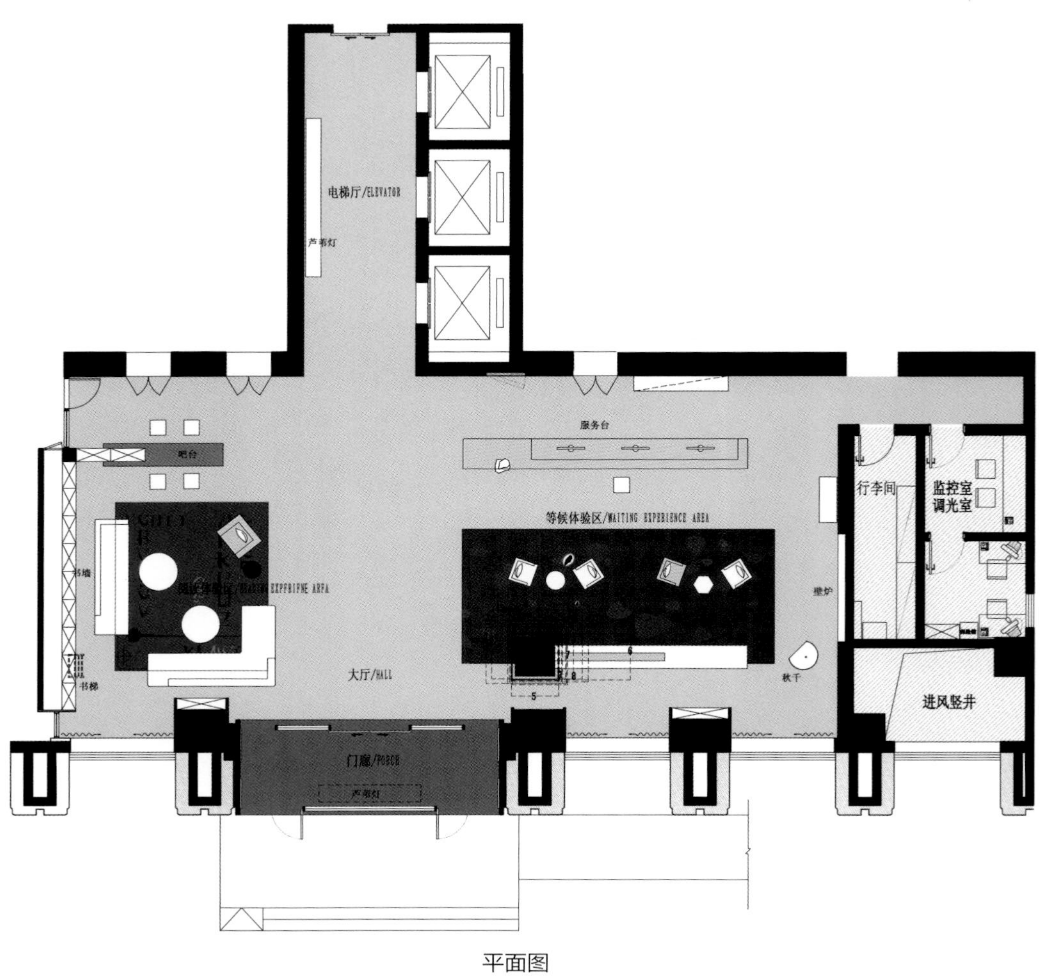

电梯厅/ELEVATOR
芦苇灯
服务台
吧台
行李间
监控室
调光室
等候体验区/WAITING EXPERIENCE AREA
书墙
壁炉
大厅/HALL
书梯
秋千
进风竖井
门廊/PORCH
芦苇灯

平面图

山西太原君豪铂尊酒店（精品店）
SHANXI SOVEREIGN BOZUN HOTEL

项目名称 _山西太原君豪铂尊酒店（精品店）/ **主案设计** _吕军 / **参与设计** _杨凯、姜斌、魏文星、陈少漫、梁家宏、肖发明、黎东辉、蔡杰 / **项目地点** _山西省太原市 / **项目面积** _6000平方米 / **投资金额** _1500万元

A 项目定位 Design Proposition

太原，九朝古都，一座龙城宝地，兵家必争之地，岁月重新雕琢的古老石窟，在各种美食与历史遗迹中领略这座历经文化沧桑的历史名城，通过对室内的设计与把控，淡然宁静，在这座历经文化沧桑的历史名城里，感受一种平和。

B 环境风格 Creativity & Aesthetics

提取传统文化中的水墨元素，结合时尚浪漫的欧洲文化，中与西，中国传统文化与欧洲文化的碰撞，通过水墨不同的表现引入不同的空间，加之与欧式元素的完美融合，展现中西文化和谐交融的艺术氛围，在把握功能中追求空间与意境，赋予酒店独特的文化内涵。

C 空间布局 Space Planning

进入酒店，大篇幅水墨漆画《富春山居图》映入眼帘，大堂雕塑采用简化及抽象化水鸟的造型来营造酒店休闲的氛围，雕塑结合水景给人以休闲的感觉，与后面的背景水墨漆画互为映衬。穿梭于酒店，客人将会看到各种墨香交织的时尚与传统结合的图案，例如特别定制的走道及客房地毯，床头背景画，厚实的实木书架，书吧背景墙的锦绣，给人以浓厚的书香文化气息，让这座兵家必争之地的古都在刚硬的外表下多了一份文人墨客的优雅。

D 设计选材 Materials & Cost Effectiveness

绿色环保、回归自然。

E 使用效果 Fidelity to Client

集住宿、餐饮、休闲、娱乐为一体的星级精品酒店，商务洽谈、旅游购物下榻的理想之地！

8332

郑州 JW 万豪酒店
JW MARRIOTT ZHENGZHOU

项目名称 _郑州 JW 万豪酒店 / **主案设计** _Eric D Ullmann / **参与设计** _Stephanie Clift、Martin Fan / **项目地点** _河南省郑州市 / **项目面积** _237600 平方米 / **投资金额** _150000 万元

A 项目定位 Design Proposition

郑州万豪酒店的室内设计在采用现代科技的同时，巧妙诠释当地文化历史底蕴，DMU室内设计的灵感结合历史的发展轨迹——从早期丰富的金属色调，到青铜器时代的铜绿色，后至雕刻玉器的浅绿色及源于精美瓷器异域风情的孔雀蓝——这些元素都在这片区域得以充分展现。酒店建筑设计方 SOM 在建筑设计上也体现了当地的塔林设计元素。

B 环境风格 Creativity & Aesthetics

室内设计巧妙地融入了古都郑州作为中国文化发源地五千年来的悠远历史。大堂的石材地板图案再度延续塔林的建筑形态，青铜色金属饰面贯穿整个建筑，仿效东亚最为重要的古青铜时代风格。酒廊的装饰采用具有现代感的灯笼，并配以高雅的水晶材质灯罩，采用历史沉淀的色调来装饰室内陈设，贯穿接待区域和酒廊区域，使之熠熠生辉。

C 空间布局 Space Planning

以酒店中庭挑高塔式设计作为空间延伸起点。

D 设计选材 Materials & Cost Effectiveness

中国汉字起源于商朝（公元前 16-11 世纪）时期的河南省地带，开启了源远流长的书法艺术之旅，书法艺术效果呈现在客房和塔楼走廊区域的地毯图案和背景中，在图纸中通过线性元素来展现道路和花园墙壁。走廊的艺术品作为建筑细节，也来源于郑州及其周围区域，客房内的陈设装饰为现代风格，具有丰富层次感的材料，颜色为青铜色，书桌上面的艺术品为具有当代风格的古青铜器。

E 使用效果 Fidelity to Client

投入运营后得到管理方及业主方一致认同，目前为郑州入住率最高、最受欢迎的五星级商务酒店。

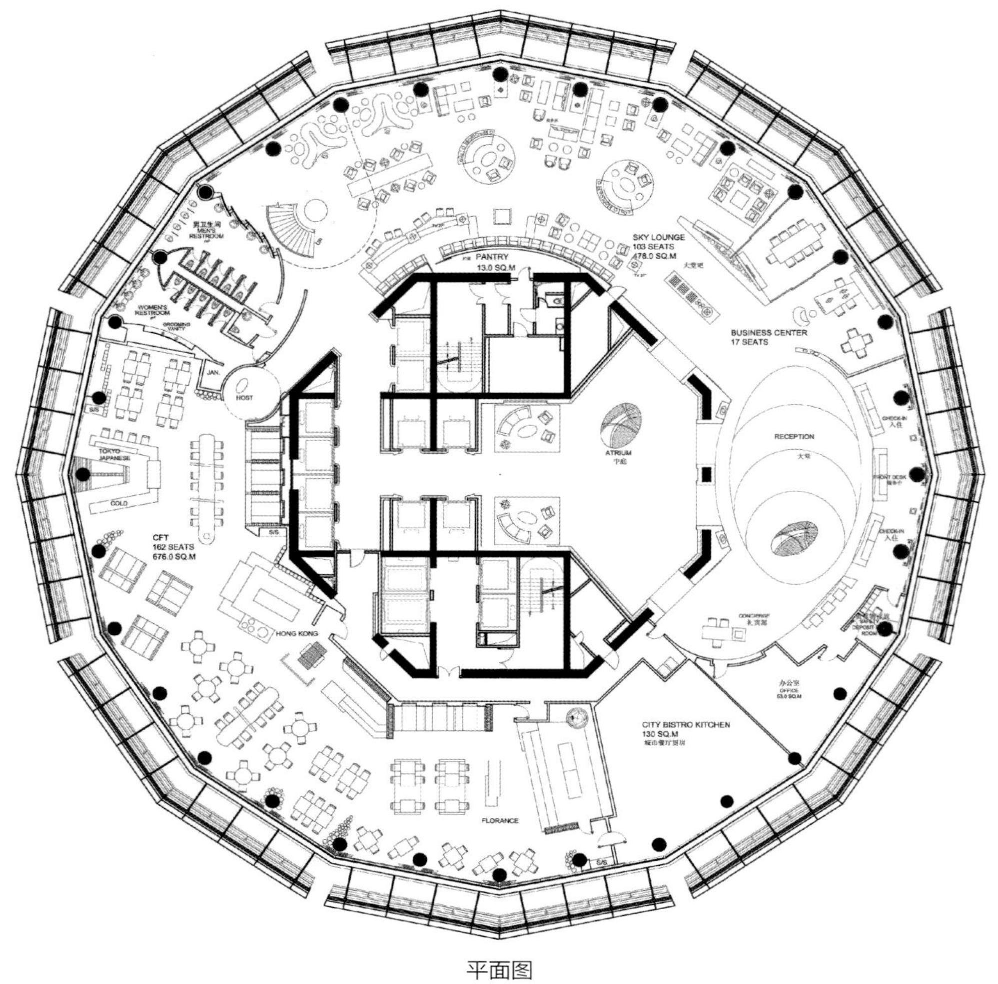
SKY LOUNGE
103 SEATS
PANTRY
13.0 SQ.M
BUSINESS CENTER
17 SEATS
RECEPTION
ATRIUM
HOST
TOKYO
JAPANESE
CFT
162 SEATS
676.0 SQ.M
HONG KONG
FLORANCE
CITY BISTRO KITCHEN
130 SQ.M

平面图

4103

THE GRILL

JW MARRIOTT

HEALTH
CLUB
健身中心

墅家墨婺
VILLAVIAAA MASVA

项目名称 _ 墅家墨婺 / **主案设计** _ 聂剑平 / **项目地点** _ 江西省上饶市 / **项目面积** _980 平方米 / **投资金额** _500 万元 / **主要材料** _ 石膏板、柞木等

A 项目定位 Design Proposition

西冲村位于中国最美乡村婺源，相传为西施终老之所，是一处充满诗情画意的山水清幽之地。蜿蜒的山路穿过山谷与农田，路的尽头就是村口，苍翠的巨大古树在村头静静矗立，透过茂密的枝叶向村内望去，青山绿水粉墙黛瓦，无处不体现着徽州村落的秀美与静谧。然而由于交通不便，村内并无大的景点，加之年轻人多数外出务工的现状，西冲村并未像婺源其他村落一样受益于日渐火热的旅游业，村民收入水平低，村庄经济落后。"墅家•墨婺"自开业以来参观游览的人络绎不绝，整个村庄都随之火了起来。

B 环境风格 Creativity & Aesthetics

设计师通过实地考察在研究了建筑与环境的关系之后，试图通过设计达到以下几点目的：1）老宅修旧如旧，保留传统徽州民居的古典之美。2）用现代的设计手法满足现代人对居住生活的需求。3）通过对环境的局部改造，让建筑与自然的关系更加和谐，使之成为城里人与村民和谐相处的宜居之所，通过修建鱼塘、花园、菜园，为当地村民提供就业场所，从而实现美感与经济收益的双重价值。设计师希望通过上述手法在保留历史氛围的同时强调内外空间设计的聚合力，以保证设计的整体性。

C 空间布局 Space Planning

如何在恢复古建筑的同时有所创新以适应现代人的审美需求？设计师围绕这个问题做了大量的工作。传统徽州老宅最大的特点是有天井无院落，视觉感官比较阴暗难以久居，设计师利用家祠前的空地加建一栋由一层咖啡厅和二层水景房构成的两层小楼，家祠与小楼自然形成了一处有回廊的院落，使空间变的更有层次感。

D 设计选材 Materials & Cost Effectiveness

所有古建筑天井及公共部分完全按照老宅原样恢复如旧，而客房室内沿外墙一侧保留了原样，新隔墙均为白色石膏板面刷涂料，地板刻意挑选了带节疤柞木，原有木结构体均保持原样，自然而不露痕迹地将新与旧完美结合。

E 使用效果 Fidelity to Client

酒店开业后获得住客一致好评，称之为传统徽派古宅和高品质奢华酒店的完美结合，很多住客都表示会再次光临。

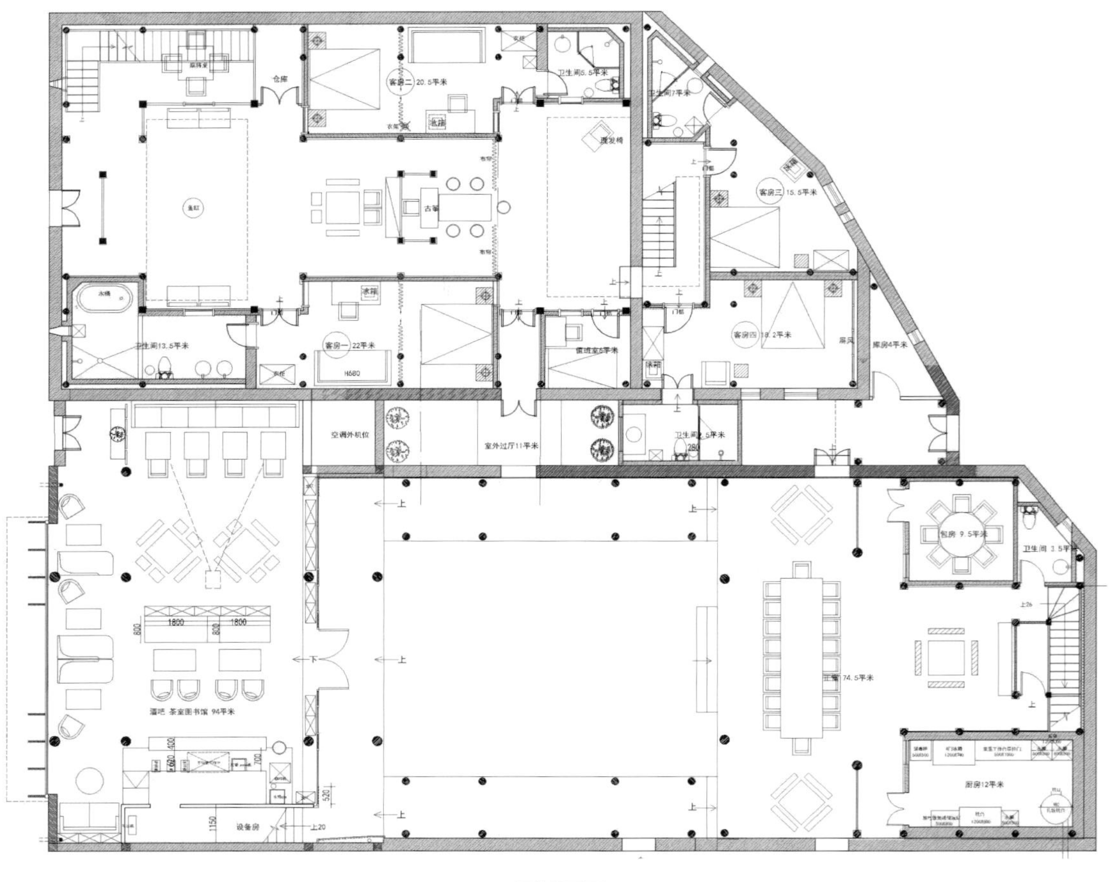

一层平面图

云南建水听紫云精品酒店

TINGZIYUN DELICATE HOTEL OF JIANSHUI IN YUNNAN PROVINCE

项目名称 _ 云南建水听紫云精品酒店 / **主案设计** _ 林迪 / **项目地点** _ 云南省红河哈尼族彝族自治州 / **项目面积** _2000 平方米 / **投资金额** _1600 万元 / **主要材料** _ 石材、砖、木等

A **项目定位** Design Proposition

高品质文化体验酒店。

B **环境风格** Creativity & Aesthetics

老建筑改造，兼顾传统与现代生活方式的融合。

C **空间布局** Space Planning

巧妙地转换了使用功能，室内空间符合现代酒店的布局。

D **设计选材** Materials & Cost Effectiveness

运用本地石材、砖、木和当地传统营造工艺。

E **使用效果** Fidelity to Client

受到当地及住店客人的高度认可。

親愛鄰里

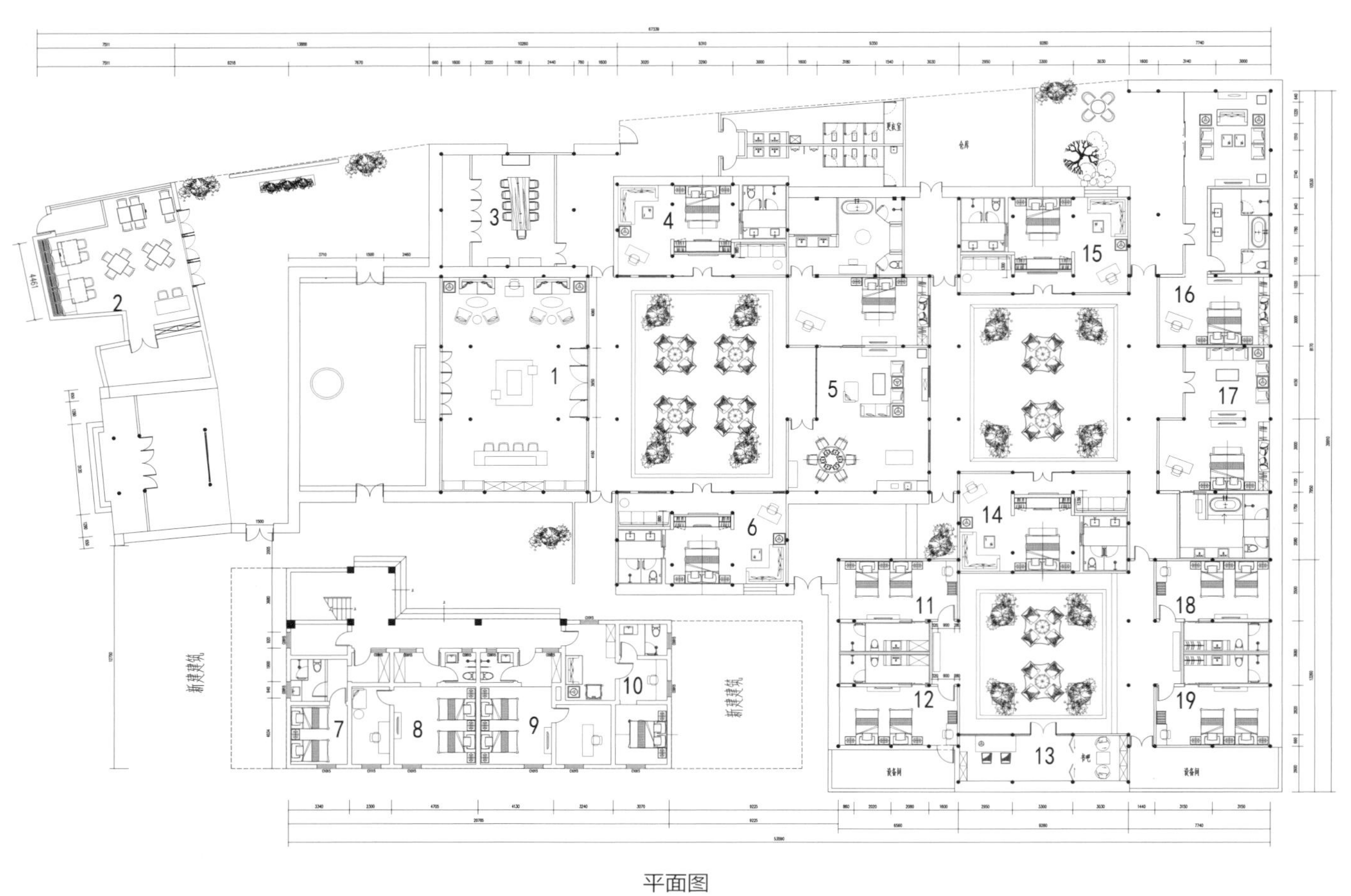

平面图

重庆锦悦恒美酒店
CHONGQING JASMINE INN HOTEL

项目名称 _ *重庆锦悦恒美酒店* / **主案设计** _ *郑宏飞* / **项目地点** _ *重庆市渝中区* / **项目面积** _ *2000 平方米* / **投资金额** _ *500 万元*

A 项目定位 Design Proposition

这是一个有 38 个客房的精品酒店，位于重庆市渝中区大坪龙湖时代天街时代星空 2 号楼 15 楼。外观造型低调却不失个性，内部空间让人感觉宁静淡雅。设计师用现代化精神，创建一个永恒的艺术空间并吸引人们的目光，符合数字化时代客人们的身心需求。

B 环境风格 Creativity & Aesthetics

如果空间与造型被看作是建筑身份的形式再现，那么色调与光照就是建筑气息与精神的表达。郑宏飞通过不同木材的质感、颜色，光、影和建筑构件构成的通透空间，营造出 JASMINE INN 独有的低调奢华。整个酒店给人的第一感觉就是静，进入酒店的那一刻就让人摒弃了浮躁。简单的线条及色彩、灯光的组合搭配让人觉得简约而不简单。全实木的家具，又给人一种有种低调的奢华感。 酒店的设计灵感来源于重庆本土，山城的小巷、阁楼、防空洞等，装饰材料采用木质、石材、钢材等自然材料打造，多变的空间以及幽静雅致的色调都体现出都市气息与回归自然的完美融合。 整个空间散发着的淡淡茉莉芳香以及整个后现代简约时尚、工业复古的装饰风格，带给人们宁静的生活方式，裸心的生活态度……旅途也将因此而与一份温馨、一份感动不期而遇。

C 空间布局 Space Planning

由于层高达到了 5.8 米，设计师郑宏飞便将整个酒店挑高分割为两层，并且通过阁楼进入第 2 层，有点类似老上海那种旋转楼梯。整个酒店结构改动相当大，居家空间里的跃层，不同于一般的跃层，每个区域都是通过过道实现流通。 设计师共设计了 8 个楼梯，分别通向二楼的 19 个房间，原本整个空间规划的 22 个房间，挑高后应为 44 个房间。但设计师将更多的面积留给了公共区域，故最终呈现出 38 个房间的精品特色酒店。

D 设计选材 Materials & Cost Effectiveness

锦悦恒美 JASMINE INN 酒店定位一直是偏中年的商务人士，所以在整个酒店色彩氛围上，比较厚重，稳重成熟，让其整个体验过程较为平稳。

E 使用效果 Fidelity to Client

锦悦恒美 JASMINE INN 以宁静雅致的角度定义“舒适”的概念，受到当地人及住店客人的高度认可。

HOTEL ARCHITECTURE
TOP BUSINESS
SPA-DE
minimalism
OLD WORLD INTERIORS

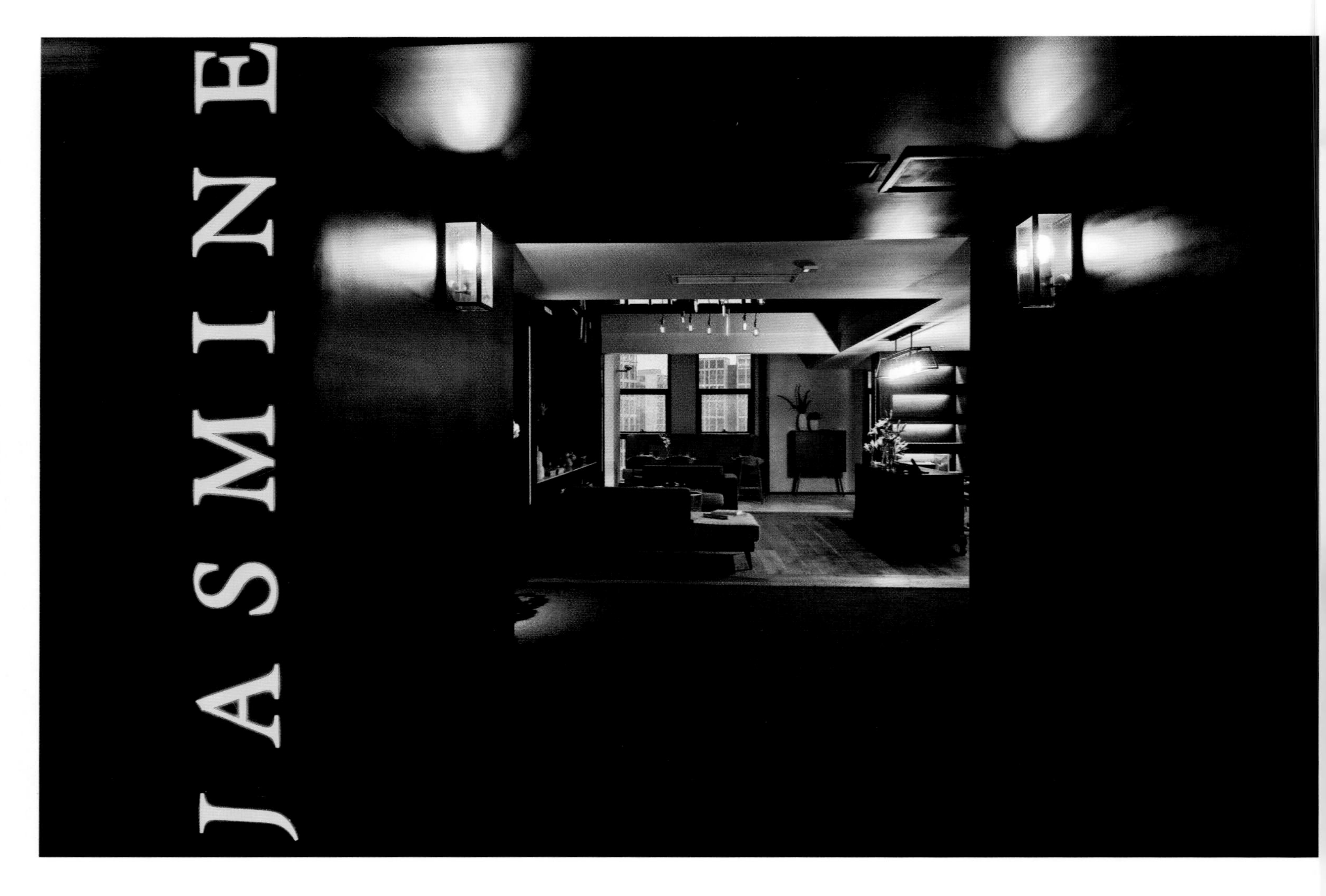

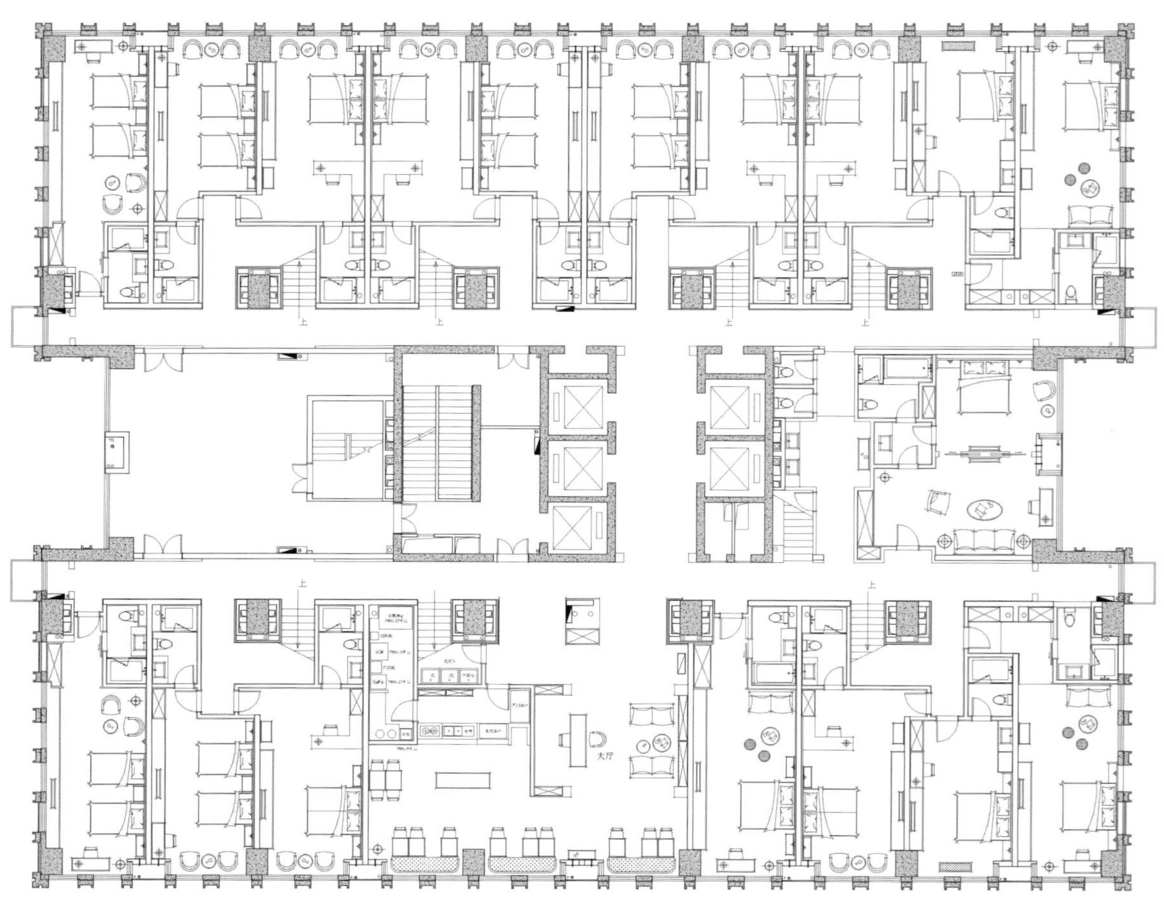

一层平面布置图

1533 — 1529
152A — 1528
1501 — 1503 下 150A — 1508
1518 — 1513 上 1512 — 1509

Office
办公空间

深圳易科国际办公室
EZPRO

J&A杰恩设计深圳总部办公
SHENZHEN HEAD OFFICE OF JIANG&ASSOCIATES DESIGN

中国农业银行深圳京基私人银行
AGRICULTURAL BANK OF CHINA SHENZHEN KINGKEY PRIVATE

星坊创新工场
XINGFANG INNOVATION FACTORY

胡须先生花店办公空间
MR.MOUSTACHE

成都白药厂改造
WHITE GUNPOWDER TRANSFORM

上海虹桥临空IBP商务区会展中心
HONGQIAO LINKONG IBP BUSINESS PARK MICE CENTER

PplusP Studio 2
PPLUSP STUDIO 2

承载梦想的工业叙事
AN INDUSTRIAL NARRATIVE THAT CARRIES DREAMS

杭州绿地中央广场智慧办公
HANGZHOU GREENLAND CENTRAL PLAZZA WISDOM OFFICE

三三建设匠人设计院
THIRTY-THREE CONSTRUCTION CRAFTSMAN INSTITUTE

36氪办公室
36 KRYPTON OFFICE

鸿星尔克营运中心
DECORATION OF ERKE OPERATION CENTER

云帆（BOX）DESIGN
YUNFAN (BOX) DESIGN

深圳易科国际办公室
EZPRO

项目名称_深圳易科国际办公室 / **主案设计**_刘红蕾 / **参与设计**_杨宇新、董崇乐 / **项目地点**_广东省深圳市 / **项目面积**_1800平方米 / **投资金额**_20000万元 / **主要材料**_阿姆斯壮金属天花吊顶、华枫木业、坦德斯方块地毯等

A 项目定位 Design Proposition

我们将客户产品关键词”声波、光影、传递”符号化，并转化为波状及像素化图形融入办公空间，以启发联想，最终通过设计的表达为客户创造一个呈现产品价值之上的体验场景。

B 环境风格 Creativity & Aesthetics

解决室内办公空间的平淡无味，通过将空间内部旅程与虚幻的品牌意识连接起来。设计主要通过圆弧状形体创造一个引导客户的流线型空间，用实体变化来呈现声音的节奏，灯光效果的聚散。强调了空间缓与急、张与弛的和谐流动，聚与散、疏与密的强弱变化，并将这些“流动”与“变化”组合成声音与光线的节奏，进而利用建筑空间形体的扩张与浓缩，运用独特设计语言和戏剧化场景构建的感官体验带给客户强烈的震撼。

C 空间布局 Space Planning

首层为接待前厅、会客室和行业属性独具的视听展示区（卡拉OK、录音棚、影院），二层为普通办公区，三层为公司管理层办公区及销售区。三层以下的工作空间相对轻松愉悦，指导我们考虑浅色木和较跳跃的颜色作为空间性格的色彩表达，首选易科ENPRO的企业LOGO橙色；第三层更注重营造稳重的工作场所，尽可能延长客人的停留时间，创造容纳更多联想空间的兴趣点。首层与二层被有意识地按商务功能及人性化需求划分为大小不同的块状地带，均被动感曲线穿过、带动，带来整个工作空间的蜿蜒感，一改多数科技办公空间典型开放式的空间布局，令“办公”在缓缓流动中被设计成为一个可驻足可倾听可思考的内饰环境，为员工细心添加了温暖的归属感。

D 设计选材 Materials & Cost Effectiveness

选用阿姆斯壮金属天花吊顶，将天花以原创设计的图案进行冲孔组合在空间中形成独特的效果。在整体办公材料色彩的搭配上保持简洁、高效，在空间中不经意间跳跃着该企业的LOGO色。为消隐客户产品科技因子中与生俱来的坚硬和冷漠，设计将整个空间以姿态万千的可塑曲线与以含蓄包容著称的木色系演绎。

E 使用效果 Fidelity to Client

作为音响、会议系统的办公室，我们在设计时充分考虑了各功能空间的音效，业主在投入使用后，公司的国内重要产品展示、发布会均在内部举行，并取得了非常好的成效。

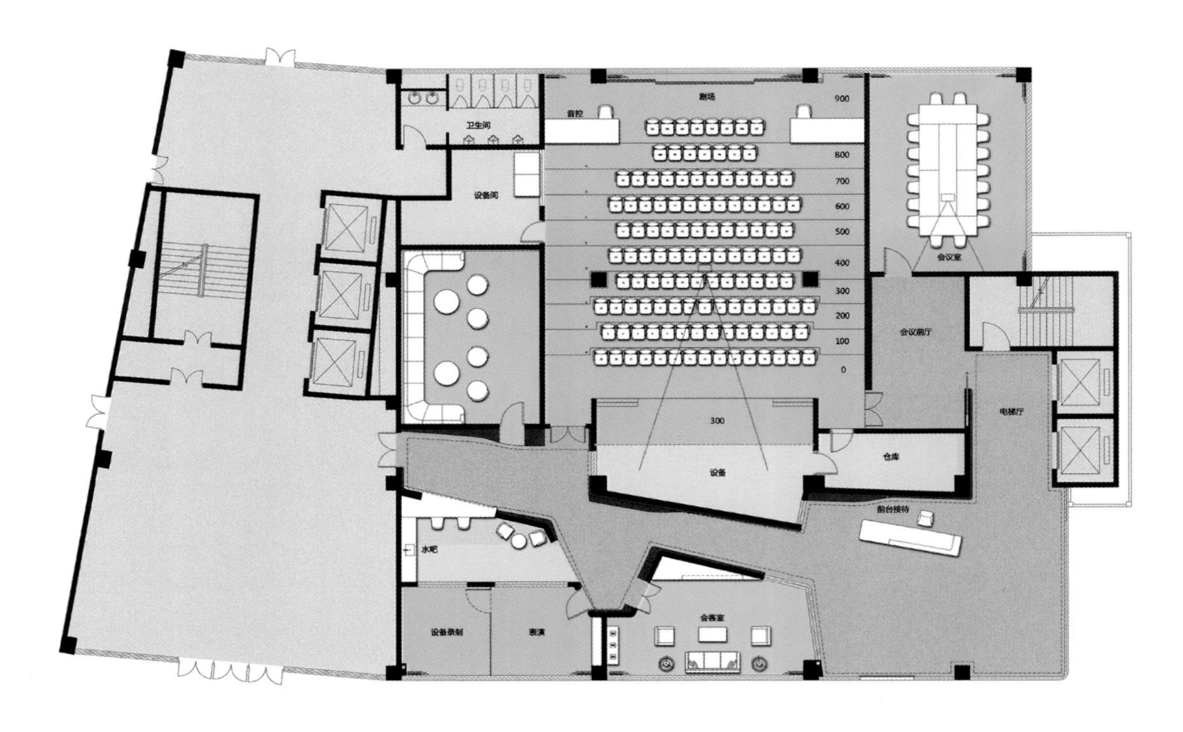
剧场
900
音控
卫生间
800
700
设备间
600
500
400
会议室
300
200
100
0
会议前厅
300
电梯厅
设备
仓库
前台接待
水吧
会客室
设备录制
表演

一层平面图

J&A 杰恩设计深圳总部办公
SHENZHEN HEAD OFFICE OF JIANG&ASSOCIATES DESIGN

项目名称 _*J&A 杰恩设计深圳总部办公* / **主案设计** _*姜峰* / **项目地点** _*广东省深圳市* / **项目面积** _*4000 平方米* / **投资金额** _*3000 万元* / **主要材料** _*大理石、电光玻璃、方块毯、冲空铝板、拉丝不锈钢等*

A 项目定位 Design Proposition

自然为艺术提供丰富的创作灵感和生命力，艺术为科技提供想象和创造的空间，科技为艺术提供实现梦想的方法。J&A 深圳总部办公空间的总体设计中，结合独具特色的中国竹文化，以“竹”为设计元素，用时尚、简洁的手法将办公室塑造成为一个自然、科技和艺术巧妙融合的办公空间。

B 环境风格 Creativity & Aesthetics

前台区域由黑、白、灰、红组成浅色空间，这也是我们集团形象色的组成。正对着我们的是一个由无数个小 J&A 组成的大 J&A 雕塑。在前台的设计上我们打破常规，没有将其设置在正面，而是设置在了一侧，这样的规划使得我们最大程度上利用了自然光线。

C 空间布局 Space Planning

在前台背景墙的设计上我们运用了先进的投影技术，配合自然风光主题的画面，结合右边休息区墙上断面竹子造型的立体艺术品，将整个前台空间烘托得开敞明亮、舒适自然。会议室，全套智能系统及电光玻璃将会议中对光线、温度、演示以及隐私等各方面的需求进行了一体化控制，确保工作高效舒适地开展。 墙面、玻璃门、拉手上设计有各种形态的竹子。开放办公空间，与墙面艺术画相得益彰的是巧妙地天花设计，散落的竹叶造型灯提供了基础的照明。

D 设计选材 Materials & Cost Effectiveness

在 BPS 机电公司形象墙上我们可以看到 0 和 1 的影子，在地毯上我们可以看到抽象表达的管道系统，在天花上采取了裸露管道设计的方式，将管道系统清晰直白地呈现在我们面前。

E 使用效果 Fidelity to Client

董事长办公室的设计沿用了整体设计中“竹”这个元素，将中国传统文化精神内涵与现代风格巧妙地融合在一起，并通过现代的设计手法打造出一个简约时尚又具东方传统韵味的空间。 由公司 LOGO 和具有代表性项目名称组成的铁艺屏风窗户，在设计上是中国传统剪纸文化的现代表现。

CASA BATLLÓ
1904 - 1906

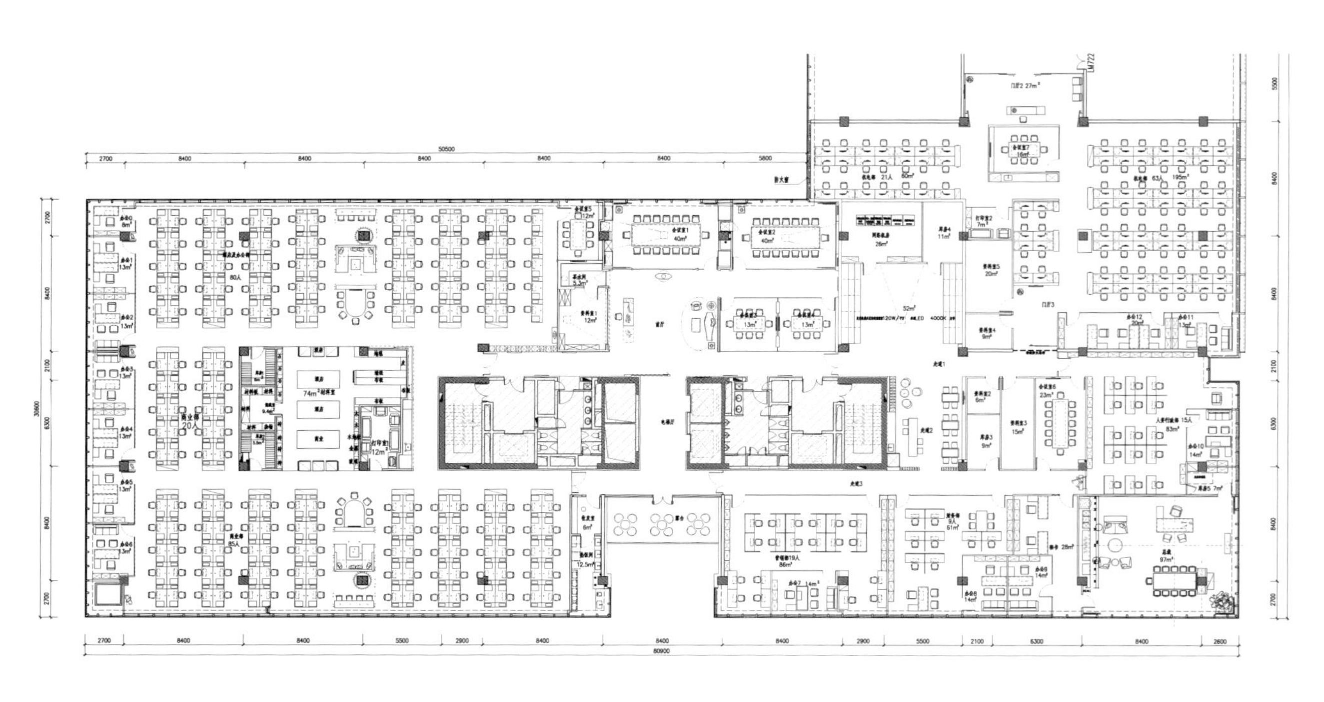

平面图

华润置地·西安万象城

INTERN-
ATIONAL
HEIGHT
CHINA
DEPTH

PINGAN SUPERTALL TOWER
YI TIAN HOLIDAY PLAZA SHENZHEN
J&A
DESIGN
RESOURCES LIVING MALL SHANGHAI
XIAN MIXC ALLCITY
SHENZHEN
SHANGHAI
PULLMAN WEIF ANG WANDA
THE ST.REGIS
TIANJIN
COCOPARK SHENZHEN
SHENZHEN
FOUR SEASONS
SHENZHEN
WANDA
REALM JINING
BEIJING
SHENZHEN

中国农业银行深圳京基私人银行
AGRICULTURAL BANK OF CHINA SHENZHENKINGKEY PRIVATE

项目名称 _ *中国农业银行深圳京基私人银行* / **主案设计** _ *张智忠* / **参与设计** _ *练华文、苏华群、杨硕* / **项目地点** _ *广东省深圳市* / **项目面积** _ *4000 平方米* / **投资金额** _ *3000 万元* / **主要材料** _ *木饰面、玻璃等*

A 项目定位 Design Proposition

京基支行位于深圳市京基100大厦，位处深圳最高建筑之33层，总使用面积为4000m²，为城市高端人群提供解决金融理财等方面问题的需求。

B 环境风格 Creativity & Aesthetics

作品于京基100大厦内部，充分考虑了与大厦本身的公共空间的整体协调性，对于空间的高层景观，有着较为深入的挖掘，并因地制宜，充分利用了景观资源。

C 空间布局 Space Planning

在空间布局上，分析出各个不同功能空间的内在关系，确定了合理的人流动线，以曲线为形态，串接了每个空间，“动”“静”相间，“曲”“直”呼应，极具空间塑性与张力，设计采用“行云”“流水”的禅意手法，刻画了中式传统的韵味。

D 设计选材 Materials & Cost Effectiveness

在设计选材上以灰色系材料为背景，选用镀铜不锈钢、透光云石相间并列，组合成空间的立面序列，墙面大面积采用烤漆灰影木，柔和极具现代感。

E 使用效果 Fidelity to Client

本项目运营后，成为中国农行系统高端经营区的标杆，并在全国范围内标准化推广。

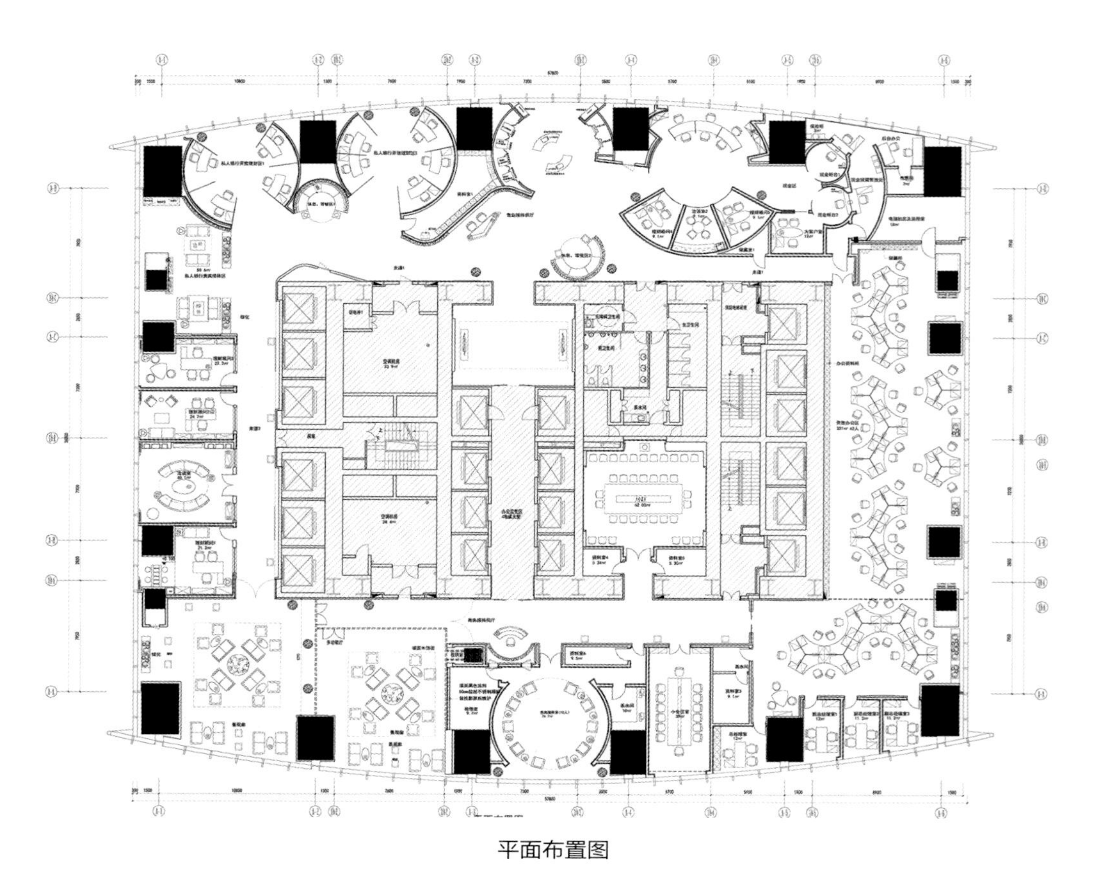

平面布置图

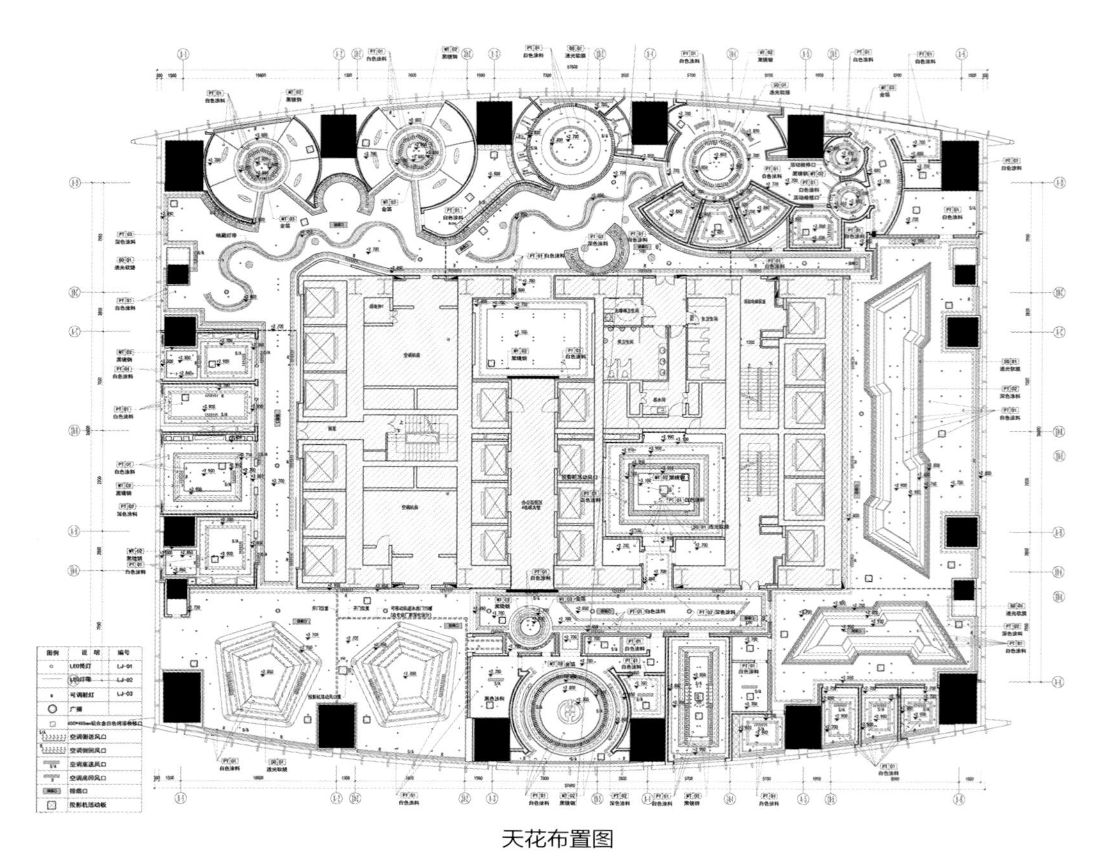

天花布置图

现金区1
现金区2

星坊创新工场
XINGFANG INNOVATION FACTORY

项目名称 _ *星坊创新工场* / **主案设计** _ *李伟强* / **项目地点** _ *广东省广州市* / **项目面积** _ *800 平方米* / **投资金额** _ *150 万元* / **主要材料** _ *水泥、旧红砖、灰瓦等*

A 项目定位 Design Proposition

本案是由星坊华侨仓里一间废旧仓库改造而成。与其他同类项目比较，具有改造自由度较大的特点。设计师把建筑，结构，室内以及灯光设计等方面按功能需求统一规划，既大大增强了空间的整体性，也减少了因改造不到位而重复施工所带来的浪费。项目定名为“创新工场”，是天诺集团为旗下年轻创业团队提供的个性化办公空间。阳光、绿色、自由成为此案的主旨。

B 环境风格 Creativity & Aesthetics

在设计主题上，以“修旧如旧”和“大胆创新”两大主线贯穿始终。这两个方面其实是既对立又统一的，两者可以结合起来。“修旧如旧”是指对旧建筑的尊重：譬如改造所用的材料都是原建筑的旧红砖、灰瓦和水泥等，改造后的建筑外观也保留了原来坡屋顶的形态。

C 空间布局 Space Planning

由于本案是从建筑到室内一体化设计完成，所以设计师在空间布局上具有很大的自由度。我可以选择最适合的方式合理地安排甲方的要求，并且可以使空间富于趣味和寓意。不但增加了夹层，还加建了屋顶观景平台，让员工在紧张的工作之余能饱览“无敌大江景”，从而大大提高了空间的实用性与可观性。此外，由于基地狭长，设计师在平面入口与中部设置两个透光中空，使空间具有了张弛起伏的节奏感。绿化中庭上方是加建的梯井，从它的顶部玻璃棚引入的光线使中庭生气盎然，真正实现室内外的无差别融合。

D 设计选材 Materials & Cost Effectiveness

水泥、旧红砖、灰瓦依然是建筑与室内的主材，由于加建而新增的参照蒙德里安几何绘画划分的彩色玻璃光棚，为厚重质朴的历史建筑注入了理性与活力。阳光透过红黄蓝等各色玻璃投射在室内，形成了一幅幅不断变幻的缤纷图画。

E 使用效果 Fidelity to Client

项目以极少的投资完成，实现了功能与形式的统一，避免了建筑室内重复装修的浪费，为使用者提供了一个具有创新精神的绿色办公空间。同时也为同类型的旧房改造探索提供了一定的经验与借鉴。

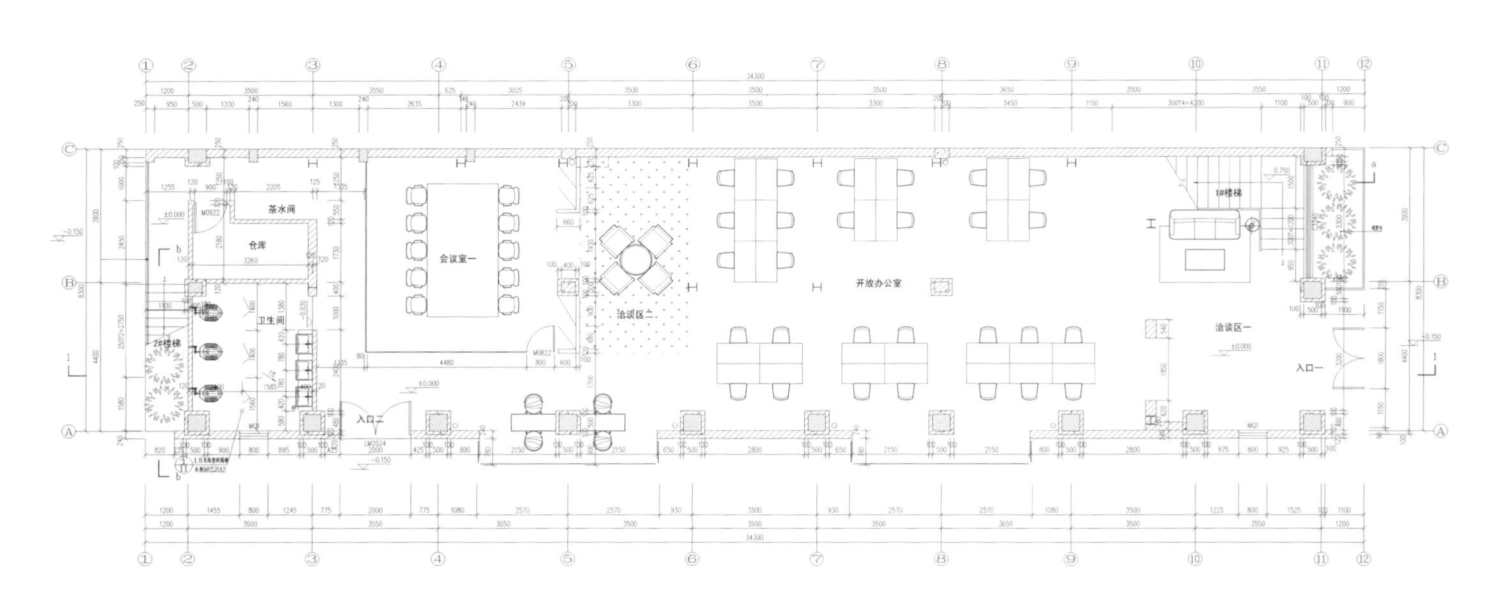

首层平面图

胡须先生花店办公空间

MR.MOUSTACHE

项目名称 _ *胡须先生花店办公空间* / **主案设计** _ *朱晓鸣* / **项目地点** _ *浙江省杭州市* / **项目面积** _*640 平方米* / **投资金额** _*140 万元* / **主要材料** _ *回购木板、素水泥（木模）、钢板、橡木实木等*

A 项目定位 Design Proposition

如今的社会，我们已经远离了这种虫鸣花香的怡境。一幢幢高耸矗立，用苍白的幕墙和冰冷的钢筋混凝土拼合起来的写字楼、商业楼，成为我们生活的场所。当失去了生活的灵魂，生存的意义则变得苍白。我们旨在创造一个生活的花园，使它成为一片戈壁中最灿烂的色彩。

B 环境风格 Creativity & Aesthetics

本案的“胡须先生”花店线下办公选址在运河西岸边公园的一座老厂房。当现代化电商办公空间与历史浓厚的老厂房相遇，新与旧的碰撞，是用绝对的“新奇”来替换，还是用 loft 的惯有手法将“陈旧”进行到底？作为现代化的办公空间，更应该是时尚又不失情趣的场所，该用怎样的设计改造方式才能在满足现代化办公需求的同时，让建筑既能拥有自己的语言，又能与周围的自然环境共生？

C 空间布局 Space Planning

在空间的功能划分中，我们利用老厂房的层高优势，将一楼划分为“胡须先生”的办公区，二楼为花房和展厅。曲径通幽，为了营造一个安静的工作环境，我们采用镂有公司 logo 的铁板隔断将办公区与前台、公共功能休闲区划分开来，保证员工在工作时间能够不被打扰的同时，又通过门禁很好地管理了外来人员的来访。根据公司部门属性，将办公区域划分为三个区，更好地满足上下级的对接以及部门内部的及时沟通。

D 设计选材 Materials & Cost Effectiveness

我们采用镂有公司 logo 的铁板隔断将办公区与前台、公共功能休闲区划分开来，设计借以自然而纯朴的材料与原来的老建筑融合，通过现代化的工艺让空间拥有新的语言。我们让老木板的自然纹路赋予了水泥新的生命，而老木板的再利用为空间增添了温暖的色彩。

E 使用效果 Fidelity to Client

在隔而不断的空间里，光影交织，刻画出一个干净素朴、本然有序的办公空间。踱步在此，视线透过光影，穿过窗户落在嫩绿的枝桠，自然、人、建筑、室内在此得以融合共生。

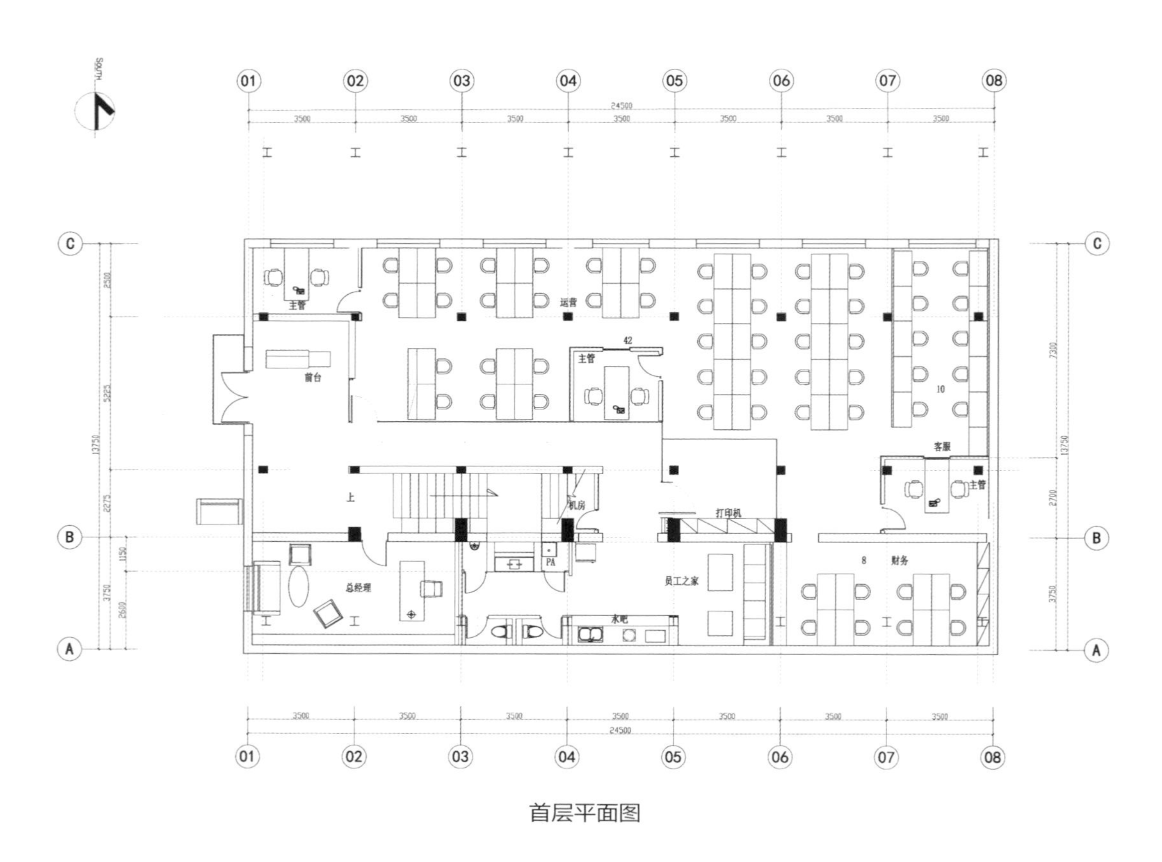

首层平面图

MR MOUSTACHE

成都白药厂改造
WHITE GUNPOWDER TRANSFORM

项目名称 _ 成都白药厂改造 / **主案设计** _ 张灿 / **参与设计** _ 李文婷 / **项目地点** _ 四川省成都市 / **项目面积** _500 平方米 / **投资金额** _100 万元 / **主要材料** _ 钢结构等

A 项目定位 Design Proposition

白药厂是成都最早制造火药的工厂，当时是专门为四川机械局提供火药而建的，为了保密，取名白药场，这些建筑由德国人设计，1902 年建成，它融合了中西方建筑元素。我们的设计是在白药场废弃仓库的基础上设计改建成为办公空间。

B 环境风格 Creativity & Aesthetics

我们的设计是以保留和植入及亲密融合的设计原则进行的，对建筑空间的保留和实际使用功能的结合，对原有厂房原有精神的保留，设计上材料运用的控制和精简，要看到现代设计的体现，却又能会到原来工业的印记和精神。

C 空间布局 Space Planning

作为一家设计公司办公室，我们期望能为员工提供一个更加舒适有创意和更加能开放讨论的工作氛围，所以我们设计时并没有采用通常的设计手法去界定每个空间的界限，这种模糊空间的概念让员工之间的关系更加紧密亲切。

D 设计选材 Materials & Cost Effectiveness

我们选择了最简单的材料，钢板、青砖、玻璃、木质材料（原有废弃老木头和木地板），还有乳胶漆。室内空间的老墙面保留了原厂房墙面不太平整的肌理感，而大部分办公区木地板我们做了翻修和清理，保存了原有厂房的老地板，希望通过这些简单又贴近原建筑风貌的材料，亲密融合在这个老建筑里，不要突兀地抢去了建筑本身的时代感和韵味。

E 使用效果 Fidelity to Client

老厂房的历史意义有了新的存在及定位，我们不希望老旧就是时代流逝让其消失的最终理由，而是让我们去反思和了解过去存在的一种精神媒介，这也是设计存在的魅力和意义。除了员工的舒适、开放空间之外，这里也经常作为设计师活动的场所，很有意义。

CSD

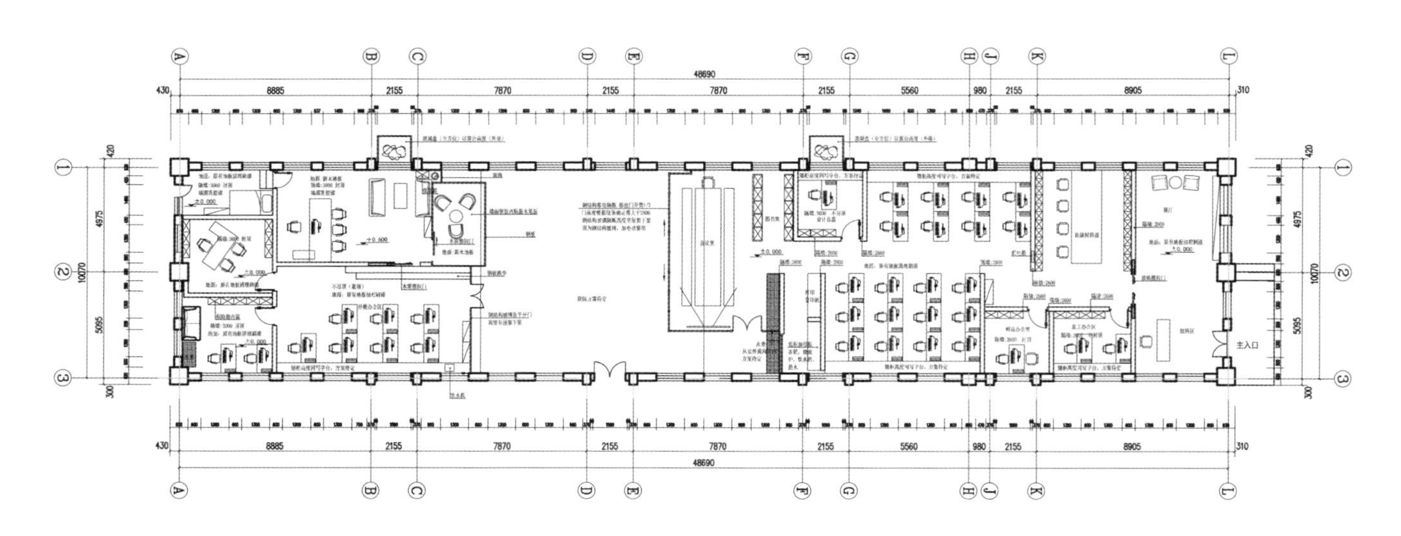

一层平面图

上海虹桥临空 IBP 商务区会展中心

HONGQIAO LINKONG IBP BUSINESS PARK MICE CENTER

项目名称 _上海虹桥临空 IBP 商务区会展中心 / **主案设计** _庄磊 / **参与设计** _文勇、刘旭、李辉、郭晓春 / **项目地点** _上海市长宁区 / **项目面积** _12000 平方米 / **投资金额** _4000 万元 / **主要材料** _复合铝板、灰木纹大理石、染色防火木皮、冠军瓷砖、科勒洁具等

A 项目定位 Design Proposition

临空花园商务会议中心，地处上海长宁区临空商务中心 10-3 地块， 坐落于北福泉路南侧与通斜路北侧， 占地 27391.3 平方米。 凭借特有的虹桥涉外商务区的区位优势及世界最大的虹桥综合交通枢纽的交通优势，使之成为园林式、高科技的现代商务园区精华。

B 环境风格 Creativity & Aesthetics

运用旋转和切割立方体的手法呈现出不同的角度将大厅和走廊连接为一个整体。 用层层叠叠的手法和不规则形态构建出新建筑的语汇和结构。

C 空间布局 Space Planning

2# 楼是一个为整个商务中心提供全面会议设施的 4000 平方米的会议中心， 里面包含一个 400 平方米的多功能厅，一个 150 平方米的阶梯会议室，以及多个不同大小的会议室，和一个接待中心。建筑的设计语言延续了室内的概念， 赋予空间新的功能与理念。

D 设计选材 Materials & Cost Effectiveness

由于吸音的要求，部分墙壁上的铝板做成了冲孔处理，开孔的图案借用了竹叶造型的设计， 让光线和阴影变得更为有趣。在这样的一个空间里，人们感受着自然与空间的交融，并且拥有了一个与众不同的艺术氛围的体验。

E 使用效果 Fidelity to Client

整体的设计语汇，简单而纯粹。 会议中心因此而成为全商务园区的一个地标性建筑。 让创意汇集是整个园区企业的目标， 也增强了公司在此的归属感。

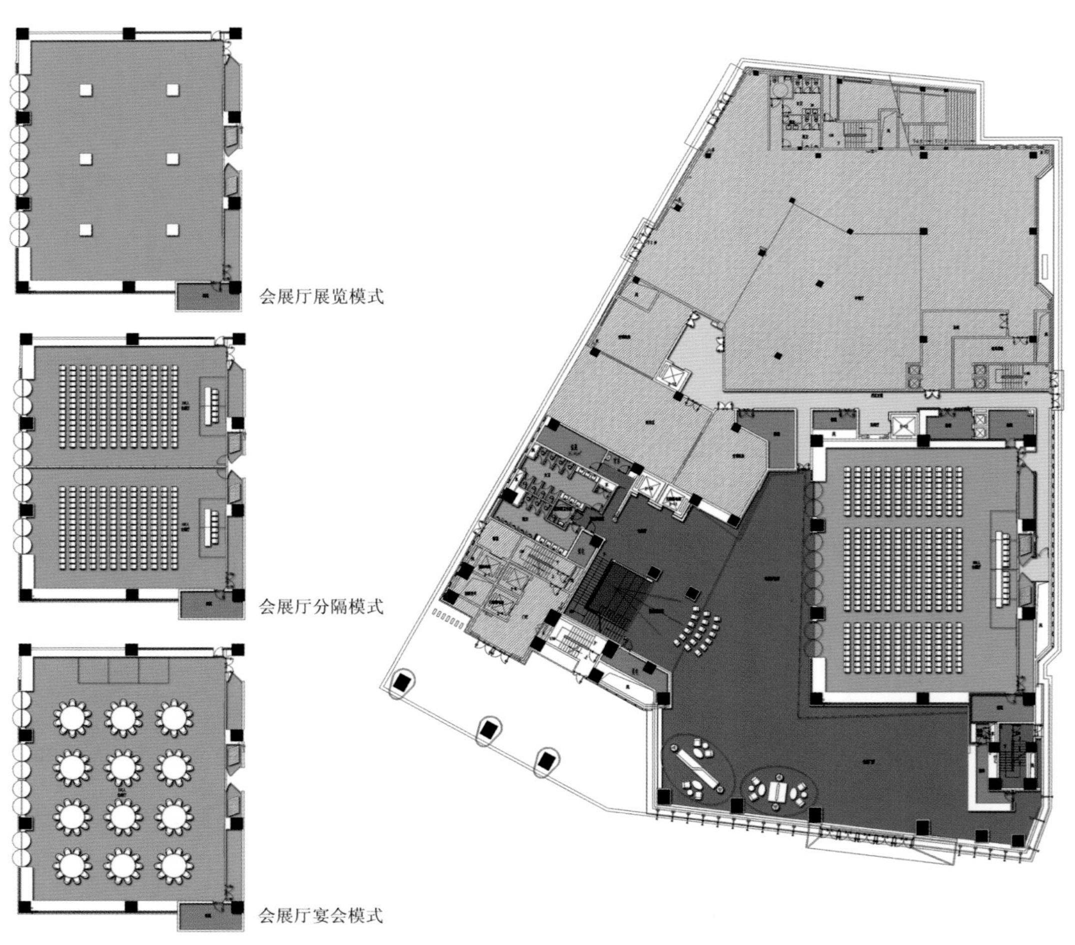

一层平面图

EXIT

PplusP Studio 2

PPLUSP STUDIO 2

项目名称 _*PplusP Studio 2* / **主案设计** _*廖奕权* / **参与设计** _*Wesley Liu* / **项目地点** _*香港观塘区* / **项目面积** _*163 平方米* / **投资金额** _*100 万元*

A 项目定位 Design Proposition

设计师深信一个有创意的工作环境能帮助启发思维和鼓励创新，所以，工作室舍弃了传统的呆板办公室设计，没有四四方方像城墙般的间隔，没有以白色灯光作为主调，取而代之的就是以家居的感觉和带点英伦玩味去设计的工作室。

B 环境风格 Creativity & Aesthetics

毗邻工作区的会客室，是个融入了各式现代元素的和室，设计师用以作为跟客人谈设计的地方，有现代化的拉趟式屏风，有升高了的榻榻米高台，而入室门前更以厚木块铺出外廊，台下定制梳通木趟门收纳鞋子，正式的门扉裱上幻彩墙纸作记认，其他一律以四格式屏风作屏障，然后保留上下两格镶清玻璃，中间两格则特别镶着传统不透视雕花玻璃，以阻隔外来的视线， 适度地给会议室保留私隐。

C 空间布局 Space Planning

由入门处即打造迂回曲折走廊，以至邀请客人进入接待区，过程绝不平凡。 工作区明亮开阔，更见晴空下一片利落的城市天际线，这片都市剪影的灵感，来自设计师的盘算。在无意敲凿墙面时，发现何不将白墙变作画布，藉穿凿天际线勾勒城市面貌作壁画主题，设计师亲自动手 DIY，以中银大厦的地标建筑为基础，描绘大家熟识的城市面貌，不过其他大厦的轮廓则全属设计师的创作，包括建筑物轮廓、每幢大厦的装饰图案及着色等，有斑驳色块、有立体穿凿痕迹，统统构成了这和谐又别树一帜的 city skyline 主题壁。最后更为开放了的天花髹上天蓝色，且在接壤边界作不规则的渐变色效，让员工们仿如置身城市中，于非一般公式化的工作室从事创意设计。

D 设计选材 Materials & Cost Effectiveness

大窗户放置在工作区尽头让自然日光进入，这有助于白天避免不必要的照明。 通过小小的走廊到洗手间，会发现伦敦的火车铁路牌子钉在红砖墙上，配衬着设计师亲手扫上油漆并以花瓶改成的洗手盘，还有小小的座地射灯和周边亮着光的圆镜子互相配合，树藤缠着另一块金属大镜子像置身花园当中，为空间加添了生命力和艺术感，让设计师在工作室有限的空间下享受最自由舒适的创作环境。

E 使用效果 Fidelity to Client

使用效果非常好。

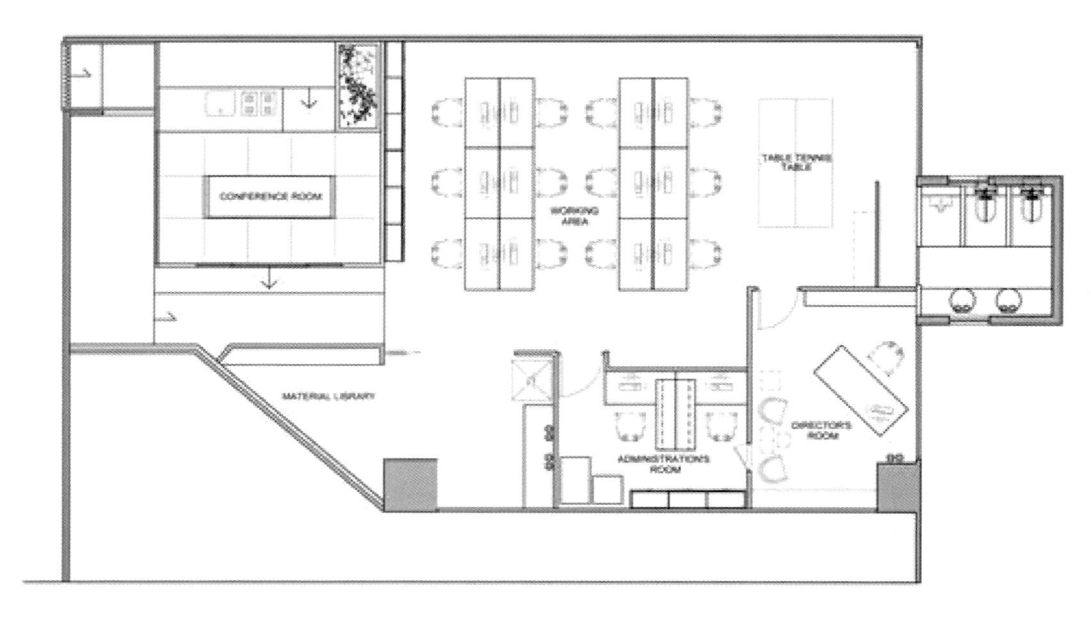
CONFERENCE ROOM
WORKING AREA
TABLE TENNIS TABLE
MATERIAL LIBRARY
ADMINISTRATION'S ROOM
DIRECTOR'S ROOM

平面图

12 Blles
2011
LA FLEUR
PEYRABON
12 Blles

TOILET
FISH

White
bag
towel

承载梦想的工业叙事

AN INDUSTRIAL NARRATIVE THAT CARRIES DREAMS

项目名称 _ *承载梦想的工业叙事* / **主案设计** _ *林宇崴* / **参与设计** _ *白金里居设计团队* / **项目地点** _ *台湾台北市* / **项目面积** _ *99 平方米* / **投资金额** _ *70 万元* / **主要材料** _ *PVC、波龙地毯等*

A 项目定位 Design Proposition

一个室内设计师，在设计业闯荡多年，当再次有了新的办公室，会是怎样的开场？没有客户的要求、没有风格限制、不为允诺别人的梦想，而是承载更多梦想的重量，经历了一段独白、一段面对找寻自我本质的历程，犹如聚光灯打在舞台、布幕未拉起时的屏息聚焦。

B 环境风格 Creativity & Aesthetics

无数次地在空间里感受，环境的气息、落地窗外的绿荫，像是和空间的对话，眼神的交流，拉开序幕。一开始，脑海中只有一道砖红色的文化石墙，延伸工业风的不羁与大胆用色，和落地窗外的绿荫毫无违和。

C 空间布局 Space Planning

打破狭长的空间藩篱，将会议桌、接待桌、自行设计的 Y 字型工作桌等大型量体以 45 度斜向设计，不但有了广阔的行走空间，更把窗外最美的景色以 135 度视角全部纳入眼帘，而窗外的阳光、行道树、雨丝的线条，甚至是来来往往的行人，成了永不退流行的装饰品。

D 设计选材 Materials & Cost Effectiveness

打破材质的界线，将 PVC 地材上了墙面，变成壁材，在仿铁锈的 PVC 墙上，以手工贴上 3500 颗铆钉，打造出工业风的框架。

E 使用效果 Fidelity to Client

框景中的垂直、水平线条互见，以细腻的思维和粗旷的表现手法，创造视觉冲击、重组，最终达成和谐，1 楼挑高水平的钢板遇见垂直柔美的窗帘线条；2 楼里光线与垂直的旋转隔屏随着时序移动，与水平的百叶窗帘相映成趣，为工业风的空间叙事，写下了精致的批注。

NEW SMALL Apartments
Asian LIVING

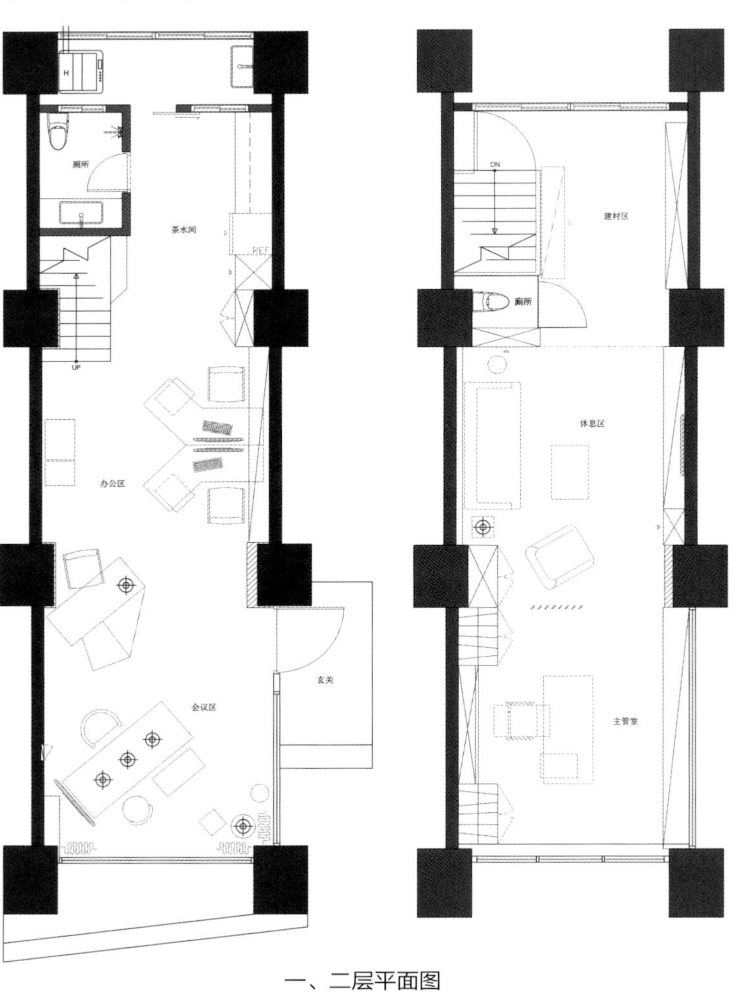

一、二层平面图

150 Best House Ideas

BPT 556
66

KELLY HOPPEN HOME
Living
MILAN
CINDERELLA
Arsenal
Arsenal
Arsenal
CINDERELLA
ALSO
ALSO
ALSO
DECOR

杭州绿地中央广场智慧办公

HANGZHOU GREENLAND CENTRAL PLAZA WISDOM OFFICE

项目名称 _ *杭州绿地中央广场智慧办公* / **主案设计** _ *张力* / **参与设计** _ *吴紫燕* / **项目地点** _ *浙江省杭州市* / **项目面积** _ *1190 平方米* / **投资金额** _ *880 万元* / **主要材料** _ *铝板、玻璃、墙纸、烤漆板、不锈钢等*

A 项目定位 Design Proposition

这是一处位于办公大楼中带有服务、租赁性质的办公空间，拥有 1190m² 的室内面积。设计任务是建造一个涵盖多功能、多空间，低调奢华而又不失现代时尚感的办公环境。

B 环境风格 Creativity & Aesthetics

踏入接待区，映入眼帘的就是呈飘带状的冲孔铝板，融合着 LED 灯光，给人一种时光的穿梭感。穿过接待区，天花、墙面、地面形成多条弧线纷纷引导着空间的动线，这些弧线让本来中规中矩的空间也赋有了些许灵动。

C 空间布局 Space Planning

源于建筑的特有性，平面布局上我们以电梯厅为中心，设置了游走全空间的回型通道，简单的动线使空间利用率得到最大化。

D 设计选材 Materials & Cost Effectiveness

空间以白色、灰色为基调，同时呈现铝板、玻璃、墙纸三种不同的质感，丰富了空间的层次感。书吧区域那一抹绿色增加了空间的生机和活力，营造了一个愉悦的工作环境。

E 使用效果 Fidelity to Client

该项目最吸引人的地方就在于可以向周围的办公人士提供不同的办公需求。在这里，你可以租赁单人办公区、私人办公室、多人办公室、会议室、企业展示区和企业服务窗口。除了租赁的空间，这里还向办公人士提供了书吧、咖啡吧、健康小屋，让人在办公休闲时间可以好好的放松心灵。

绿地集团
世界500强企业
智慧绿地
绿地企业服务平台|杭州
GREENLAND GROUP ENTERPRISE SERVICE PLATFORM

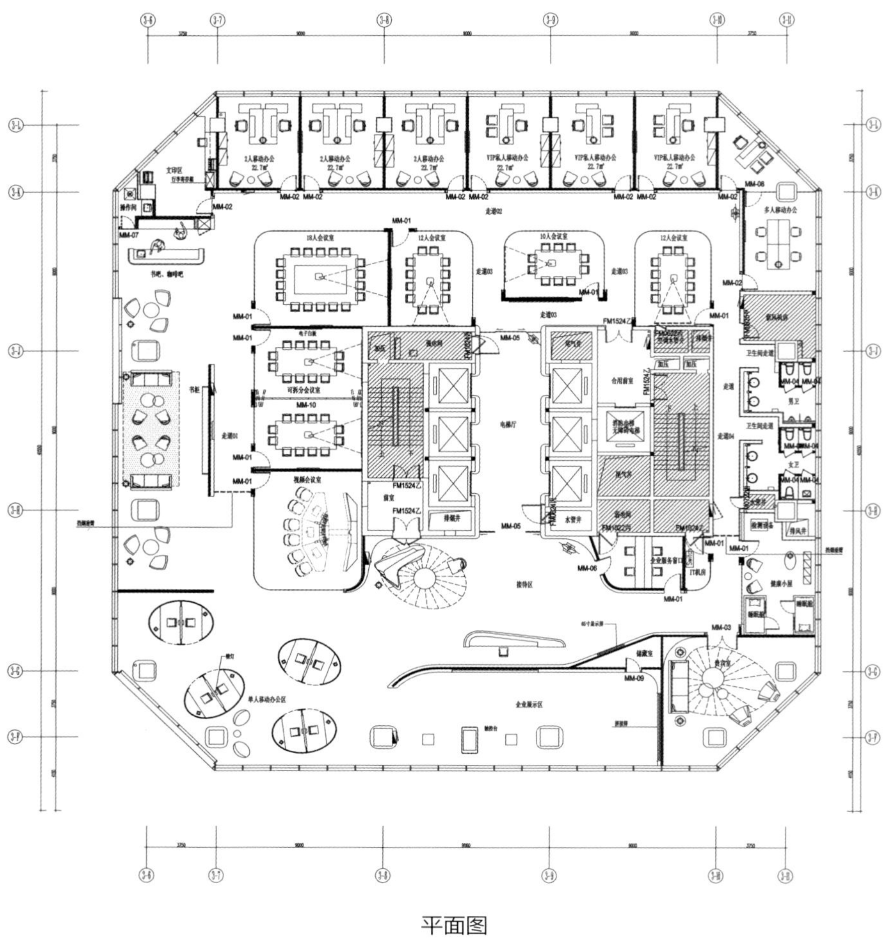

平面图

杭州绿地中央广场 (left)

三三建设匠人设计院

THIRTY-THREE CONSTRUCTION CRAFTSMAN INSTITUTE

项目名称 _ *三三建设匠人设计院* / **主案设计** _ *许建国* / **参与设计** _ *陈涛、刘丹* / **项目地点** _ *安徽省合肥市* / **项目面积** _*1700 平方米* / **投资金额** _*260 万元* / **主要材料** _ *砖、石、木、水泥、钢板等*

A 项目定位 Design Proposition

办公设计的多元化和趣味性，通过空间布局，光的设计达到既满足功能性又满足人的情感需求。

B 环境风格 Creativity & Aesthetics

设计风格上崇尚自然，回归。避免繁复的装饰，把旧物融入设计中赋予新的生命力表达出时间与工作、工作与生活的意义。

C 空间布局 Space Planning

空间上采取穿空引像的设计手法，并且在整个平面布局上合理的安排各个空间，满足了设计院不同的办公需求与交流。空间的安排上既有一定的领域感和私密性，又与大空间有沟通。在各个办公区域之间采用玻璃隔断，便于工作的交流，打印室采用艺术造型的木质玻璃隔断，对于空间的安排也体现其独特性以东方归本主义为主脉思想从而达到自然性、生长性。

D 设计选材 Materials & Cost Effectiveness

设计师运用砖、石、木营造自然氛围，这些材料的选择源于设计师对材料的尊重，自然材料的天然性、独特性使空间具有独特的艺术美感。材料本身的触感和色彩比人造材料更能唤起人的亲切感，达到空间与人的情感交流产生共鸣。

E 使用效果 Fidelity to Client

得到设计院同仁的认可，舒适简洁，又具东方气息。

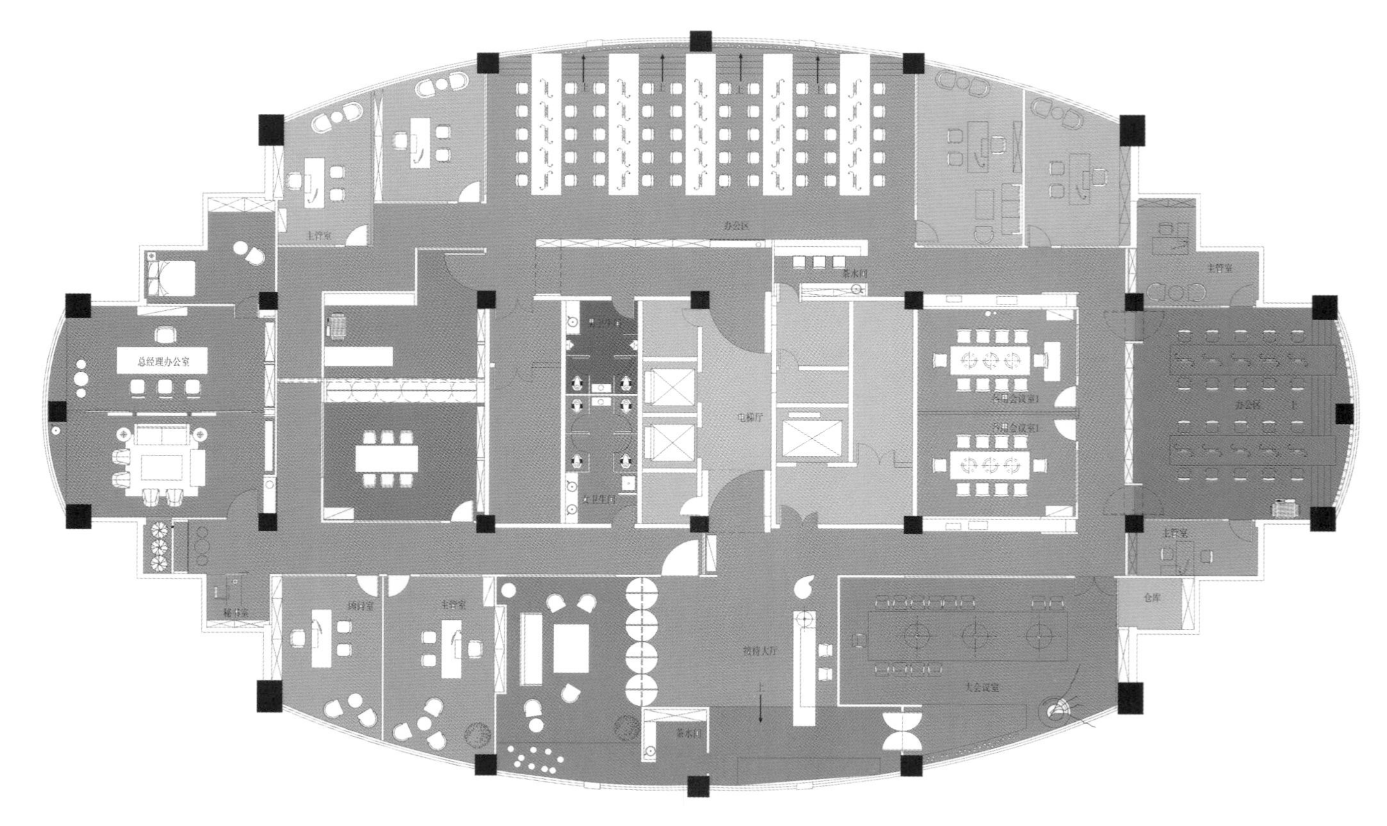
总经理办公室
主管室
办公区
茶水间
电梯厅
女卫生间
备用会议室1
顾问室
主管室
接待大厅
大会议室
仓库
茶水间
办公区
主管室
主管室

平面图

GUD
匠人设计
匠人规划建筑设计股份有限

36 氪办公室
36 KRYPTON OFFICE

项目名称 _36 氪办公室 / **主案设计** _罗劲 / **参与设计** _杨振洲、程芳平 / **项目地点** _北京市海淀区 / **项目面积** _3000 平方米 / **投资金额** _360 万元 / **主要材料** _地胶、定制地毯、金属防火板等

A 项目定位 Design Proposition
该项目为互联网中国领先的互联网创业公司服务提供商。为了高质量完成这自建项目，36 氪首先委托艾迪尔团队为其进行全阶段的前期设计服务，在完成设计文件并经过细致周密的施工招标比选后，36 氪最终确定艾迪尔为其进行设计施工一体化的完整营建服务。

B 环境风格 Creativity & Aesthetics
36 氪的名字源于元素周期表的第 36 号元素“氪”，化学符号为 Kr，这是一个稳定、独立，不易与其他物质发生化学作用的元素，传说中的氪星是超人的故乡。

C 空间布局 Space Planning
室内以独有的“氪星”文化作为空间和环境的主题，采用开放式手法，强调空间的共享性。流线形的前台及背景墙体从前区一直延伸到本层里侧，将各功能区分割开来，同时又使各空间能够穿插、共享，给人以丰富的空间体验。

D 设计选材 Materials & Cost Effectiveness
色调以浅白色为主，局部配以星空地毯及主题墙面，传达出神秘、迷离的外星域氛围。此外，室内还配备了休闲区、瑜伽健身和胶囊公寓等功能区，为办公者使用者考虑的周全、细致。开放、轻松的办公环境氛围，最大化的激发了使用者的创造性思维。

E 使用效果 Fidelity to Client
用理性的思维，以功能为本，塑造出现代空间特有的感觉，高效快捷，时尚有活力，符合年轻人的创新思维。

SUPERMAN
Wonder
Woman

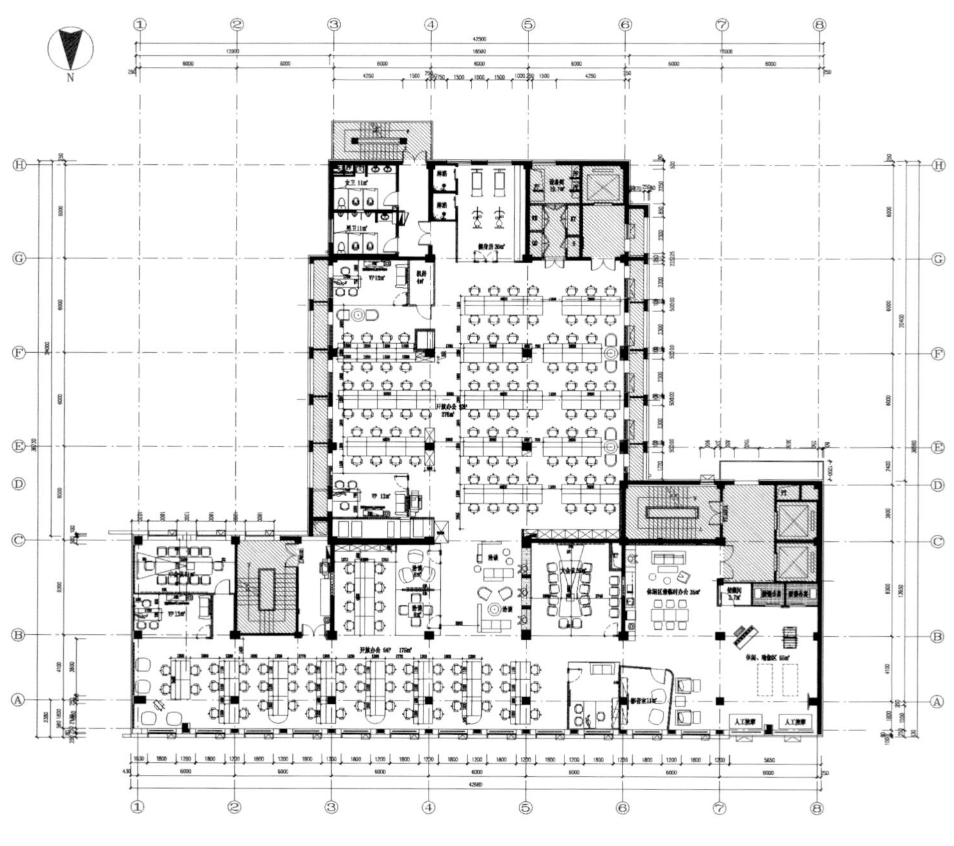

五层平面图

王星
PLU

鸿星尔克营运中心

DECORATION OF ERKE OPERATION CENTER

项目名称 _ *鸿星尔克营运中心* / **主案设计** _ *王斌* / **参与设计** _ *李志芳、林超、苏树杰、郑文献、盛志飞、杨宪卿* / **项目地点** _ *福建省厦门市* / **项目面积** _ *49336 平方米* / **投资金额** _ *5000 万元* / **主要材料** _ *白色铝单板、白色人造石贝、金米黄大理石、烤漆玻璃、方块地毯、GRG 高强度玻璃纤维石膏板等*

A 项目定位 Design Proposition

“寻找生活中的诗意”生活中除了“柴米油盐酱醋茶”外，“琴棋书画诗酒花”也是必需品。前者让我们活着，后者让我们快活，而设计让我们快活的活着。

B 环境风格 Creativity & Aesthetics

围绕海洋、运动、轨迹为元素展开，解构重构，饱满呈现鸿星尔克年轻、阳光、时尚的生活方式。

C 空间布局 Space Planning

摆脱千篇一律，精心的流线型布局创造了合理的办公方式，动感的线条轻盈灵动，散发着勃勃生机。

D 设计选材 Materials & Cost Effectiveness

准确抓住鸿星尔克阳光气质，舍弃万种索求，使用统一色调。不同程度和力度地使用精简材料，材质对比微妙，空间肌理丰富，达到国际面孔颠覆传统办公印象。

E 使用效果 Fidelity to Client

纯净的空间弥漫着阳光，无纷扰静思考，提升办公效率，加上独辟蹊径的营销手法，使鸿星尔克在国际市场上的竞争力与日俱增。

鸿星尔克集团
HONGXING ERKE GROUP

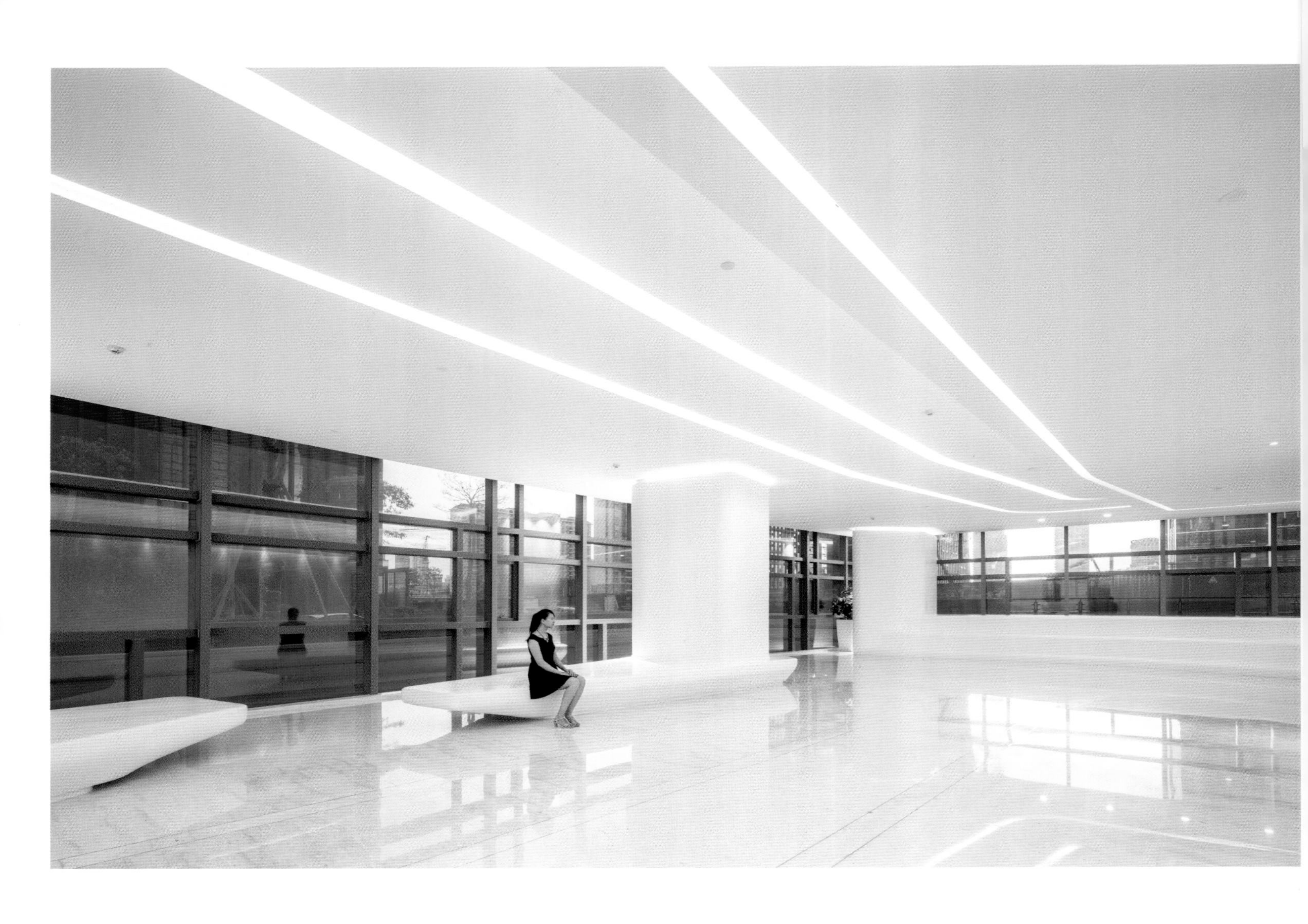

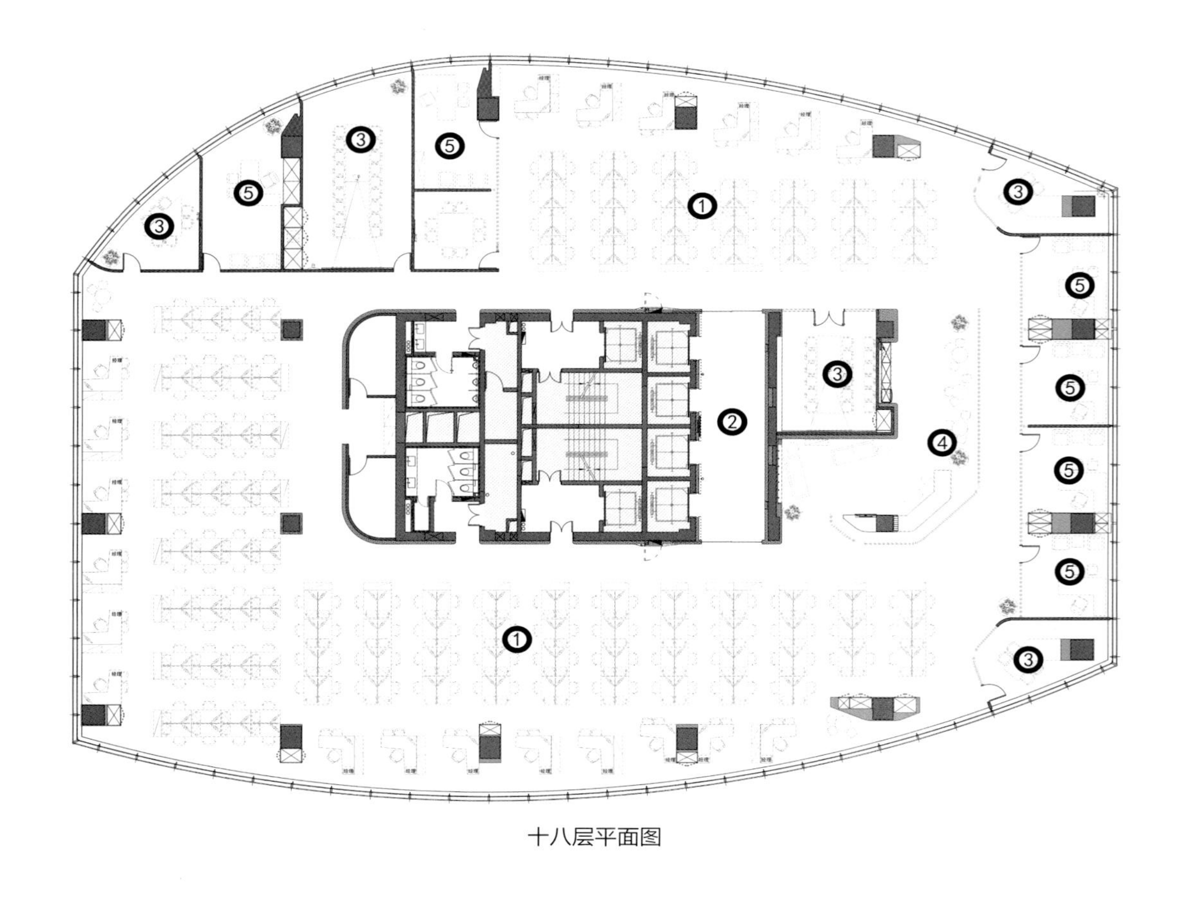

十八层平面图

员工健身俱乐部

云帆（BOX）DESIGN
YUNFAN (BOX) DESIGN

项目名称 _ 云帆（BOX）DESIGN / **主案设计** _ 徐栋 / **项目地点** _ 浙江省宁波市 / **项目面积** _300 平方米 / **投资金额** _15 万元 / **主要材料** _ 墙纸、地板、布艺、透光膜、地砖等

A 项目定位 Design Proposition
随着国力的增强，国学的兴起，人们民族意识的提高，使得中国的传统文化开始风靡。

B 环境风格 Creativity & Aesthetics
设计师把办公室装修成新中式，新中式一般都会给人一种质朴但不失雅致的感受，这就是设计师敢于创新和突破，把以往大家对办公室的风格彻底的颠覆了，办公室也可以如此之典雅并保留了中国文化中的意境。现代的时尚感和中式元素本身是相互冲突的，但设计师把两种原本冲突的风格风格融为一体，却不失去时尚和意境的表现，体现出设计师对艺术的研究方面造型很深。

C 空间布局 Space Planning
开敞、无死角是这一商业空间布局的第一原则，而跃层的层次性又给视觉效果加分，并且集体办公区域与品茶卧榻地面材质让这种统一原则中平添了变化和趣味，同时竖向的虚拟、半虚拟空间切割亦避免了因“一脉统一”而造成的呆板直白。

D 设计选材 Materials & Cost Effectiveness
选材上遵循现代简约、自然、平朴原则，所有材料都倾向于对外传输的简约节省环保主题，与项目空间定位、业态定位取得方向上的一致。

E 使用效果 Fidelity to Client
中式风格的流行过程中，设计师把中式元素与现代包装巧妙结合，秉持中国传统文化中的人文精神、高雅气质，弃其糟粕，打造出了现代人更容易接受也更加喜欢的一种设计风格——新中式风格。

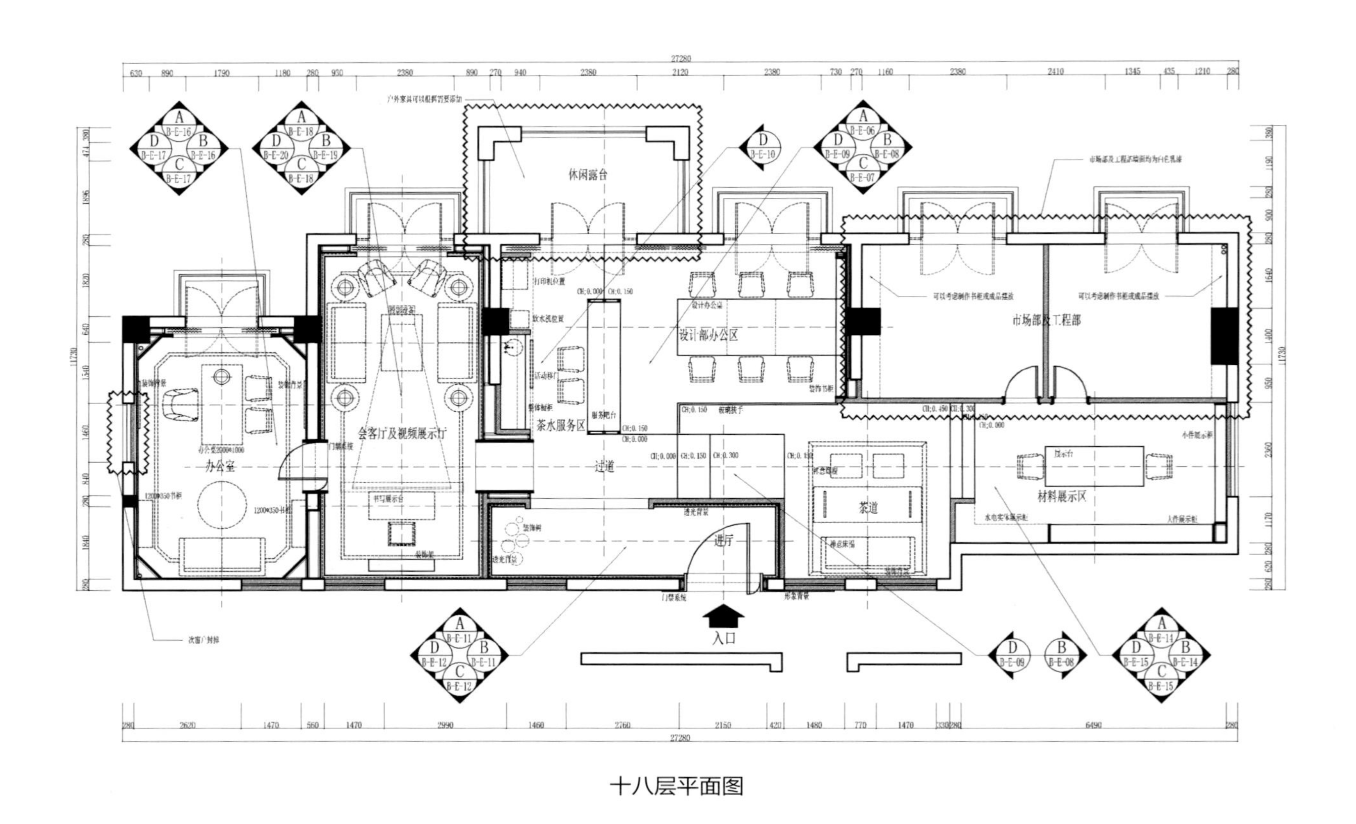

十八层平面图

Restaurant

餐饮空间

春天自助烤肉贵都店 SPRING BARBECUE BUFFET (EQUATORIAL BRANCH)

北京丹江渔村 DANJIANGYUCUN

相遇餐厅 CHANCE RESTAURANT

外滩贰千金餐厅 LADY BUND RESTAURANT

问柳菜馆 WENLIU RESTAURANT

海盗鲜生 PIRATE SEAFOOD BAR

风格的原点·海寿司 THE ORIGINS OF STYLE / HISUSHI

鸿咖啡 HOME CAFE

北京木樨园大董店 BEIJING MUXIYUAN DADONGDIAN

凝眸回响·巴蜀红运火锅餐厅 GAZE-RESOUND SICHUAN GOOD LUCK CHAFING DISH RESTAURANT

郑州优河湾生态园 EXCELLENT BAY ECOLOGICAL PARK

益健苑度假酒店餐厅 GOOD HEALTH RESORT HOTEL RESTAURANT

THOSE YEARS THOSE YEARS

庐鱼风尚主题餐厅 LUYU FASHION THEME RESTAURANT

一茶一坐工业风·哈雷主题店 HARLEY DAVIDSON

七巧巧克力 SEVEN CIAO

壹粟·素餐厅 MILLET RESTAURANT

本素餐厅 TASTE OF HOME

多伦多海鲜自助餐厅万象城店 TORONTO SEAFOOD BUFFET RESTAURANT (WANXIANGCHENG)

山城一锅 SHANCHENG YIGUO HOT POT SHOP

春天自助烤肉贵都店

SPRING BARBECUE BUFFET (EQUATORIAL BRANCH)

项目名称 _ *春天自助烤肉贵都店* / **主案设计** _ *白晓龙* / **参与设计** _ *马霄龙、乐乐* / **项目地点** _ *山西省太原市* / **项目面积** _ *1800 平方米* / **投资金额** _ *400 万元* / **主要材料** _ *钢铁、水泥、原石、原木等*

A 项目定位 Design Proposition

1）由一座城市，推演出历史、人文、生活、艺术，演绎最凝聚的舞台； 2）由一个城事，不经意间让人回首往事，讲述最记忆的故事； 3）由一段尘世，联想到在最好的时光，遇见最真实的你。

B 环境风格 Creativity & Aesthetics

1）20 世纪 30 年代——心醉怀旧； 2）内燃机 / 后工业——钢铁情怀； 3）小市民 / 隧道文化——地下洞穴穿梭。

C 空间布局 Space Planning

由于原始空间结构高度低矮这一缺陷，设计为了更好解决这一问题，衍生出了隧道文化，从而把缺点变成最大的亮点。

D 设计选材 Materials & Cost Effectiveness

本案为体现怀旧年代地铁真实面貌，大量使用钢铁、水泥、原石、原木。

E 使用效果 Fidelity to Client

新颖的地铁主题餐饮空间，让来此就餐的顾客仿佛置身于地铁博物馆，不仅尝到了美食同时也欣赏了地铁文化。

Underground entrance
USINE
Dining
1530
0351
PLAY IN THE DIRT
GARDEN

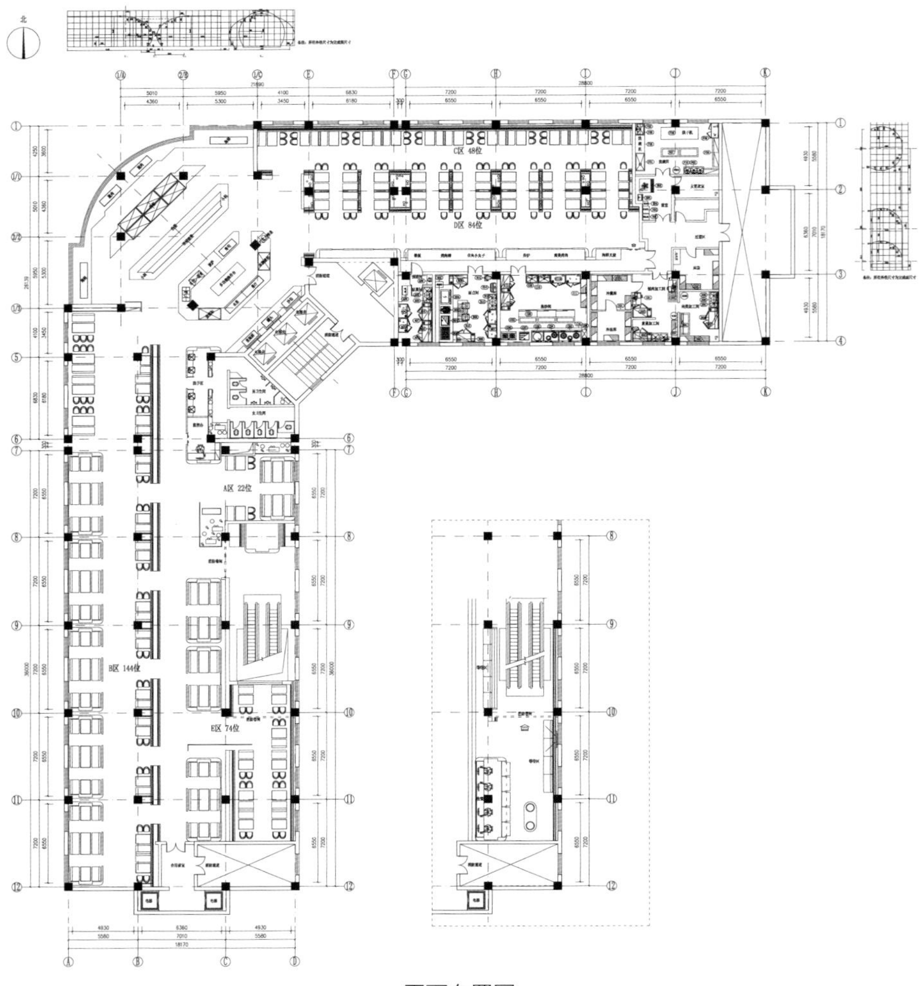

平面布置图

E - Dining area

E - Dining area
FACE OFF
GUEVARA

UNDERGROUND

All Outdoors
belongs to the
POCKET
POCO
B - Dining area

北京丹江渔村
DANJIANGYUCUN

项目名称 _ *北京丹江渔村* / **主案设计** _ *吴晓温* / **参与设计** _ *袁明、李敏* / **项目地点** _ *北京市海淀区* / **项目面积** _ *1500 平方米* / **投资金额** _ *240 万元* / **主要材料** _ *碳化木、黄泥、贝壳、铁板、环氧树脂漆等*

A 项目定位 Design Proposition
市场定位“远离城市嘈杂的乡野渔村”，设计策划“注重有生活场景的售卖”，倡导自驾、自助、自娱自乐的自由生活，提供健康、有机的食品，制造有趣、好玩的互动生活。

B 环境风格 Creativity & Aesthetics
场景化就餐环境，游走在乡野渔村，采用内建筑的形式，打破室内室外的界限。

C 空间布局 Space Planning
区域化设置，街景式铺开，围绕丰富的明档展开布局，形成顾客与商家的交融互动。

D 设计选材 Materials & Cost Effectiveness
把建筑材料用到室内，让材料散发自然的乡土气息。

E 使用效果 Fidelity to Client
顾客乐于享受这种久违了的乡野情怀，把就餐真正作为一种放松的形式来感受不一样的生活。

20

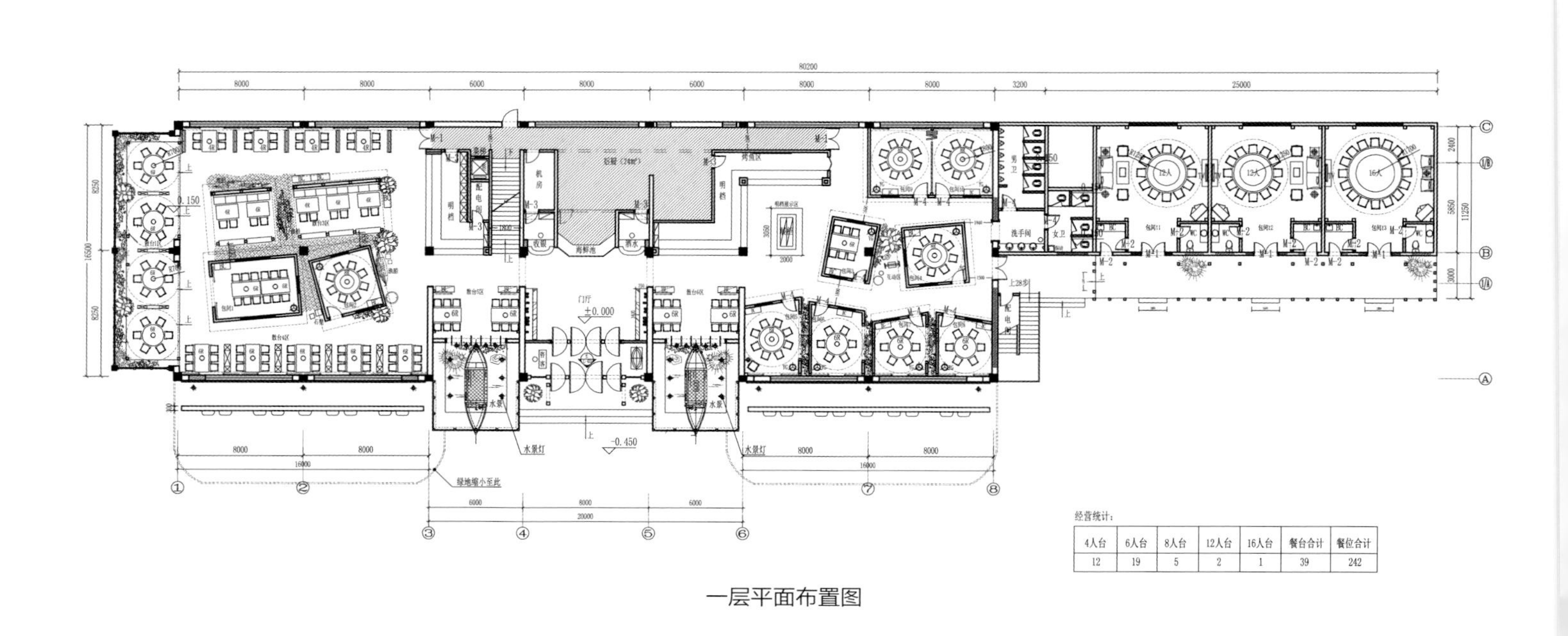

经营统计：

4人台	6人台	8人台	12人台	16人台	餐台合计	餐位合计
12	19	5	2	1	39	242

一层平面布置图

相遇餐厅
CHANCE RESTAURANT

项目名称 _ *相遇餐厅* / **主案设计** _ *孙传进* / **参与设计** _ *胡强、陈以军、何海滨* / **项目地点** _ *安徽省芜湖市* / **项目面积** _*400 平方米* / **投资金额** _*300 万元* / **主要材料** _ *简一、莫干山、白药山、银汀金属等*

A 项目定位 Design Proposition

主流的消费对话主流的美学导向，80~90 后可谓“车轮上的群体”，针对主体消费群体的独特的视觉定位，符合年轻人对新事物奇、特、好玩的追求。大工业时代的特定产物——汽车，作为社会主流消费的代表被植入进设计场景里，也符合现如今我国的消费时代。

B 环境风格 Creativity & Aesthetics

当代建筑难道只能用那些看起来完整的混凝土来表现吗？设计师尝试用日常生活艺术中的手法：涂鸦、SCRAWL、指路牌、花花草草、绿植墙再一次平衡了这些视觉基点。 全案以现代艺术手法，汽车、钢铁、混凝土等工业元素在低照的空间里，通道相对艳丽的质感家具映衬下将顾客置于生机盎然的交汇和纯粹的世界里……

C 空间布局 Space Planning

前区的频闪交通信号灯，在人流如潮的大环境中，冲突的表现了设计师在商业展示方面，具前沿性的思维…… 动线在核心区形成了一个集结区，“CHANCE”邂逅在其他的“心”点，设计师给予空间第一次回馈，注雅致，精致汇聚，形成意念，现实的一次邂逅……也是设计师的心声，当下的主流餐厅都只剩下了这样的铜铁和斑驳了吧！

D 设计选材 Materials & Cost Effectiveness

古老、斑驳而又极具力量感的上世纪的集装货柜，倾诉漂洋过海的经历，在环抱的彩色灯泡烘托得“化妆镜”前，过往行人，心间亦有同样的唏嘘和沧桑……激发一探究竟的冲动和意愿。 而车语言的刻画和精心的装饰，丰富了整体方面的表情，防滑钢板作为前区地面质地，强调极其冷硬感，锈使心情有舒缓回温，体验十足，划分区域同时平顺自然成为导流艺术标识……

E 使用效果 Fidelity to Client

城市 shopping mall，主流消费文化和消费习惯，在国际化商业高手的整合和创新后，会更多的便捷在方寸的建筑综合体内彻底重构……在同类的商场餐饮品牌内，相遇在客单价，翻台率上远远超出同行，营业时间上大大加长。

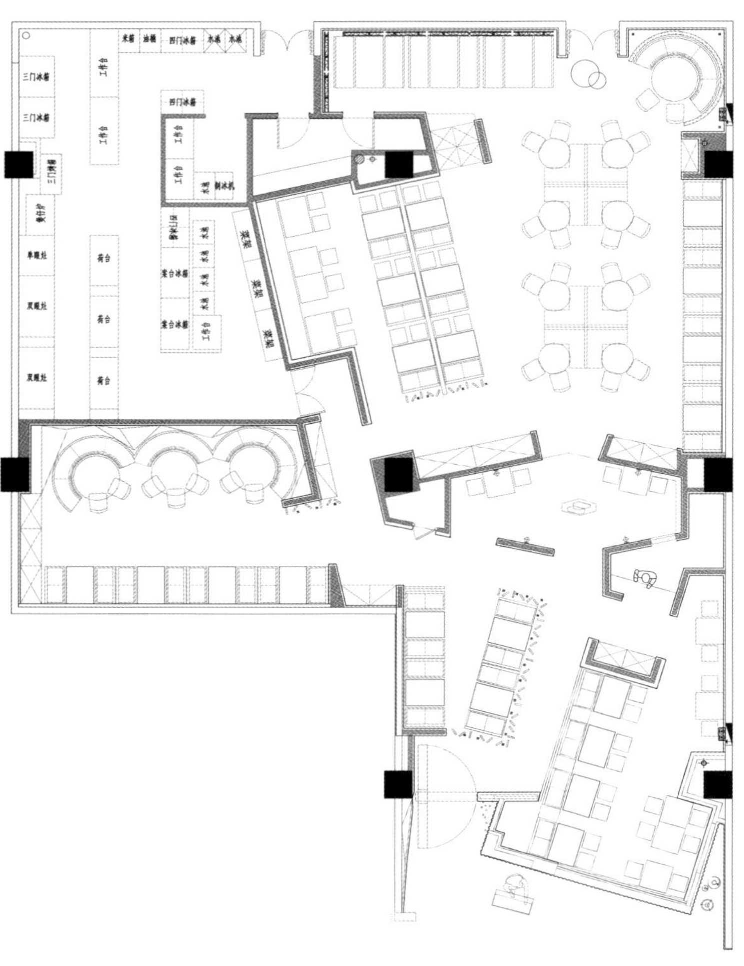

平面布置图

8·00
con

POOL
BEACH
GRILLING

NOV·9

CENTURY
CENTURY

外滩贰千金餐厅
LADY BUND RESTAURANT

项目名称 _ *外滩贰千金餐厅* / **主案设计** _*Thomas Dariel* / **项目地点** _ *上海市黄浦区* / **项目面积** _*1200 平方米* / **投资金额** _*100 万元* / **主要材料** _ *宣纸、软膜、绷带、铜管等*

A 项目定位 Design Proposition

贰千金（Lady Bund）餐厅位于外滩 22 号，主营创意亚洲料理。餐厅所在建筑前身始建于 1906 年，地理位置毗连十六铺码头，是一栋典型的折衷主义历史老建筑。修缮后的外滩 22 号以其特有红砖立面在外滩建筑群中独树一帜，仿佛女子着一袭红裙，极具历史韵味。介于餐厅的建筑背景是西方建筑形式与东方历史文化完美结合的典范，业主期望能在贰千金内部延续东西一统的精神韵味，于是邀请了扎根上海的法国设计师 Thomas Dariel 操刀室内设计，发挥其擅长的文化兼容现代的设计手法。

B 环境风格 Creativity & Aesthetics

有机穿插了东方语汇元素与西方呈现方式，Thomas Dariel 将这种融合性贯穿于整个室内设计中，与贰千金创意亚洲料理的菜品风格一脉相承。在此基础上，为了进一步丰富功能，空间内部不着痕迹地刻画了两种不同的语境氛围：平日里轻松休闲的餐厅和入夜后私密尊贵的酒吧。

C 空间布局 Space Planning

Thomas Dariel 为每一片区域都设计了一个主题，使之自成一景。 入口处的前台区域首先为餐厅奠定了基调。由此步入，圆角吧台首先映入眼帘。如果说前台是引子，那么作为贰千金故事的开篇，吧台区域直奔主题，选择亚洲传统书法元素来点题。穿过吧台，便进入了一片开敞的核心区域，悉数保留的原始拱形窗格，带来开阔迷人的外滩江景。偌大的空间主要划分为两片。中央区域基地被稍稍抬高，用作就餐区。受到传统丝纺机器的启发，在第二就餐区，Thomas 将细绳索相互穿插扭曲，交织出几何图案，编出了一张若有若无又的丝网，笼罩在整个空间之上。

D 设计选材 Materials & Cost Effectiveness

在客户预算有限的情况下，设计师通过材料的灵活运用打造出立体丰富的效果。比如，为了体现中国文化，吧台区域的天花运用了垂落的宣纸，与另一侧挂在墙壁上有机排列的毛笔装饰作呼应。除此之外，特别设计的汉字灯箱、各处软膜天花、绷带绕出的包间、工业感铜管的加入都使整个餐厅的每一个空间都有故事可讲。

E 使用效果 Fidelity to Client

外滩贰千金餐厅自开门迎客起便一跃成为全城最炙手可热的餐厅，其设计引发了餐饮、时尚、设计界的热烈讨论，荣获了包括 2015WOW 沃画报评选的 Top10 最佳餐厅荣誉等。

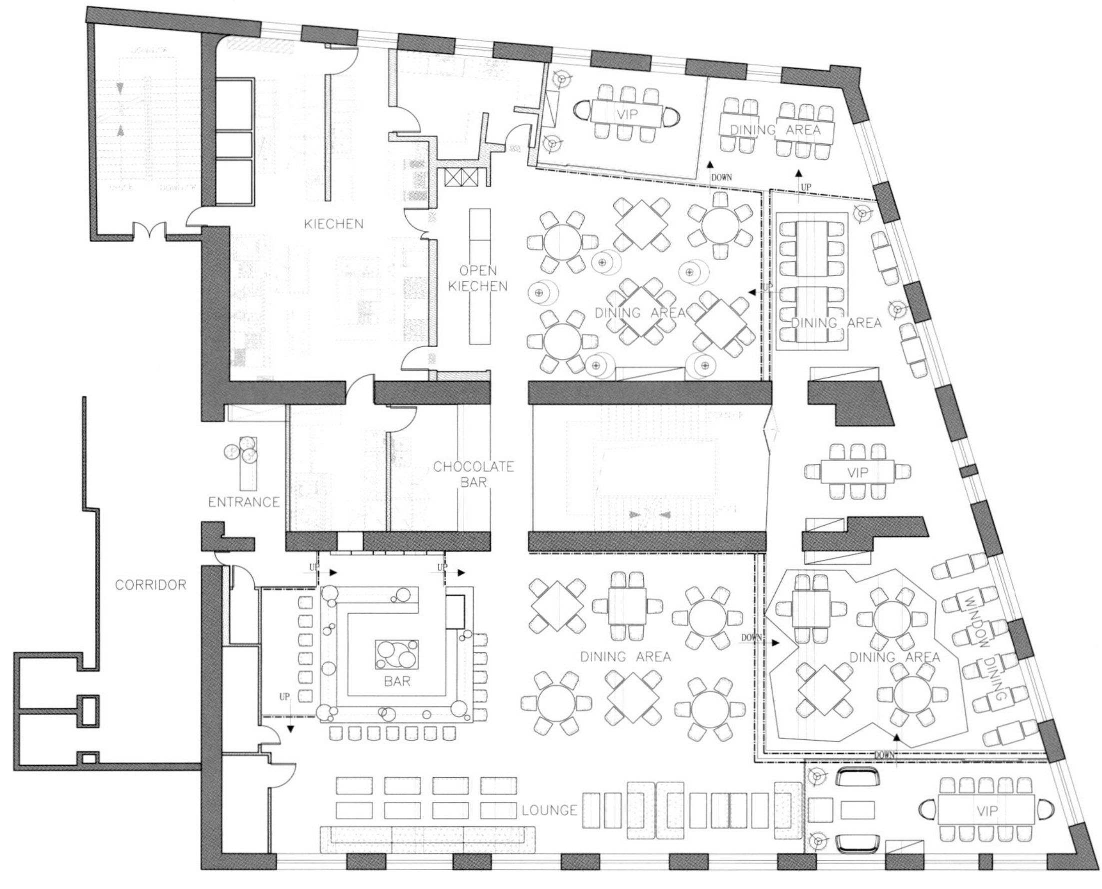

VIP
DINING AREA
DOWN
UP
KIECHEN
OPEN
KIECHEN
DINING AREA
DINING AREA
CHOCOLATE
BAR
VIP
ENTRANCE
CORRIDOR
BAR
DINING AREA
DINING AREA
WINDOW DINING
LOUNGE
VIP

平面布置图

问柳菜馆
WENLIU RESTAURANT

项目名称 _ *问柳菜馆* / **主案设计** _ *潘冉* / **项目地点** _ *江苏省南京市* / **项目面积** _ *1439 平方米* / **投资金额** _ *867 万元* / **主要材料** _ *瓦片、砖细、竹节、风化榆木等*

A 项目定位 Design Proposition

昔日秦淮，有三家老字号的茶馆，俗称“三问”茶馆，其名分别取自：“问渠哪得清如许，为有源头活水来。”——问渠；“使子路问津焉。”——问津；“问柳寻花到新亭”——问柳。“三问”约建于明末清初，是文人墨客聚会、商家巨贾谈生意的常往之地。本次设计的对象，恰恰是以兼制活鲜菜肴闻名的“问柳”茶馆。

B 环境风格 Creativity & Aesthetics

从中国传统精神出发，隐忍含蓄地使用中国式语言，结合运用建筑原有特色，打造内部安宁的环境氛围。“问柳”夸而有节，饰而不诬，恭敬地表达着空间营造者谦卑的诚意。众多当代名家留下的笔绘作品、手工艺品、艺术品与建筑装饰与建筑本体紧密结合，营造出平和高尚的空间气场。时间、光线、故事在此流转融会、一气呵成。

C 空间布局 Space Planning

听雨看荷，第一重天井结合门厅设置，此处为故事的序章，洗净街市喧哗，让来客缓缓沁入建筑内部安宁的环境氛围。随着步步深入，第二重天井展现于眼前，它位于堂食厅的核心，是整栋建筑的心脏。一层空间的排布、二层包间的布置皆为围绕天井层层展开。天井的设置反映出中国风水流转的轮回思想，同时帮助建筑破除空间死角，为内部环境争取到充足的空气和光线。东西南北任何朝向空间都接受阳光沐浴，光线作用在古典建筑构造上，衍生出美妙的艺术效果。

D 设计选材 Materials & Cost Effectiveness

选用了瓦片、砖细、竹节、风化榆木等当地材料，最朴素的材料在当代工艺的精细研磨下，使室内空间焕发出质朴祥和的气息。

E 使用效果 Fidelity to Client

空间里存着满满的人文情怀，运营后老百姓好评如潮，似乎回到了当年繁盛景象。

氣馥風清月作主人梅伴
神怡心曠山鳴竹韻

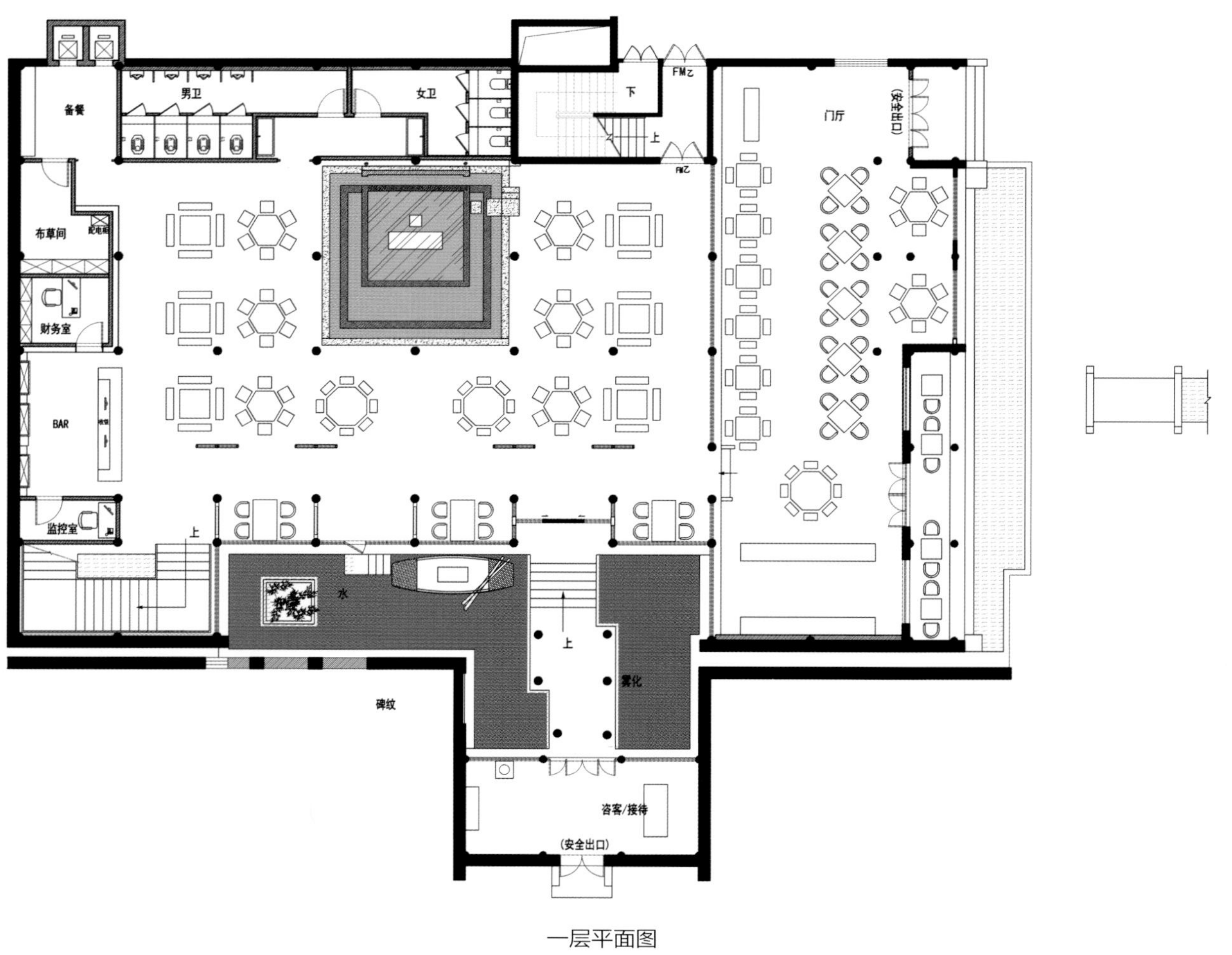
备餐
男卫
女卫
下
FM乙
门厅
(安全出口)
上
布草间
财务室
BAR
监控室
水
碑纹
雾化
咨客/接待
(安全出口)

一层平面图

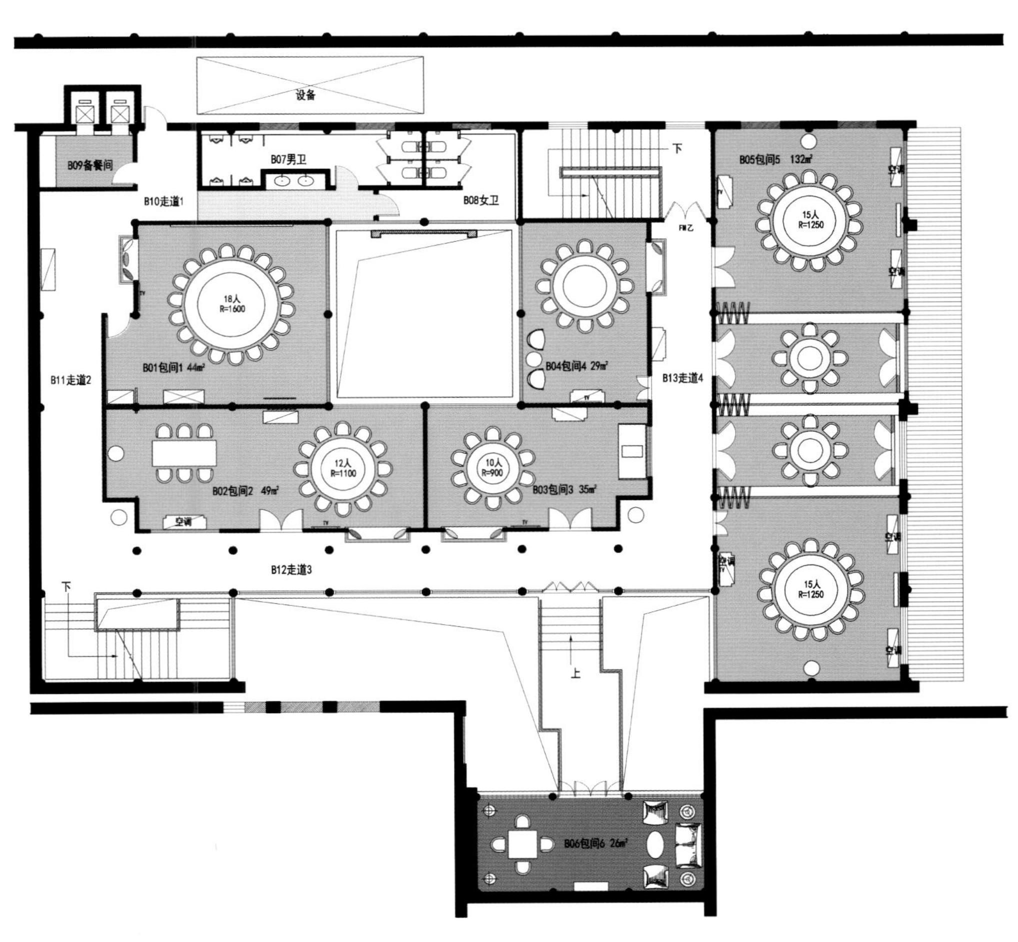
设备
B09备餐间
B07男卫
B10走道1
B08女卫
下
B05包间5 132㎡
15人
R=1250
FM乙
18人
R=1600
B01包间1 44㎡
B04包间4 29㎡
B11走道2
B13走道4
12人
R=1100
10人
R=900
B02包间2 49㎡
B03包间3 35㎡
空调
B12走道3
下
上
15人
R=1250
B06包间6 26㎡

二层平面图

清光摇素怀

泉石野生涯
煙霞閑骨格

海盗鲜生
PIRATE SEAFOOD BAR

项目名称 _ *海盗鲜生* / **主案设计** _ *徐梁* / **项目地点** _ **浙江省杭州市** / **项目面积** _ *500 平方米* / **投资金额** _ *140 万元* / **主要材料** _ *钢板、钢筋网、水泥墙地、特定光源等*

A 项目定位 Design Proposition
一个充满激情和魔力的酒吧餐饮空间，用空间和光语给年轻人营造一个另类的社交平台和散发激情之地。

B 环境风格 Creativity & Aesthetics
当黑色的钢网中充斥着诡异的红光与绿色的幽灵之光时，牢狱般的空间更令人诧异，恐怖气氛弥漫于其中。

C 空间布局 Space Planning
游走于层层钢网建筑与透视之间的穿插。

D 设计选材 Materials & Cost Effectiveness
运用了钢板、钢筋网、水泥墙地、特定光源，更好的表达了牢狱中的激情与魔力。

E 使用效果 Fidelity to Client
满意。

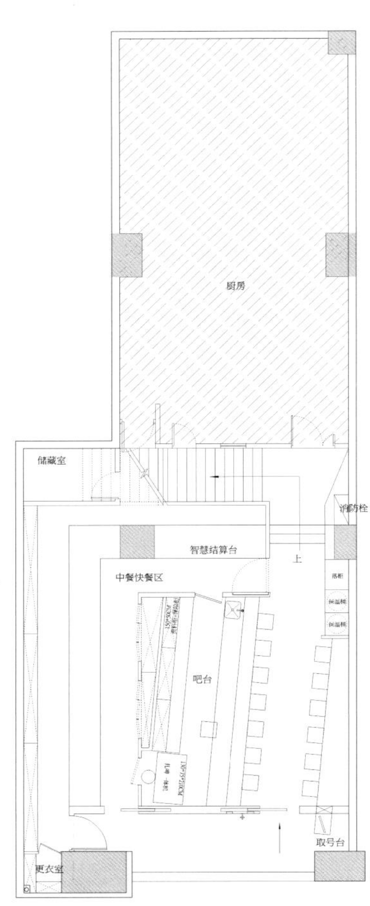

一层平面图

二层平面图

收银台
CASHIER
AYE
WANNA
ME.

WORK
PLAY
PIRATE
D2
E1

D5
D3
D2
D1

ME,
PLAY
PIRATE
the Origin Food

D5

E1

F3
PIRATES
LIFE
FOR ME
SAVVY

风格的原点·海寿司

THE ORIGINS OF STYLE / HISUSHI

项目名称 _ 风格的原点·海寿司 / **主案设计** _ 杨竣淞 / **参与设计** _ 罗尤呈 / **项目地点** _ 台湾台北市 / **项目面积** _165 平方米 / **投资金额** _100 万元 / **主要材料** _ 木皮等

A 项目定位 Design Proposition

当潮流不再年轻，风格再上一层追求，需要一种返璞归真的质感。对空间而言，质感，是带有情感认同的舒适与自在。质感能够存在于任何形式之上，甚至不具特定风格，然而它令人念念不忘，并且向往身处其间。

B 环境风格 Creativity & Aesthetics

海寿司，经过逐年的发展，已经建立起自己鲜明的时尚餐饮形象。然而，就像每一个曾经总是总在潮流尖端的时尚达人最终都会化繁为简、回归本质一般，以内湖店为一个转折点，我们想透过崭新的餐饮空间，将海寿司的本质——包括食材、滋味和经营之道等最原始的初衷——重新传达给来店的客人。于是，我们将这个店面想象为大海上一艘灯火通明的渔船，它有自己的航道、不曾迷失，那个引导返港的方向，就是海寿司的初心：用和谐简约的调理，去尊重、品味、珍惜来自土地与海洋恩赐的食材。

C 空间布局 Space Planning

这个故事的主角、也是店内的灵魂所在，回转台，是那艘海上夜捕的渔船，灯火通明、勇往直前、充满生命力。我们刻意选择了类似油灯造型的吊灯，用序列的方式凸显数量，让空间被吧台上的吊灯布满，配合喷黑铁架与铁网，完整呈现古朴的美感。食客置身其中，抬眼看见的每一个面向，都是海寿司的浮世绘，不仅有层次，还有故事的想象延伸。

D 设计选材 Materials & Cost Effectiveness

落实在做法上，首先是以木皮作为整体质感的基底，这种非常直接而传统的日本风格元素，淡而隽永。在这样的底色之上，第二层，我们使用一种不抢眼却仍有存在感的日式传统蓝白图纹，铺满空间的前区，创造出一种对立却不突兀的视觉。这两种本来各自温和的元素，合在一起，却激荡出微妙的故事张力，再加上葛饰北斋的浮世绘，破题一般的，带出空间的具体意象。

E 使用效果 Fidelity to Client

使用效果非常好。

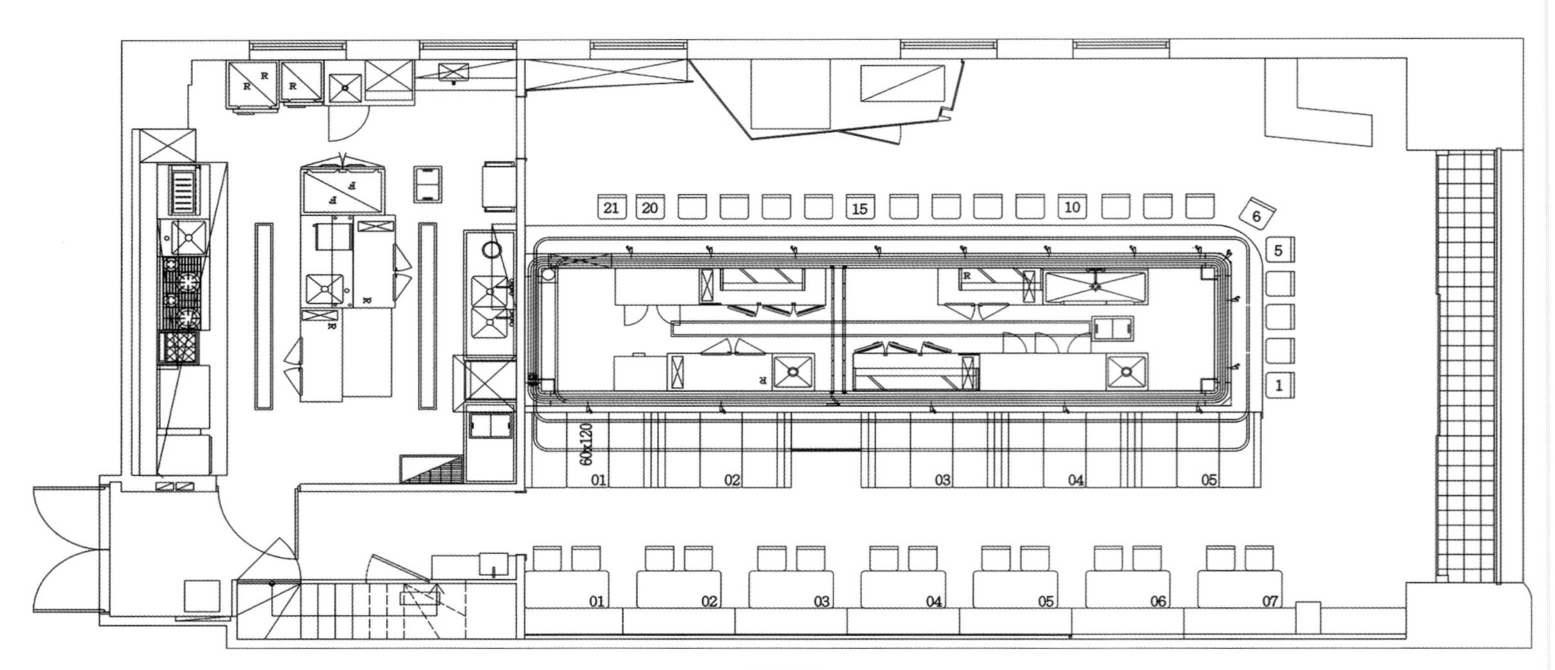

平面图

鸿咖啡
HOME CAFE

项目名称 _ 鸿咖啡 / **主案设计** _ 孙大勇 / **参与设计** _Chris Precht、权赫、尚荔 / **项目地点** _ 天津市武清区 / **项目面积** _250 平方米 / **投资金额** _80 万元 / **主要材料** _ 钢筋等

A 项目定位 Design Proposition

基于大都市雾霾的现状，我们希望创造一个城市中的绿色角落，可以让人们从糟糕的现实中得到瞬间的逃离。

B 环境风格 Creativity & Aesthetics

打破传统的室内设计仅进行界面装饰的手法，使空间、分隔、家具、绿植有机地融为一个整体，形成一个完整的微型自然生态环境。

C 空间布局 Space Planning

空间中所有分割都是可移动的，这样可以适应空间不同功能的需求和转换。

D 设计选材 Materials & Cost Effectiveness

利用建筑工程回收的钢筋作为格架系统，这样使原本的建筑垃圾获得了第二次新生。

E 使用效果 Fidelity to Client

组品落成后得到了众多媒体发表，吸引了大量的参观者慕名而来。同时也在全国刮起了一场 " 钢筋书架 + 绿植 " 的拷贝风潮。

COFFEE
JUICE

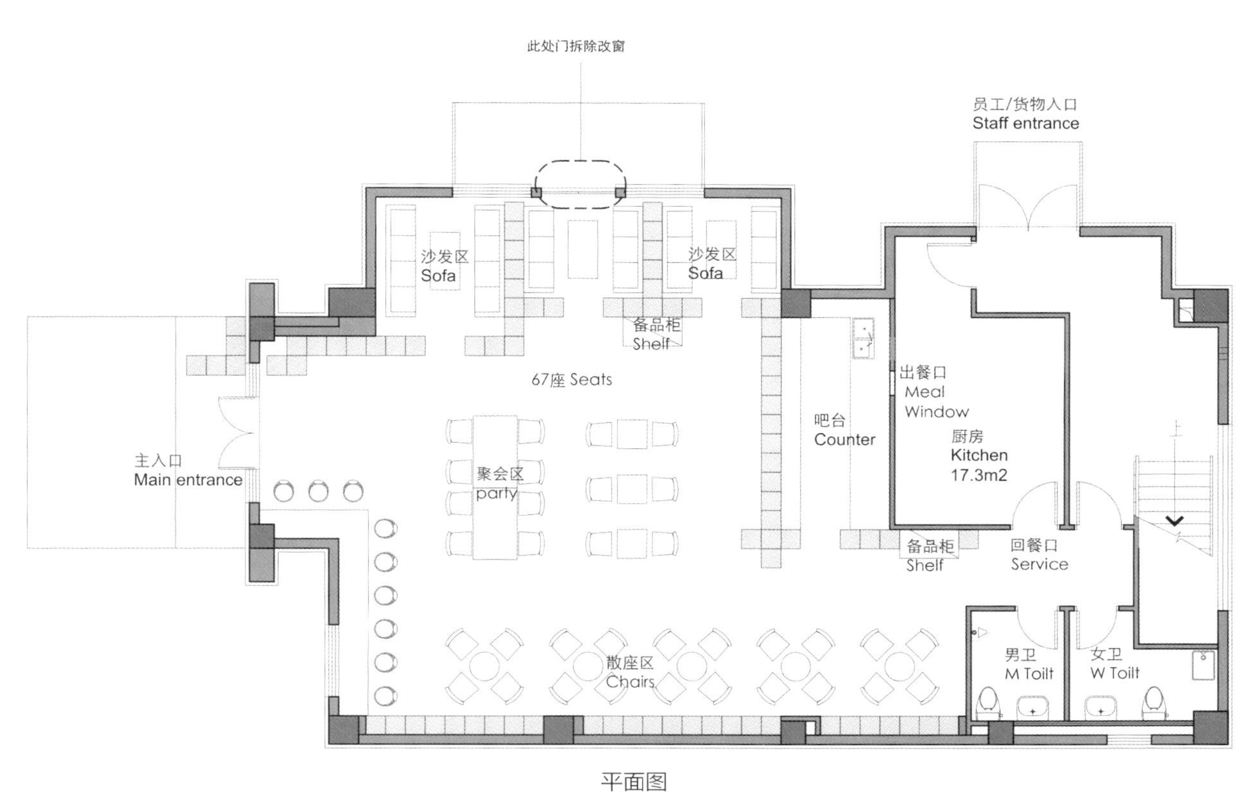
此处门拆除改窗
员工/货物入口
Staff entrance
沙发区
Sofa
沙发区
Sofa
备品柜
Shelf
67座 Seats
出餐口
Meal
Window
吧台
Counter
厨房
Kitchen
17.3m2
主入口
Main entrance
聚会区
party
备品柜
Shelf
回餐口
Service
男卫
M Toilt
女卫
W Toilt
散座区
Chairs

平面图

职场口才
厚道

北京木樨园大董店

BEIJING MUXIYUAN DADONGDIAN

项目名称 _ *北京木樨园大董店* / **主案设计** _ *刘道华* / **项目地点** _ *北京市丰台区* / **项目面积** _ *2380 平方米* / **投资金额** _ *2000 万元*

A 项目定位 Design Proposition

大董木樨园桥店，位于北京市天雅国际购物中心，设计师在了解了业主的要求后，以及大董店今后的经营方针后，把木樨地大董店的整体风格定位于现代新中式风格上。

B 环境风格 Creativity & Aesthetics

黑白拼接博物馆的空间（理念），色彩、材质、江南元素，装置时尚艺术，影像艺术及照明艺术，平面元素，文化主题的植入，还有墨点、玉兰花的吊顶设计，这些都是在大董店中最常出现的设计元素。

C 空间布局 Space Planning

设计师巧妙地用江南街巷围墙般的隔断造型，来划分各个空间，让来到此处的客人有种游走在江南街巷的情景。

D 设计选材 Materials & Cost Effectiveness

黑白拼接博物馆的空间（理念），色彩、材质，江南元素，装置时尚艺术，影像艺术及照明艺术，平面元素，文化主题的植入，还有墨点、玉兰花的吊顶设计，这些都是在大董店中最常出现的设计元素。

E 使用效果 Fidelity to Client

在投入运营后，好评如潮。

DADONG

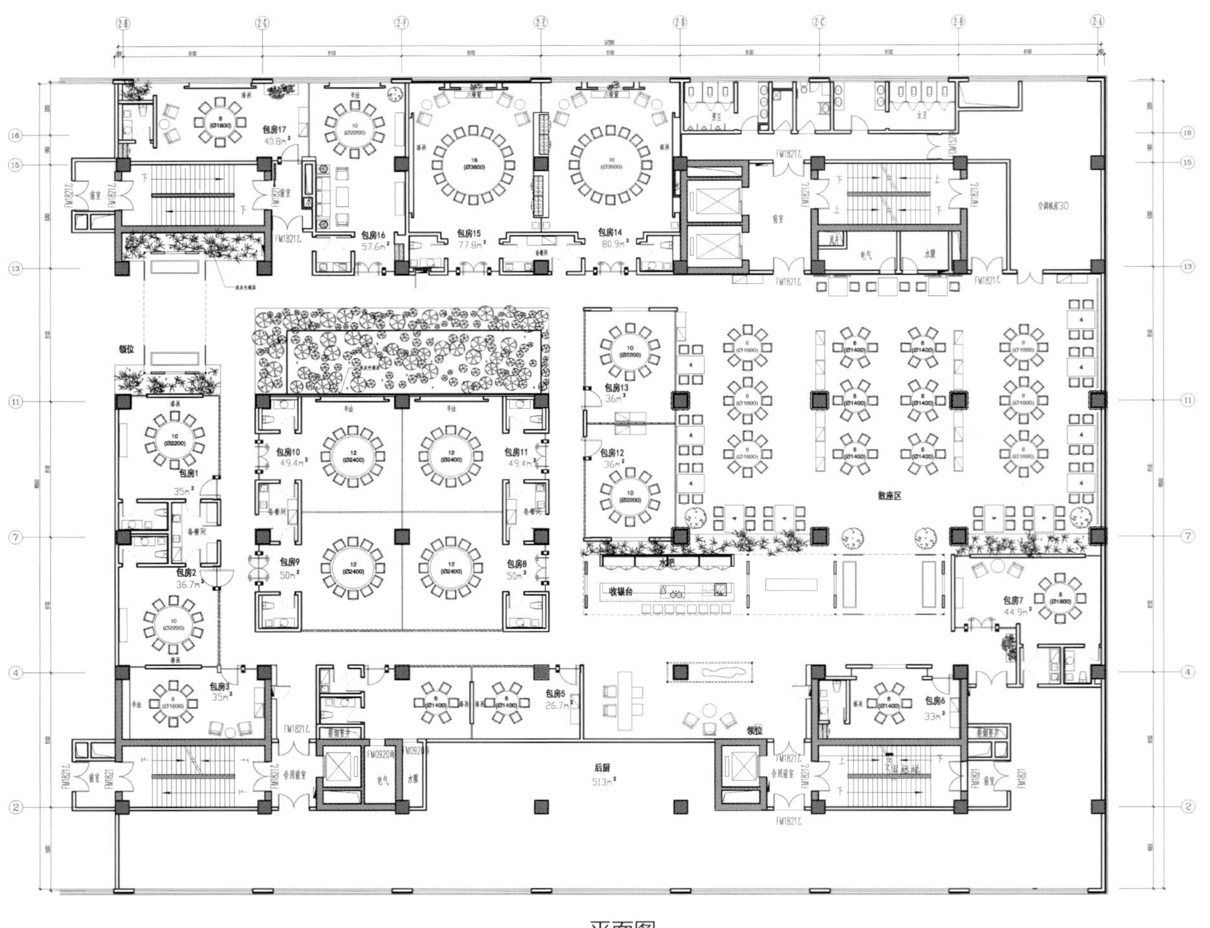

平面图

女執懿筐遵彼微行
爰求柔桑
春日遲遲采蘩祁
女心傷悲殆及公子同

所谓伊人
在水一方
溯洄从之
道阻且长
溯游从之
宛在水中央

鹿鳴
以燕樂嘉賓之心

凝眸回响·巴蜀红运火锅餐厅

GAZE-RESOUND-SICHUAN GOOD LUCK CHAFING DISH RESTAURANT

项目名称 _ *凝眸回响·巴蜀红运火锅餐厅* / **主案设计** _ *吴少余* / **项目地点** _ *福建省福州市* / **项目面积** _ *1200 平方米* / **投资金额** _ *500 万元* / **主要材料** _ *原木立柱、旧墙砖、旧瓦砖片等*

A **项目定位** Design Proposition

本项目主营正宗的川味火锅，设计定位为地道川式建筑风格，本案设计的难点是要在厂房式的钢构基础框架上做出古建筑建构。

B **环境风格** Creativity & Aesthetics

在传承古典建筑风格的基础上，追求在纯正的基础上进行创新。

C **空间布局** Space Planning

一层利用建筑的下沉洼地建造大厅首层用餐区，利用五米层高建二层大堂回廊，从而形成中庭挑空，三层空间则为包间集中区域。整个项目已经超越了室内设计层面，更多的是空间建筑的创作。

D **设计选材** Materials & Cost Effectiveness

本案施工执行十分重视可持续环保概念，80% 的材料是回收拆迁房古建筑材料，如原木立柱、旧墙砖、旧瓦砖片，窗框是旧窗修复或拼装而成，化整为零的再创造，同时又保留了传统建筑的神韵。

E **使用效果** Fidelity to Client

开业后，客户相互间朋友圈达到疯传效应，形成良好的客户口碑宣传效果。

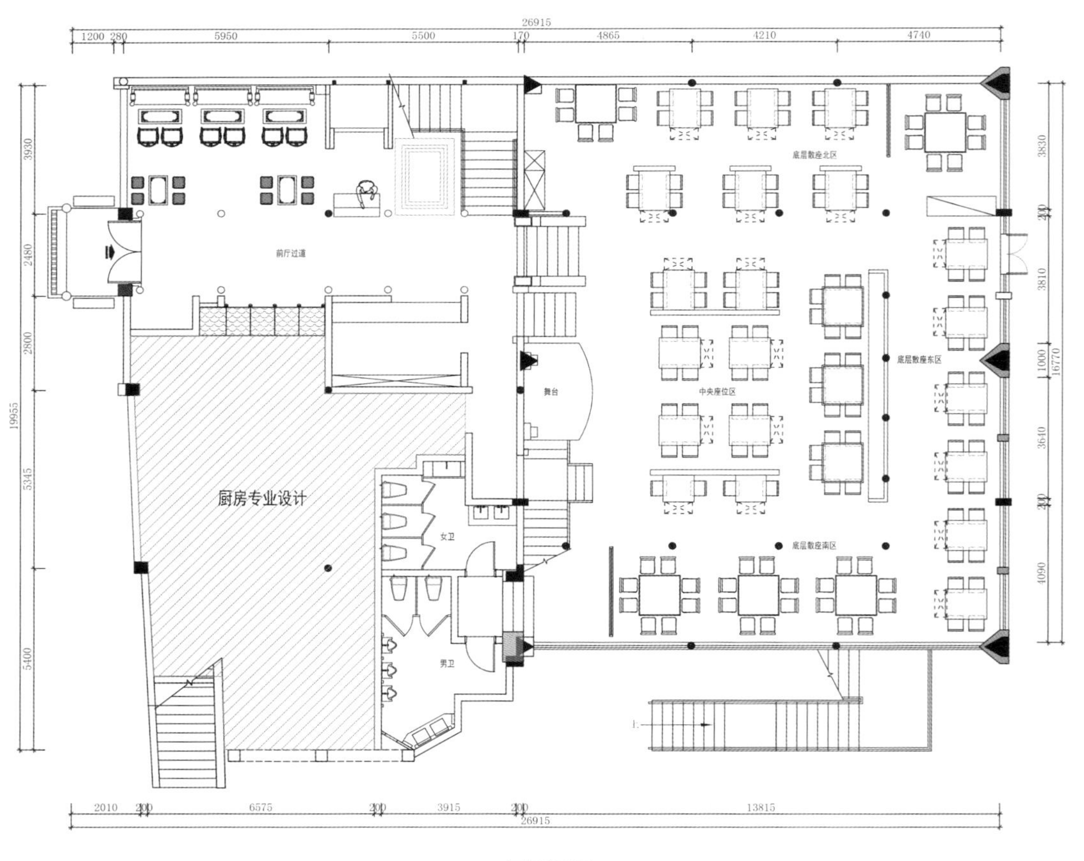
26915
1200
280
5950
5500
170
4865
4210
4740
3930
2480
2800
19955
5345
5400
3830
200
3810
1000
16770
3640
200
4090
前厅过道
底层散座北区
底层散座东区
中央座位区
舞台
底层散座南区
厨房专业设计
女卫
男卫
上
2010
200
6575
200
3915
200
13815
26915

一层平面图

郑州优河湾生态园
EXCELLENT BAY ECOLOGICAL PARK

项目名称 _ 郑州优河湾生态园 / **主案设计** _ 王本立 / **参与设计** _ 程浩、朱宁、石晓慧、梁恩展 / **项目地点** _ 河南省郑州市 / **项目面积** _1600 平方米 / **投资金额** _500 万元 / **主要材料** _ 竹笆、原木、毛石、灰砖等

A 项目定位 Design Proposition

郑州优河湾生态园位于郑州市科学大道与荥广路交汇处，毗邻南水北调大桥，地理位置和生态环境优越。它一面临涯，三面环水，沟壑纵横，梯田层层，地貌极富特色。经过几年的开发建设，逐步发展成为集生态循环种养、观光旅游、务农体验、健康美食、会议接待于一体的都市休闲观光农业园区。

B 环境风格 Creativity & Aesthetics

绕河道上行至中心地带，一片中式建筑映入眼帘，前面的空地芳草鲜美，灌木丛生。拾阶而上，两侧茂林修竹；中间一条碎石铺就的步道，迤逦通向用一枝枝黄绿相间的毛竹隔断而成的幽静廊道。中心处，几汪水波清澈见底，毛竹隔断与天花板上装饰的竹笆相映成趣。靠近室内一侧的墙壁用乡村常用的老腻子批就，内中的稻壳粗砺而又透出温暖的细腻，令人如置身鸡犬相闻的村落。阳光斜照水面，波浪的粼纹透过竹竿之间的空隙映在墙上。

C 空间布局 Space Planning

行至位于中部的多功能厅，门侧是四根原木立柱，八扇用松木制作的花格担任着转换空间的重要角色。侧面茶室的长条沙发和超大原木几案使空间气势大增，黑瓷缸里插满了明艳摇曳的白梨花，原本硬朗的空间顿时显出了柔美与雅致。茶桌上的品茗杯散发着袅袅茶香，隔扇外风声水声送来绕梁琴音，画案上笔墨已备，似待你挥毫抒意。书案之上，汇聚着中华千年文化与你分享。案前小桌上，一盘棋正等着黑白论道，一分胜负。古朴沉静的新明式家具，和透出文人情趣的陈设让空间充满了诗意，静静的等待着嘉宾在此坐而论道。可以调素琴，阅金经，让身心意绪沉淀下来，远离纷扰。 绕回廊四周分布的11间包房，分别以“潇湘水云”、“春江花月”、“梅花三弄”、“渔舟唱晚”、“渔樵问答”等古琴曲命名，与周围的自然环境融洽相得。

D 设计选材 Materials & Cost Effectiveness

房间内用竹笆、原木、毛石、灰砖做成形态各异的造型装饰，各自用自然的本质表达着自己的生命，时而久远，时而如新，使人流连忘返。

E 使用效果 Fidelity to Client

设计师独运匠心，借用光、水、竹子合力造就的动态光影，让廊道中的人如在画中穿行。

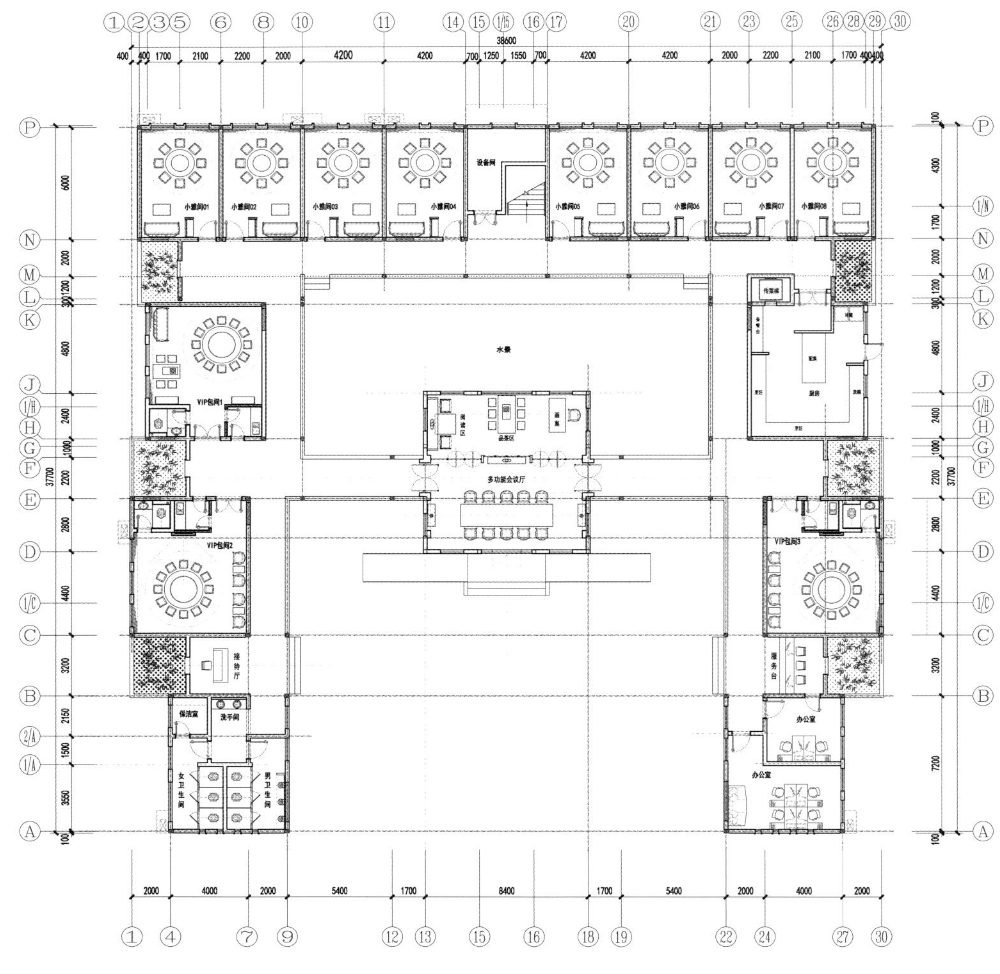

设备间
小雅间01
小雅间02
小雅间03
小雅间04
小雅间05
小雅间06
小雅间07
小雅间08
水景
VIP包间1
厨房
阅读区
品茶区
画案
多功能会议厅
VIP包间2
VIP包间3
接待厅
服务台
保洁室
洗手间
女卫生间
男卫生间
办公室
办公室
38600

平面布置图

益健苑度假酒店餐厅

GOOD HEALTH RESORT HOTEL RESTAURANT

项目名称 _ *益健苑度假酒店* / **主案设计** _ *刘非* / **参与设计** _ *张玉琴、张玲玲* / **项目地点** _ *河南省洛阳市* / **项目面积** _ *6000 平方米* / **投资金额** _ *1500 万元* / **主要材料** _ *石磙、石磨盘、砖、瓦、茅草、石头、老房梁、石雕、夯土等*

A 项目定位 Design Proposition

客观来讲，我们这个项目目前还放不到一个更大平台上去比较，就像前面所讲，我们必须结合项目所在地的区域位置，经济状况，包括投资预算综合考虑，而不是给甲方一个曲高和寡的项目，满足一个设计师的虚荣心。

B 环境风格 Creativity & Aesthetics

对这个项目我们意识也并不是很强烈，只是觉得是个农家乐而已，在设计师的思维里面，既然承接，就想着肯定要做出点特色出来，我们就邀请甲方老总一起，到北京、杭州考察了一些民俗的项目，回来之后，我们在做总规划时间，把项目定位在略高于农家乐的庄园酒店标准，毕竟在项目所在地的城市，直接做民俗时间可能还不是太成熟。所以我们考察过之后，必须依据当地实际情况有个合理的设计定位。

C 空间布局 Space Planning

在遇到益健苑之前，我们已经收集了很多拆除的民居部件，只是这个项目的需求量比较大，所以，我们花费了很长的时间在项目周边收集各种老房梁、木雕、老砖、老瓦、石刻、磨盘等。对我而言，我觉得这些部件都是有生命的，不忍心看着他们消失，有责任及义务赋予他们新的生命。而餐厅的大红花布，我只能说，时尚是有轮回的，这次我们把握住了，当我们桌布铺上有半个月，网络上就有戛纳事件的报道，也只能说是巧合了。

D 设计选材 Materials & Cost Effectiveness

就项目而言，最主要的还是对于老手艺人的寻找，不管是我们项目中想要的茅草屋顶，还是砖瓦结构的做法，对于我本人来讲，也是一个很大的提升。另外，就是在项目素材的收集整理过程中遇到的一些坎坷，民俗的物品（如磨盘，石磙）在田间地头荒弃一片，到处都是，可是并不能盲目的去收取。

E 使用效果 Fidelity to Client

酒店今年六月开业，开业前期入住率还是比较高的，运营半个月之后，入住率有所下降，但逐渐趋于平稳。在七月初时间，我们协助甲方和策划公司共同制定营销计划，在服务及菜品质量方面和园区整个的文化建设方面下了很大的功夫，相信在不久将来，在项目当地，益健苑必然会作为一个地标品牌出现。

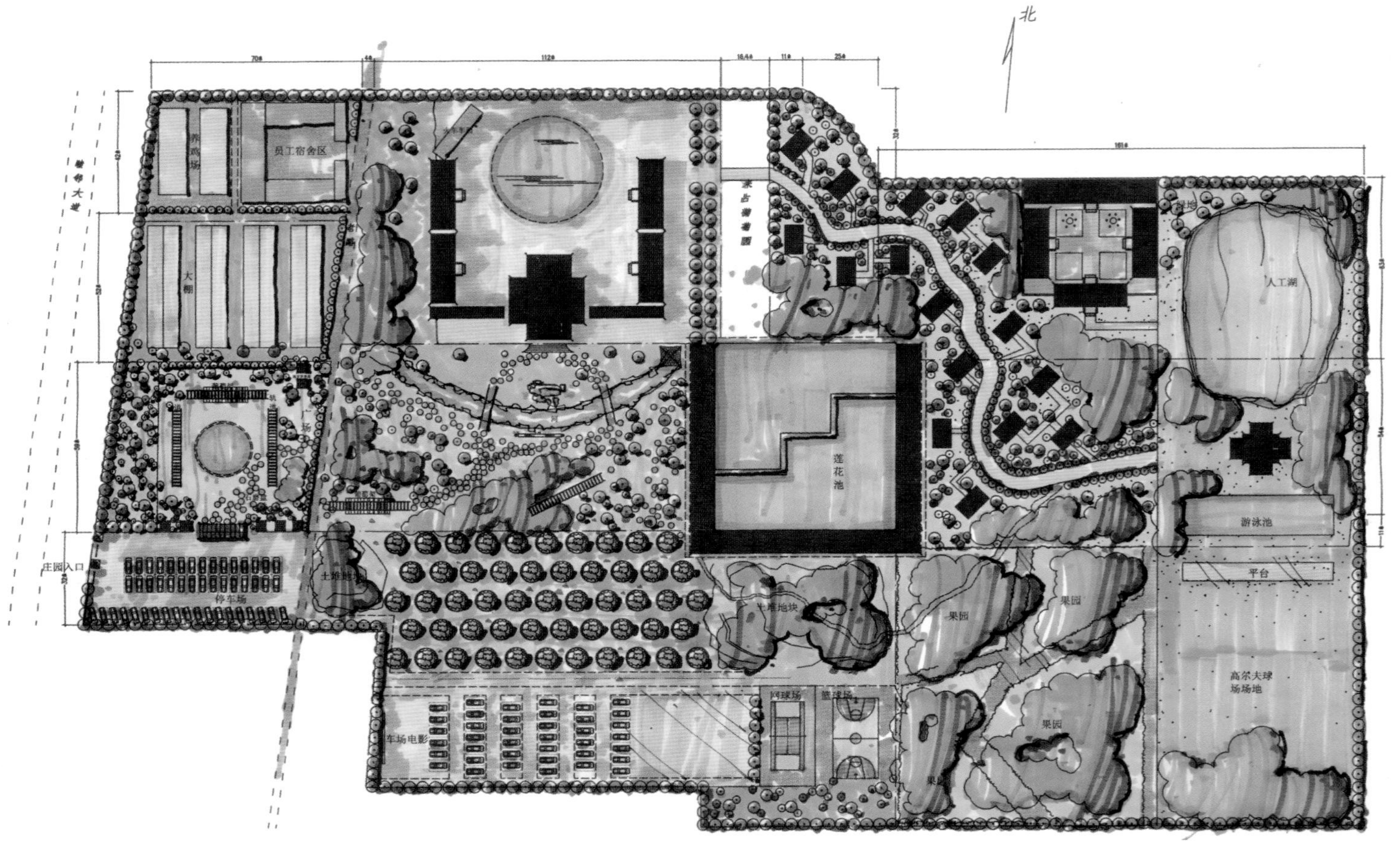
北
养鸡场
员工宿舍区
大棚
庄园入口
停车场
车场电影
莲花池
人工湖
游泳池
平台
果园
果园
果园
网球场
篮球场
高尔夫球
场场地

平面布置图

HELLO

益健

THOSE YEARS

THOSE YEARS

项目名称 _THOSE YEARS / **主案设计** _ 王晚成 / **参与设计** _ 李敏奇、刘伟 / **项目地点** _ 江西省南昌市 / **项目面积** _2250 平方米 / **投资金额** _300 万元

A 项目定位 Design Proposition

民以食为天，餐馆文化历史悠久，本案以陶渊明先生《桃花源记》所述的场景为蓝本，“初极狭，才通人。复行数十步，豁然开朗”。

B 环境风格 Creativity & Aesthetics

透过幽静小道墙面的瓦片窗，马头墙让人穿越到安徽的古老小镇，小桥流水让我们沉浸在归真的自然之中。穿过古朴毫不浮夸的石桥，点菜厅里两列整齐排列的系马栓端庄霸气震慑人心。餐厅区的花格门、古砖青瓦带领我们体验古时盛宴的优雅。墙上古人的诗句让人身临其境感慨万千，餐饮区虽充满沧桑，但特设的极具趣味性的鹿头龙袍以及仿生壁挂又让 THOSE YEARS 不失现代的俏皮活泼。

C 空间布局 Space Planning

餐厅和厨房都是重要的空间，它们之间的联系和沟通是可以把我们的服务做好的一个重要因素，本案对空间的规划和交通流线的规划也是思索万千，把一个空间的功能和造型联系起来互相呼应，也是一个亮点。

D 设计选材 Materials & Cost Effectiveness

材料工艺方面也是很重要的，它直接影响到甲方的施工造价，这将会落到消费者手中，所以我们不停地琢磨、研究，用最经济的材料和灵活的工艺，创造出大气的空间，设计就是为了方便、大方，于人方便就是给自己方便。

E 使用效果 Fidelity to Client

人来人往，络绎不绝，反应良好，在他们心里会觉得到这里来玩会得到很多实惠。

朝見樹
暮見枝
道是天
雨洗風

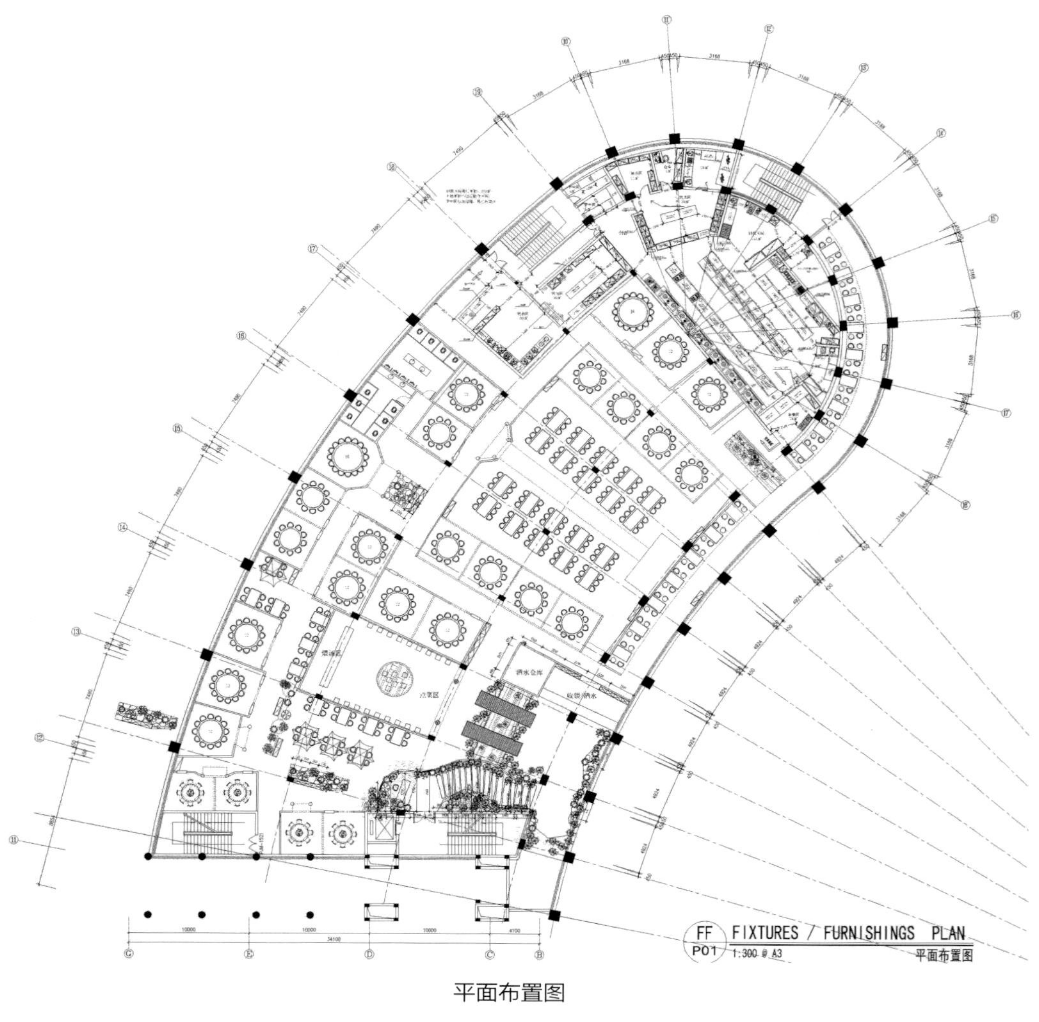

平面布置图

荷葉疊

庐鱼风尚主题餐厅
LUYU FASHION THEME RESTAURANT

项目名称 _ *庐鱼风尚主题餐厅* / **主案设计** _ *赵越* / **项目地点** _ *陕西省西安市* / **项目面积** _ *370 平方米* / **投资金额** _ *120 万元*

A 项目定位 Design Proposition
平和的工业风，融合当下时尚消费群体需求的艺术餐厅。

B 环境风格 Creativity & Aesthetics
融合的当下时尚所理解的工业风，并不露痕迹的表达。

C 空间布局 Space Planning
9 米高的展示架，纵向连接了首层和二层空间的关系，与邻近步行街道的大面积玻璃幕墙，共同营造了一个独特的视觉空间。

D 设计选材 Materials & Cost Effectiveness
裸露原始材质的纹理和质感，所选材料及工艺都没有突出油漆本身的颜色。

E 使用效果 Fidelity to Client
位于西安时尚中心的独特地理位置，开业后马上成为该街区最具特色的潮流据异地之一。

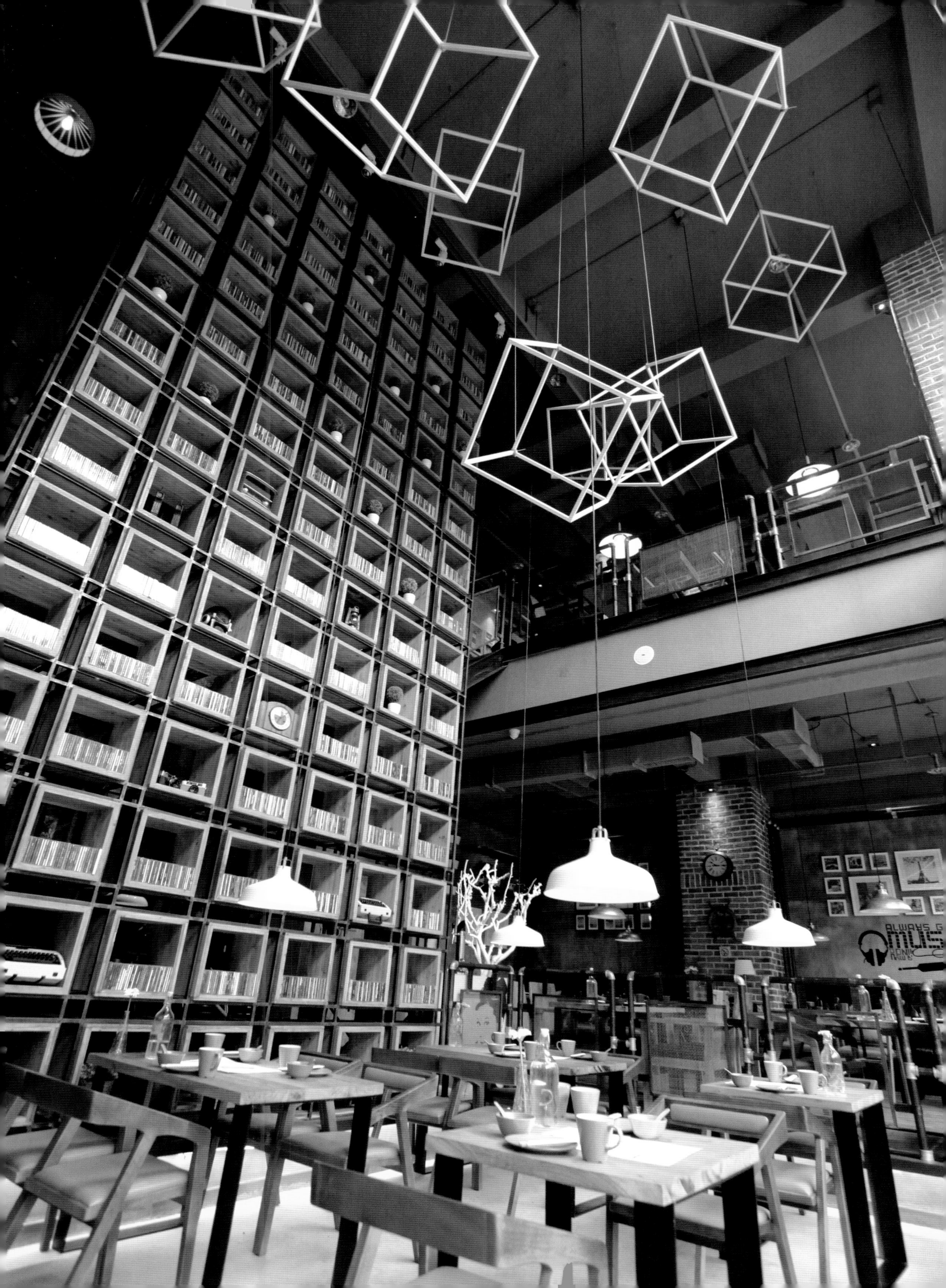

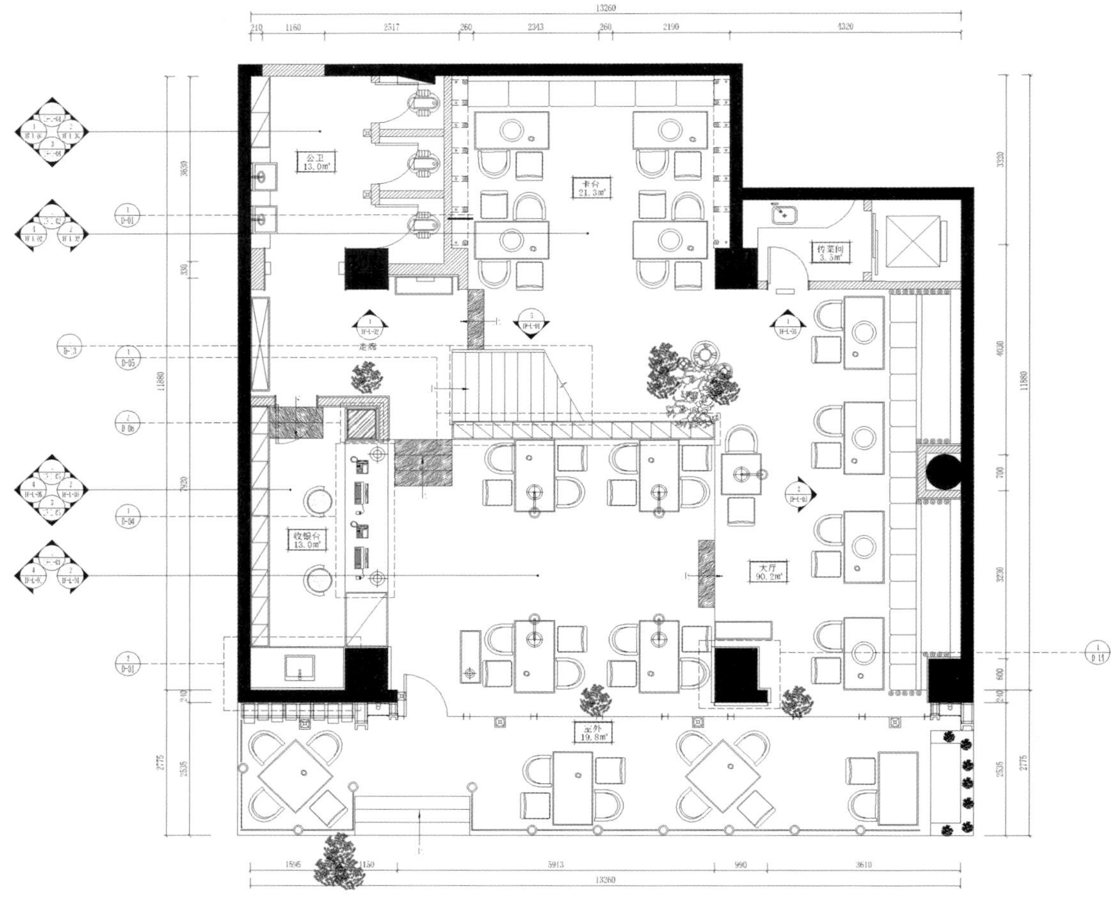
13260
210
1160
2517
260
2343
260
2190
4320
公卫
13.0m²
卡台
21.3m²
传菜间
3.5m²
走廊
收银台
13.0m²
大厅
90.2m²
室外
19.8m²
1595
1150
5913
990
3610
13260

一层平面图

ALWAYS GOT
MUSIC

TOUR
JARDINS
PONT
GARE
ABBESSES

UNIVERSAL STUDIOS

USINE
USINE
USINE

love
WHAT
YOU
LOVE

USINE
USINE
USINE

一茶一坐工业风·哈雷主题店

HARLEY DAVIDSON

项目名称 _ *一茶一坐工业风·哈雷主题店* / **主案设计** _ *侯胤杰* / **参与设计** _ *沈厉* / **项目地点** _ *江苏省苏州市* / **项目面积** _ *430 平方米* / **投资金额** _ *129 万元* / **主要材料** _ *文化砖、真石漆、水泥、镀锌水管、钢板等*

A 项目定位 Design Proposition

大众消费越来越细分市场的时候，“圈”内消费逐渐成为的新的消费模式。哈雷，作为新的时尚娱乐活动，自由的生活方式，吸引着更多的精英人群。该餐厅是作为整个巡游城市中的苏州站设立的。是以哈雷为主题的餐厅。

B 环境风格 Creativity & Aesthetics

美式工业风格中加入了户外元素，将水泥管、建筑外墙这些在户外的概念引入环境，符合哈雷自由旅行的精神。

C 空间布局 Space Planning

空间布局将水管卡座作为店铺的核心设计，中间部分为户外概念区，边上的餐位空间更像是哈雷机车的维修厂。

D 设计选材 Materials & Cost Effectiveness

设计的软装材料花费了很多心思，将一辆哈雷机车拆开，将最有工业设计感的部分展示出来，中间的 15 米长的吊灯装置则是用镀锌水管 3D 立体组合起来的。

E 使用效果 Fidelity to Client

投入营运后，该店是江苏地区哈雷迷的必到站点，该设计为餐厅聚集特定了消费群体，成为真正的“圈”内餐厅。

消火栓
灭火器箱

HARLEY DAVIDSON

HARLEY DAVIDSON

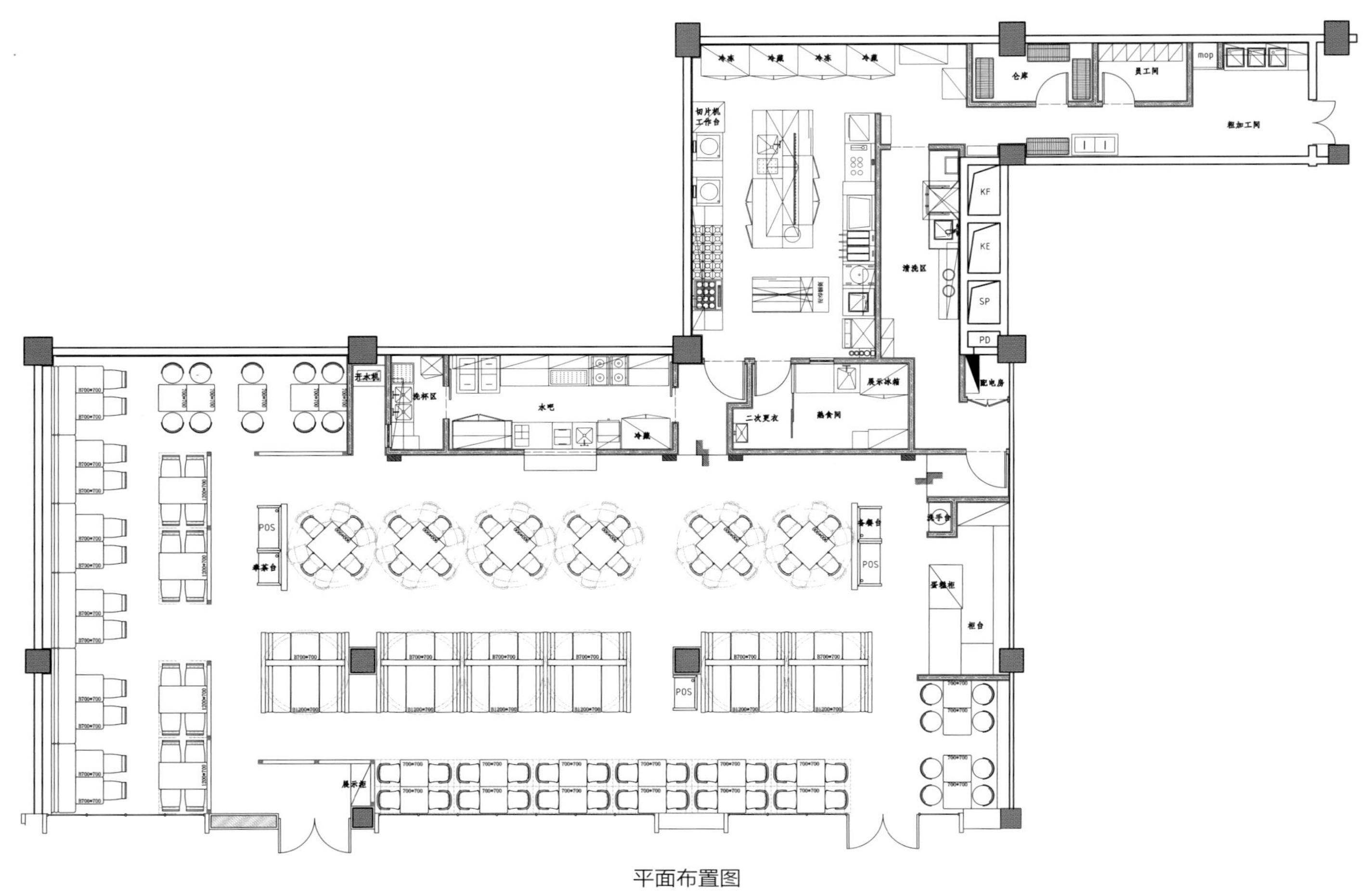
冷冻
冷藏
冷冻
冷藏
仓库
员工间
mop
粗加工间
切片机
工作台
清洗区
KF
KE
SP
PD
配电房
展示冰箱
熟食间
二次更衣
开水机
洗杯区
水吧
冷藏
POS
准茶台
备餐台
洗手台
POS
蛋糕柜
柜台
POS
展示柜

平面布置图

我爱你
I love you

HARLEY

HARLEY

七巧巧克力
SEVEN CIAO

项目名称 _ *七巧巧克力* / **主案设计** _ *王平仲* / **参与设计** _ *郭新辉* / **项目地点** _ *上海市浦东新区* / **项目面积** _*109 平方米* / **投资金额** _*50 万元* / **主要材料** _ *玻璃、天然石材、榆木等*

A 项目定位 Design Proposition

七巧巧克力位于上海市浦东新区浪漫的锦延路锦绣坊，北面隔着张家浜河畔遥望上海科技馆，南临步调悠闲的锦延路。如何将本案的设计对象七巧巧克力的独特性质完全融入这得天独厚的优雅环境，并让手工制作巧克力的概念得以突显成为此次设计的重点。

B 环境风格 Creativity & Aesthetics

七巧巧克力是中国首家纯手工现场制作的巧克力店，这是由五位台湾太太因为热爱巧克力到希望将纯天然健康美食和大家分享的故事。整个设计的概念由手工巧克力推崇的天然、健康、质朴的元素，加上中国传统玩具七巧板中所提炼出的方形、三角形、梯形等几何元素所组合而成。

C 空间布局 Space Planning

设计从建筑外立面开始着手，首先拆除了建筑南向封闭的部分墙面，在西向入口立面和南向立面改用大面积透明玻璃落地窗将自然光引进室内，让身处室内的顾客与漫步于街道上的行人在空间上产生互动。招牌使用长方形、厚实的榆木实木阴刻 LOGO 的方式将西向大片落地玻璃门窗串连起来；LOGO 的字体内嵌 LED 光源，以漫射的方式将字体显现出来；夜幕降临，由玻璃、铜板、实木所构成的方形建筑在室内外不同的灯光照耀下，犹如包装精美的巧克力盒。

D 设计选材 Materials & Cost Effectiveness

本案在建材的使用上，除了玻璃作为连贯空间的主要材料之外，其余建材皆使用天然材料以呼应天然食材的基本概念；室内入口至用餐区地坪使用以几何形状分割的天然石材与拼接的榆木实木地板，东面座位区以天然榆木木饰面从墙面延伸至天花，希望原木色的榆木效果能还原最单纯的空间本质；座位区和厨房之间的隔断以木作展示柜的形式呈现，展示柜内嵌透明玻璃让厨房有如表演橱窗，顾客在品尝巧克力美味的同时也能在现场观赏手工巧克力精致的制作过程；不同的巧克力制作原料以装置艺术的形式陈列于展示柜中，希望能让每一位巧克力爱好者犹如置身于巧克力工厂之中。

E 使用效果 Fidelity to Client

七巧巧克力的空间本身不仅承载着台湾妈妈们的美好梦想，还有他们彼此分享美好事物的喜悦，同时也建构了一个巧克力爱好者们的专属乐园。

seven
七巧手工巧克力

seven ciao
handmade chocolate

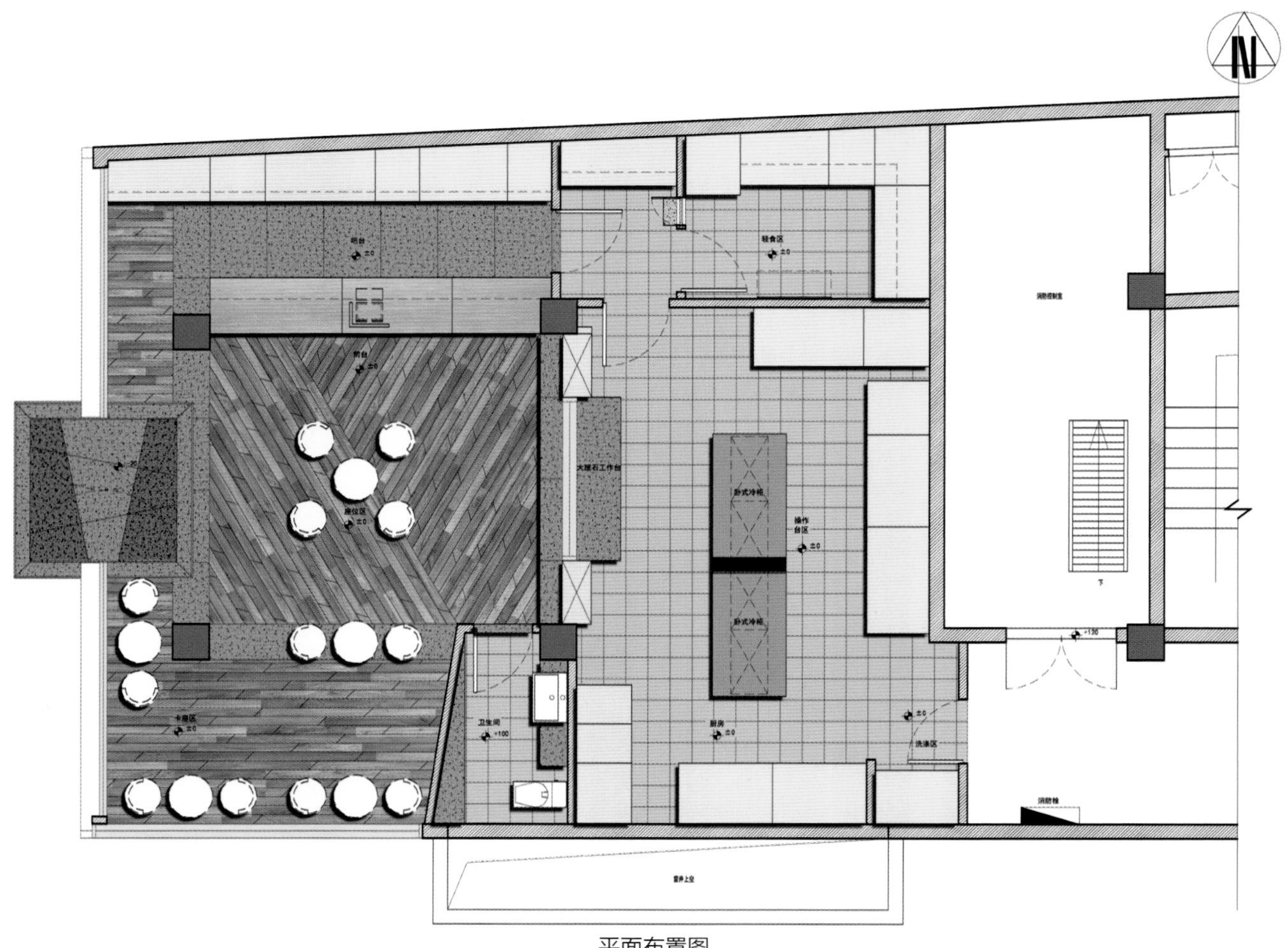
吧台
轻食区
前台
大理石工作台
卧式冷柜
操作台区
座位区
卧式冷柜
卡座区
卫生间
厨房
洗涤区
消防栓

平面布置图

巧克力套餐只要¥68
松露套餐：任选松露2颗
杜诺干红葡萄酒1杯
生巧套餐：一次品尝5种生巧
杜诺干红葡萄酒1杯
藏心套餐：任选2颗藏心巧克力
搭配30元饮品1杯

壹粟·素餐厅
MILLET RESTAURANT

项目名称 _ *壹粟·素餐厅* / **主案设计** _ *廖志强* / **参与设计** _ *王孝宇、张静、陈全文* / **项目地点** _ *四川省成都市* / **项目面积** _ *400 平方米* / **投资金额** _ *70 万元* / **主要材料** _ *玻璃、木材等*

A 项目定位 Design Proposition

素食，并非完全等于斋菜，设计师认为素食文化的本质是对生命的尊重。因此，在本次素餐厅的设计中，放弃了传统素餐体现的“禅意”、“内敛”等概念；“新派素食”应有“安静”、“精致”、“纯粹”的用餐环境；从而达到“品质感”的体验。

B 环境风格 Creativity & Aesthetics

桌椅设计中则大量使用素雅的原木色，自然中性色的运用可以影响客人的情绪和感知，从视觉上让客人得到情绪缓和，将身心放松，粗糙肌理的餐垫，精致的玻璃器皿，自然的花卉的搭配，使用餐环境更加精致和考究。

C 空间布局 Space Planning

餐厅内以干净、纯粹的灰白色块为基调，配合纤细的黑色线条造型，使整个空间显得纯粹、高挑，材料纹样的选择也遵从符合人视觉的从大到小原则，多处动物主题绘画及雕塑的出现，形成不同区域的焦点，设计师希望动物的出现，能达到一定的视觉冲击和记忆力，同时也能带给客人尊重生命的联想，用视觉冲击的方式使空间更丰富更有趣，从顶部的不锈钢线条装置则对过高的顶部灰空间做了合适的填补。

D 设计选材 Materials & Cost Effectiveness

在总体上，以垂直势态的纤细线条作为设计的基本框架，外观整面的落地玻璃能清楚的穿透到店内，大门则采用钢化玻璃与木材的纵向块面分割，每个尺度的层次递进关系清楚明了，设计感十足，局部采用合适体量的造型植物作为遮挡，现代语言与自然元素的冲突和碰撞，带来的强烈视觉感应，将来往人群的注意吸引至此。

E 使用效果 Fidelity to Client

选择素食即是选择一种有益于自身健康、合乎自然规律的饮食习惯，亦是一种尊重其他生命、爱护环境的生活态度。

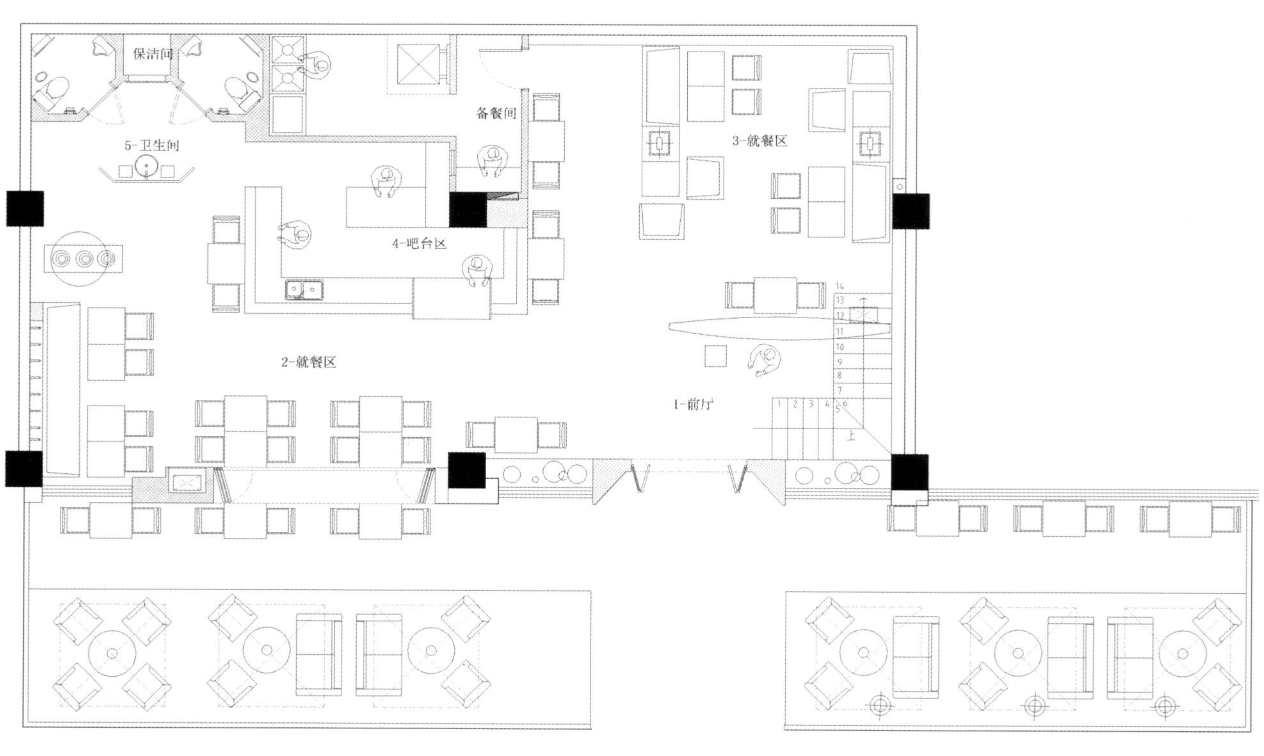

一层平面图

本素餐厅 TASTE OF HOME

项目名称 _ *本素餐厅* / **主案设计** _ *官艺* / **项目地点** _ *上海市嘉定区* / **项目面积** _ *900 平方米* / **投资金额** _ *400 万元* / **主要材料** _ *老坛、织布梭等*

A 项目定位 Design Proposition

当下中国的商业综合体内，很多标榜时尚的、年轻化的餐厅设计都奔着“热闹”去了，材质、灯光、陈设甚至音乐都很“热闹”。哪儿来那么多元素，造型？在本素餐厅，水泥、原木、铁件、绿植，它们本来的样子。其实，我只是想安静的吃顿饭。

B 环境风格 Creativity & Aesthetics

让空间回归净与静，时间本来就是设计的一部分。质朴的材料，也许在更经久沧桑的同时，也反衬着记忆和情感的浓烈。

C 空间布局 Space Planning

过于饱满的画面，会让食客没有了欣赏和想象的空间，应该适当留白，这也契合了老庄的“有无相生”思想。

D 设计选材 Materials & Cost Effectiveness

我们爱的是素材本身的美感，经过时间淬炼的斑驳，而不是风格潮流。让材料和元素自己发声，老坛和织布梭的再利用，保留了时光印记里原有的斑驳，同时又赋予它时尚与现代的气息。

E 使用效果 Fidelity to Client

本者，根也；素者，真也；故而，本素者。——味本清源·素璞归真。空间营造与本素品牌文化，味本清源，璞素归真相得益彰，呈现一种低调内敛的空间性格。

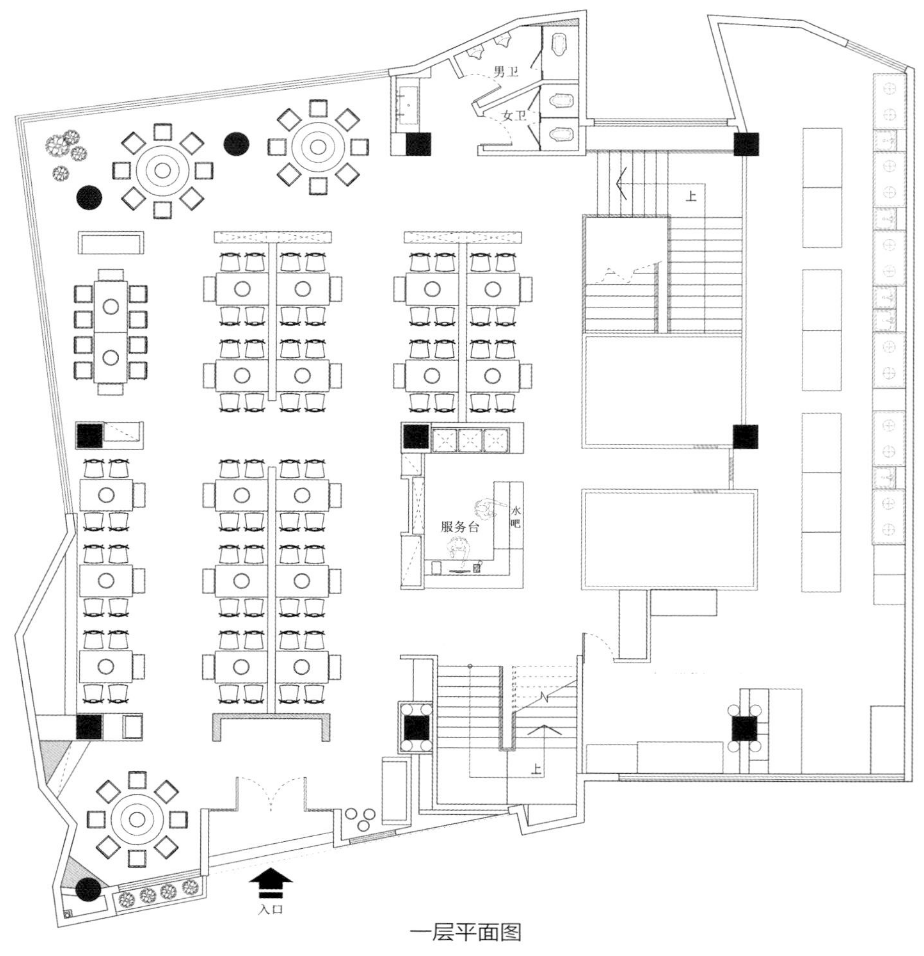

一层平面图

多伦多海鲜自助餐厅万象城店

TORONTO SEAFOOD BUFFET RESTAURANT (WANXIANGCHENG)

项目名称 _ 多伦多海鲜自助餐厅万象城店 / **主案设计** _ 孙黎明 / **参与设计** _ 耿顺峰、周怡冰 / **项目地点** _ 江苏省无锡市 / **项目面积** _200 平方米 / **投资金额** _600 万元 / **主要材料** _ 金属、布艺、大理石、花砖、喷塑瓦楞玻璃、木地板砖、铁板等

A 项目定位 Design Proposition

在同类海鲜自助就餐产品价格优势的情况下，塑造高品质的就餐空间氛围，吸引接纳更多的白领及中产阶层。

B 环境风格 Creativity & Aesthetics

在购物中心餐饮环境内，营造轻奢风格的就餐体验。

C 空间布局 Space Planning

岛台区域同座位区的有机结合和呼应衔接，通过金属挂链的穿插串联，使空间脉络连成一个灵动的流水动线。

D 设计选材 Materials & Cost Effectiveness

金属挂帘的空间运用，布艺拼接打印同金属材质的有机结合。

E 使用效果 Fidelity to Client

人气火爆，高品质的空间氛围和多元化的海鲜及自助美食口碑，带动了整个购物中心的人气。

Häagen-Daz

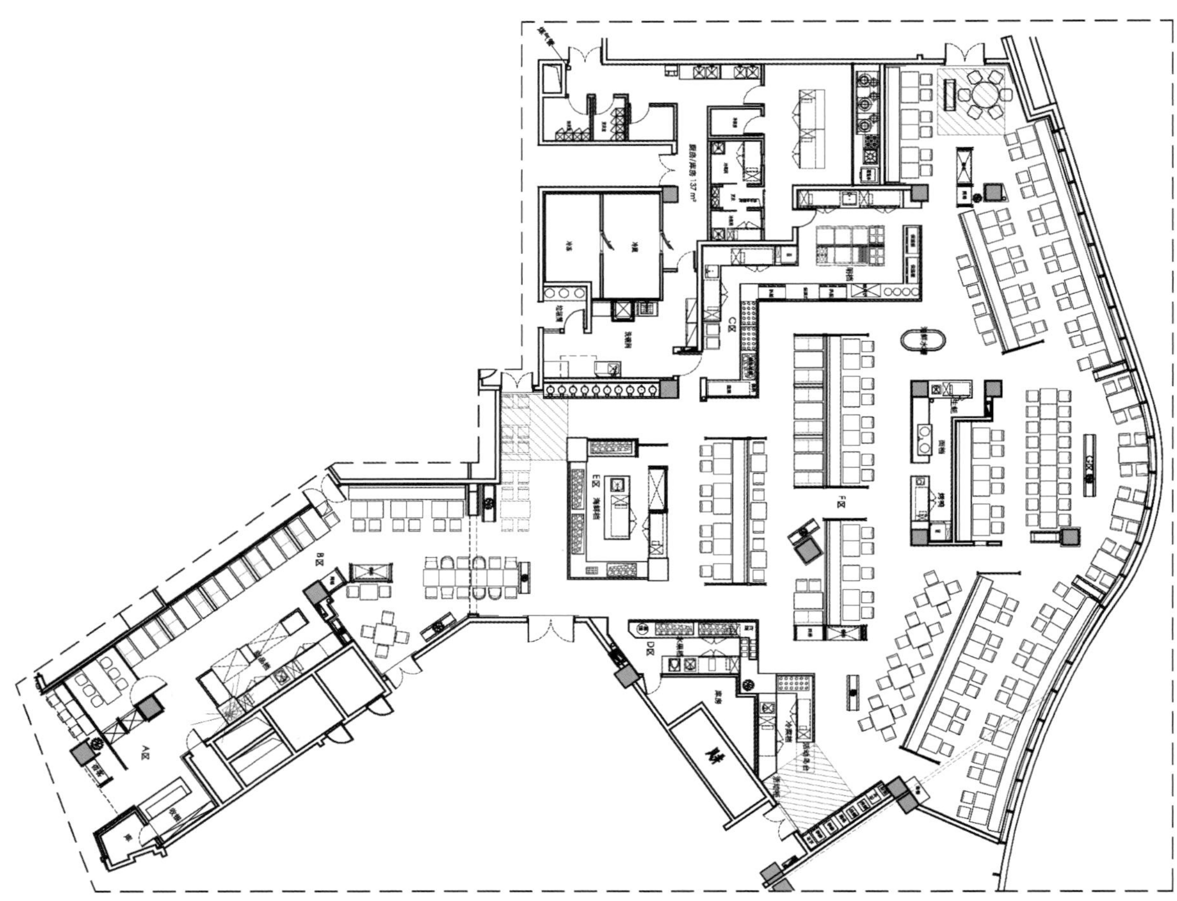

总平面图

山城一锅
SHANCHENG YIGUO HOT POT SHOP

项目名称 _ 山城一锅 / **主案设计** _ 范日桥 / **参与设计** _ 张哲 / **项目地点** _ 上海市杨浦区 / **项目面积** _400 平方米 / **投资金额** _180 万元 / **主要材料** _ 钢架、原木板、钢板、素水泥、水磨石、花砖等

A 项目定位 Design Proposition
脱离了标准火锅店的概念化模式，实现了设计感、场景感、文化、品质感的融合。

B 环境风格 Creativity & Aesthetics
色彩使用、食材场景、“锅”意向及架构，组合出热闹祥和喜气的内心环境代入感。

C 空间布局 Space Planning
因势而就，通过疏密、曲转的恰当表现，在创造生动场景趣味基础上，令空间利用率得到最大化实现。

D 设计选材 Materials & Cost Effectiveness
钢架的大量采用，呈现出工业风的粗狂野性，与业态的“重”属性获得视觉与心理的逻辑吻合。

E 使用效果 Fidelity to Client
“火锅店也这么动心思！”消费者的评语中，五角场一代的时尚一族络绎不绝，呈传染式激增。

POT

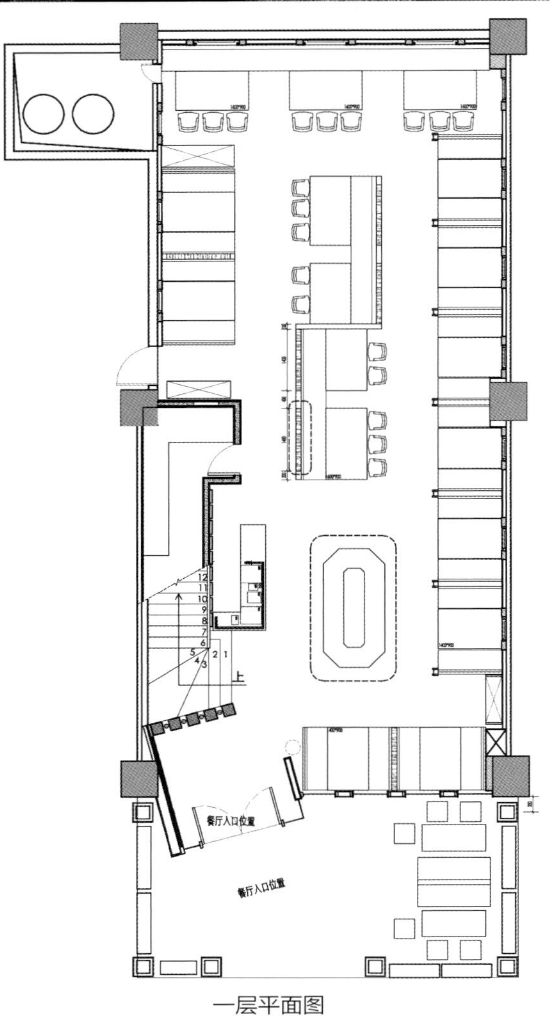

一层平面图

安全出口
EXIT
THE BEST HOT POT
山城一鍋
GIVE ME FIVE
麻辣
一鍋老湯傳承百年
香氣沖天譽滿九州
围炉聚饮欢呼处
百味消融小釜中
東南西北火鍋鍋火
春夏秋冬紅火火紅
收银台

麻辣鲜香

Exhibition

展示空间

陈皮文化体验馆
DRIED TANGERINE OR ORANGE PEEL CULTURAL EXPERIENCE

项目名称 _ *陈皮文化体验馆* / **主案设计** _ *吴宗建* / **项目地点** _ *广东省江门市* / **项目面积** _ *1300 平方米* / **投资金额** _ *560 万元* / **主要材料** _ *竹材等*

A 项目定位 Design Proposition

突破了博物馆传统的、单一的视觉展示模式，陈皮文化体验馆采用视觉、嗅觉、味觉、触觉、听觉多感官带观众进入陈皮文化之旅。陈皮飘香体验中心运用精致的场景、详尽的资料、艺术的构思、高科技的手段，生动形象地展现新会城市文化、陈皮历史文化及功效价值、新会陈皮村营运模式和新会陈皮现代化产业链，建成集宣传、教育、接待、观光、交流等功能于一体，科技含量较高的、现代化的体验中心，使之成为新会陈皮文化节的重要组成部分。

B 环境风格 Creativity & Aesthetics

新会陈皮村作为新会陈皮节的永久主会馆，具有相当的知名度，同时有悠久的历史沉淀，具有被广泛认可的价值优势。项目位于新会陈皮村内，馆内外环境极具充满五邑特色和文化气息。陈皮村内集餐饮、旅游、交易与一体，为体验中心提供了无可比拟的配套设施。

C 空间布局 Space Planning

陈皮文化体验馆采用触觉、听觉、视觉、味觉、嗅觉多感官带观众进入陈皮文化之旅。

D 设计选材 Materials & Cost Effectiveness

建筑材料为环保材料——竹材，聘请当地竹匠进行手工建造，一次成型，形成的建筑垃圾极少且无污染；竹材源自当地，运输的能耗与成本低；项目聘用 140 名竹匠参与建造，为当地社区创造了就业，也为传统手工技艺的传承提供了机会。

E 使用效果 Fidelity to Client

陈皮文化体验馆全场商户达 200 多家，集批发零售功能于一体，汇聚新会陈皮、陈皮制品、名优特新农产品、茶及茶文化用品、南药、旅游纪念品、工艺品等产业的大型陈皮交易市场。

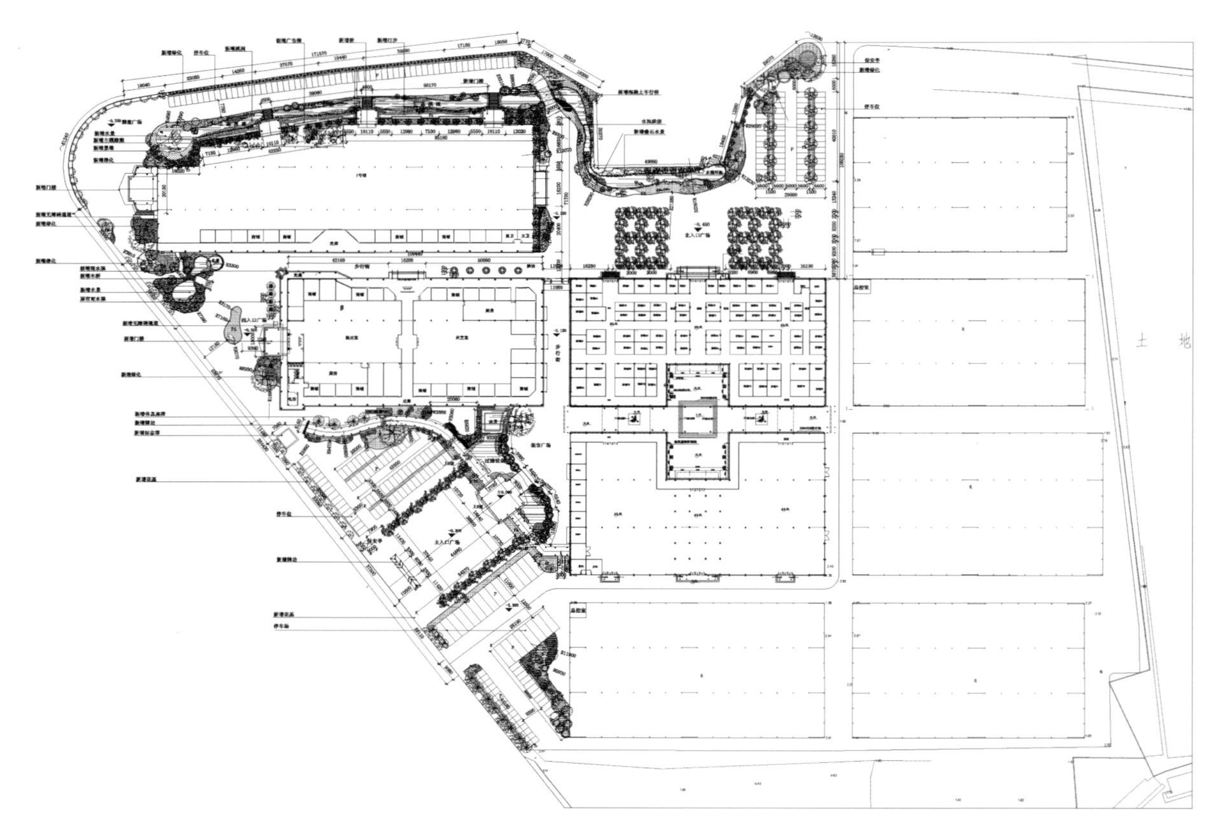

总规划平面图

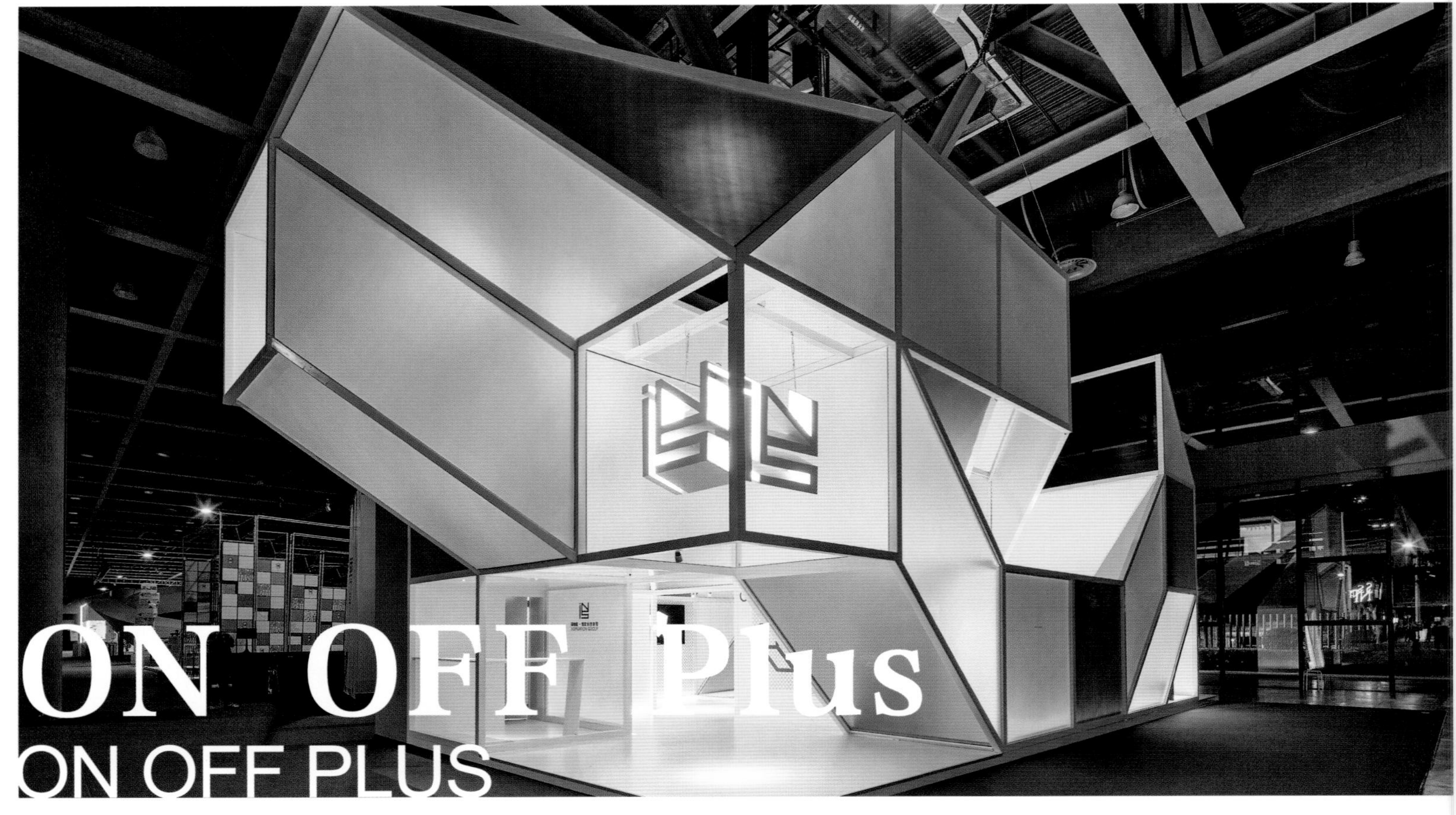

ON OFF Plus

ON OFF PLUS

项目名称 _ON OFF Plus / **主案设计** _谢英凯 / **项目地点** _广东省广州市 / **项目面积** _91 平方米 / **投资金额** _40 万元 / **主要材料** _软膜、玻璃等

A 项目定位 Design Proposition

本作品在广州国际设计周展出，对“公共性、开放性、趣味性”设计理念的思考延伸，围绕对人的内心、身体、精神、居住场所的设计、生存社会以及世界的关注，传达设计的责任感。 通过观察人们在生活不停的遭遇到事实与本质之间的辩证运动，我们借由设计透过事实，给予本质更多的想象暗示，通过对空间维度矛盾的建立，探讨现象透明性以及物理透明性。

B 环境风格 Creativity & Aesthetics

设计思考从“人是万物的尺度”而出发，探究因主体的不同而引起的判断标准的相对性，而现象的存在因主体的不同而产生意义各异的客体，所以，我们需要通过设计去伪存真。

C 空间布局 Space Planning

整体造型透过迭合的方式，构建变幻无穷的事实景观，激发更多想象力，令空间充满趣味。

D 设计选材 Materials & Cost Effectiveness

整个展馆采用白、灰、透明三色软膜围闭空间，实现展馆内外互动性。

E 使用效果 Fidelity to Client

作品展出后受到了观者的强烈欢迎，成为人流量最多的展馆之一。

，它
A 看見
see
A 存在
exists
B 不見
do not see
B 不在
does not exists
Plus+
我總覺得這塊區
I do think this zone

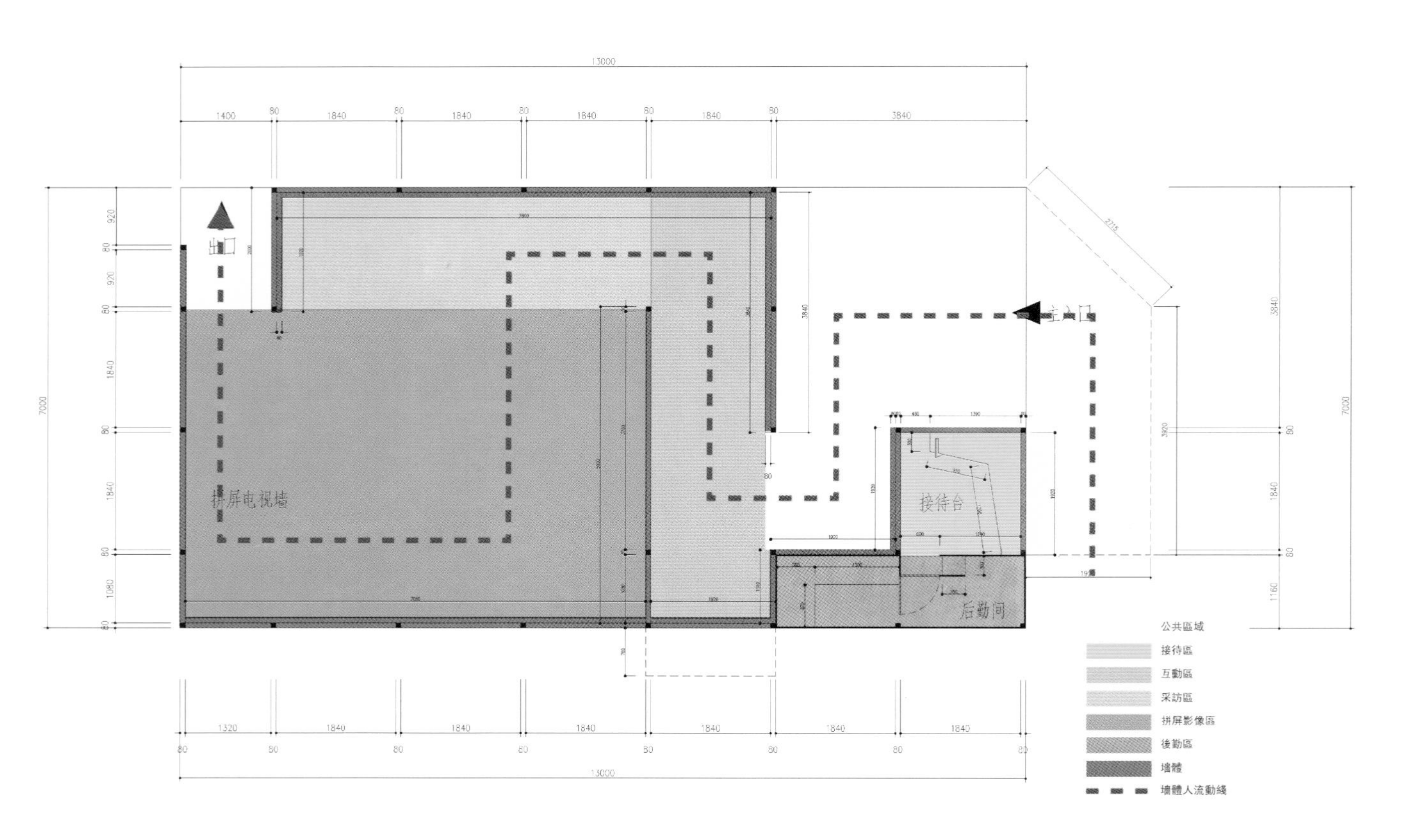

13000
1400
1840
3840
出口
入口
拼屏电视墙
接待台
后勤间
公共區域
接待區
互動區
采訪區
拼屏影像區
後勤區
墻體
墻體人流動綫

平面图

由來本空
Anything is Nothing.

时间与空间的对话

TIME AND SPACE OF THE CONVERSATION

项目名称 _ *时间与空间的对话* / **主案设计** _ *张灿* / **参与设计** _ *李文婷* / **项目地点** _ *四川省成都市* / **项目面积** _ *300 平方米* / **投资金额** _ *50 万元*

A 项目定位 Design Proposition

所有的商业诉求都集中于此，要最大的出货量，也要最有品味的店；要能让普通客人能喜欢接受很有吸引力，也要有品味和艺术性让设计师觉得有感觉；要很多不同类别的展示区，也要有大的空间搞活动；要有这个地板品牌的文化气质与诉求，也要有不同于其他同类商业高于地板本有品质的体现。

B 环境风格 Creativity & Aesthetics

破坏的墙体，整合着空间，逆思维中的质量。在设计中它是展厅，又是破坏的设计。

C 空间布局 Space Planning

从一个方向盒子延伸到整个展厅空间，语言的对话和墙体的破坏，这是宏观到微观的设计。视觉的观点，心理的被解读，这些过程都希望被逆转。木质和墙面一起构成的边框，亦形成需与实。

D 设计选材 Materials & Cost Effectiveness

新旧材料的对比，没有名贵的材料，做出新颖的效果。

E 使用效果 Fidelity to Client

视觉冲击力很大，让一个材料卖场成为一个产品的展示空间，让客户会驻足观赏，同时也让材料商能在这样的空间中进行设计师或客户活动的场所。

WELLESLEY
FLOORS

威尔仕利地板
阿卡贝拉地板

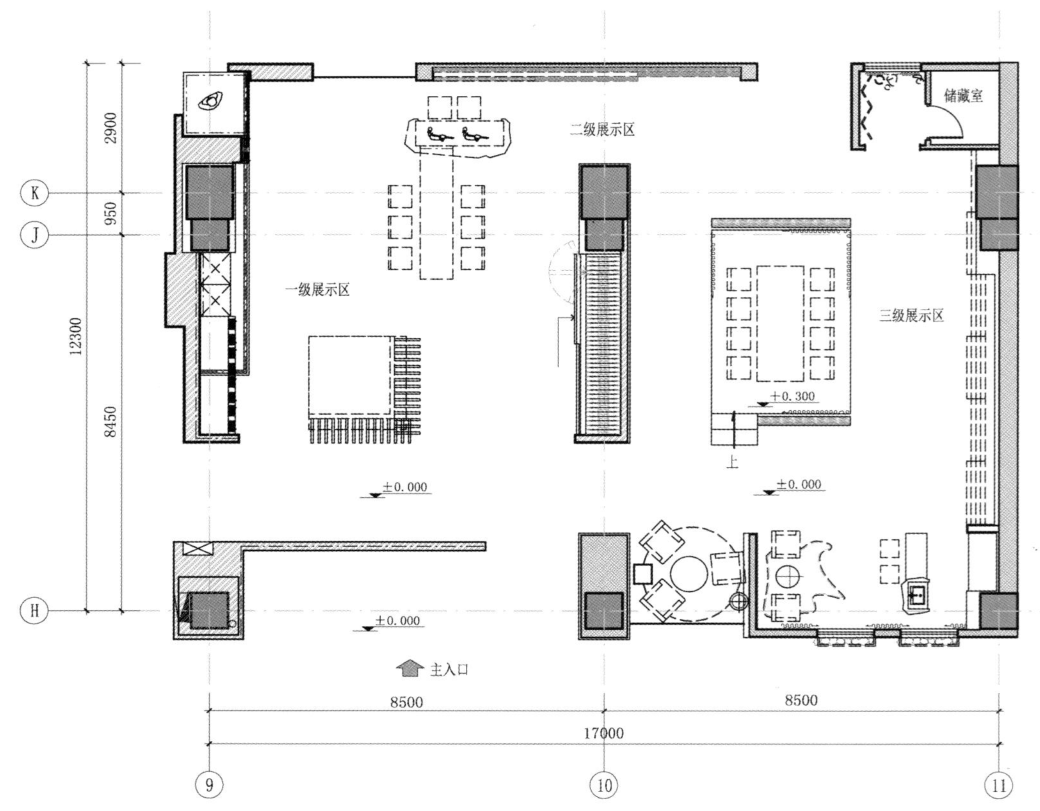
储藏室
二级展示区
一级展示区
三级展示区
±0.000
+0.300
上
主入口
2900
950
12300
8450
8500
8500
17000
K
J
H
9
10
11

平面图

WELLESLEY
FLOORS

伊顿·威尔仕利地板
阿卡贝拉地板

WELLESLEY
FLOORS
伊顿·威尔仕利

A cappella
阿卡贝拉

灵感厨房
INSPIRED BY THE KITCHEN

项目名称 _ *灵感厨房* / **主案设计** _ *李文婷* / **参与设计** _ *张灿* / **项目地点** _ *四川省成都市* / **项目面积** _ *300 平方米* / **投资金额** _ *120 万元* / **主要材料** _ *青砖等*

A 项目定位 Design Proposition

限定的空间，固定的功能，传统的品牌，如果只是作为一个商品展示，表达不到其内涵。

B 环境风格 Creativity & Aesthetics

用传统合院式建筑和城市肌理构成特定的逻辑和语言，品牌的精神展示在这个场所形成自我的性格。

C 空间布局 Space Planning

由小空间组合成大空间，人为意识的强行可以使空间可以运动，改变中由缺点转化为特定的优势。

D 设计选材 Materials & Cost Effectiveness

在动线上，参观者首先到达的前院（前厅），展示了企业的品牌文化及历史，使参观者对企业有了大体的了解，以“火”的演变带入品牌文化的精神中。廊道部分（介于前厅和后厅），在关闭办公室，研发室及通向后院的大门后就成为一个封闭的产品展示区，灵活的隔断形式将空间划分使用。后院（后厅）是学习体验空间，参观者不仅可以观看视频影像资料，还可以动手进行体验操作，使参观者对企业产品有更直观的认识。

E 使用效果 Fidelity to Client

面积不大，但投入很大，做出来的效果是除了展示产品之外，邀请客人来厨房体验，营造出了传统展示空间达不到的体验效果。

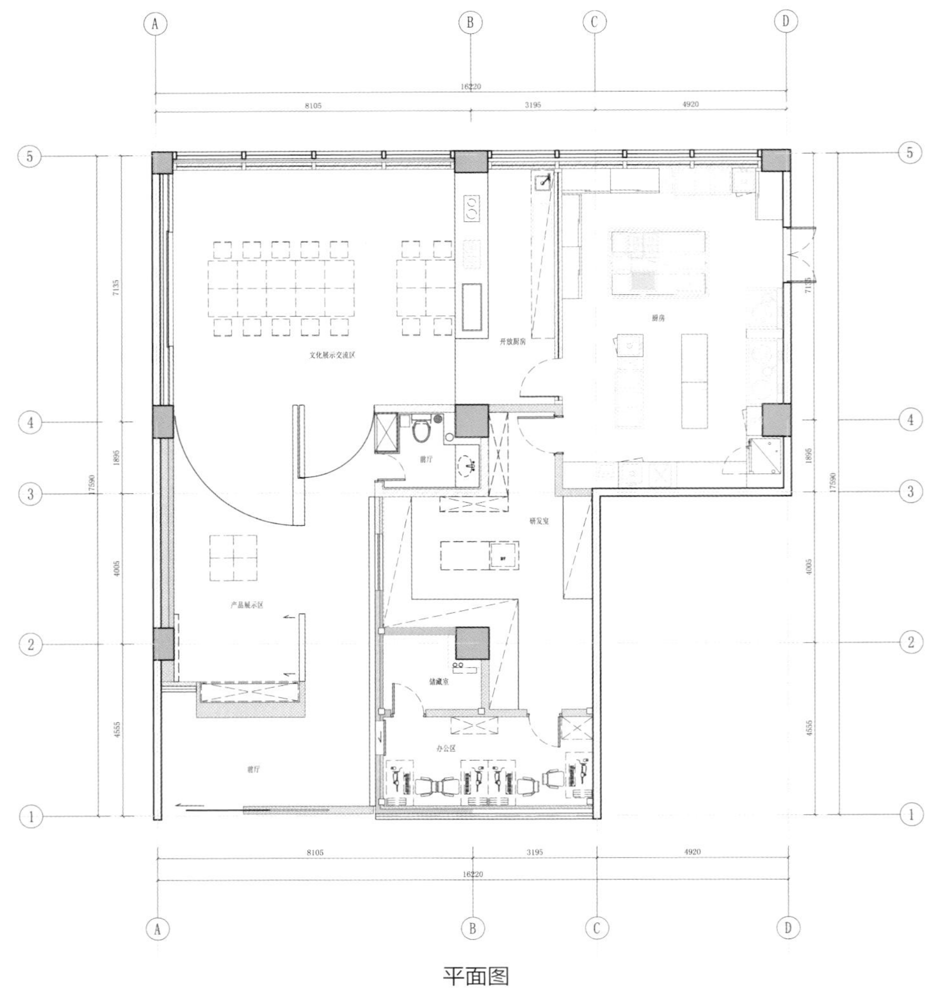
A
B
C
D
16220
8105
3195
4920
5
4
3
2
1
7135
1895
4005
4555
17590
文化展示交流区
开放厨房
厨房
前厅
研发室
产品展示区
储藏室
办公区
前厅

平面图

灵感
Inspiration
영감

豪吉
灵感厨房
Inspiration Kitchen

赛德斯邦总部旗舰店
CERLORDS FLAGSHIP STORE

项目名称 _ 赛德斯邦总部旗舰店 / **主案设计** _ 刘晓亮 / **参与设计** _ 马沙、金雪婧、文伦璋 / **项目地点** _ 广东省佛山市 / **项目面积** _2400 平方米 / **投资金额** _350 万元

A 项目定位 Design Proposition

让惯性思维停止！ 在此改变的不仅仅是平面或空间的格局和形态，而是打破一种惯性思维，把平常的事物进行一次异化，产生的距离感和陌生感，从而最终改变人与物的关系，重新认识和价值的重估。

B 环境风格 Creativity & Aesthetics

本案秉承时尚简约的设计风格，在运用块面设计手法的同时丰富了面与面的交错，增强了外观的立体感，及厚重感。

C 空间布局 Space Planning

一切从廊说起，横向：廊是开放开阔的空间，廊，移步异景，包括的是廊还有廊之外的风景；纵向：廊是曲径通幽，有着无限延伸的可能和神秘。

D 设计选材 Materials & Cost Effectiveness

选择绿色、低碳、环保的建筑材料，不追求奢华，强调对自然、生态的开发利用及艺术化。

E 使用效果 Fidelity to Client

给人一种耳目一新的感觉，产品在展示极大化地体现了“术业有‘砖’攻”的概念，给客户展现了一个愉悦的体验空间。

CCIH
Cerlords

Cerlords
储藏间
男
女
卫生间
产品区
洽谈间
D区产品展示概念造型
E区
半封闭洽谈区
休息区
水景
产品造型墙
水吧
C区
办公室
收银
产品墙
B区接待
洽谈
A大堂
瓷砖造型树
概念造型吊挂
入口

平面图

Cerlords

简·谧 锐驰总部
SIMPLICITY，SERENITY CAMERICH HEADQUARTERS OF SHANGHAI

项目名称_简·谧 锐驰总部 / **主案设计**_赖建安 / **参与设计**_高天金 / **项目地点**_上海市青浦区 / **项目面积**_545 平方米 / **投资金额**_95 万元

A 项目定位 Design Proposition
现代简洁的设计手法，迎合了现今消费者对产品专属性追求，而不是过度地渲染产品，从产品特性去挖掘品牌内涵，融入到空间氛围中。

B 环境风格 Creativity & Aesthetics
Loft 结合当代几何穿接艺术。

C 空间布局 Space Planning
空间划分的灵活性与适应性，结合展示机能，引导动线，横纵空间依序展开，近、中、远景相互演变，引各自光影，呈多元感受与交流。

D 设计选材 Materials & Cost Effectiveness
以新鲜、纯粹、简单、健康的白色为空间主色调，亦有不同的表情层次，增添了形式感上的新颖，光影的变化。

E 使用效果 Fidelity to Client
步入其中，让人深感品牌的魅力，体验精致生活的品质。

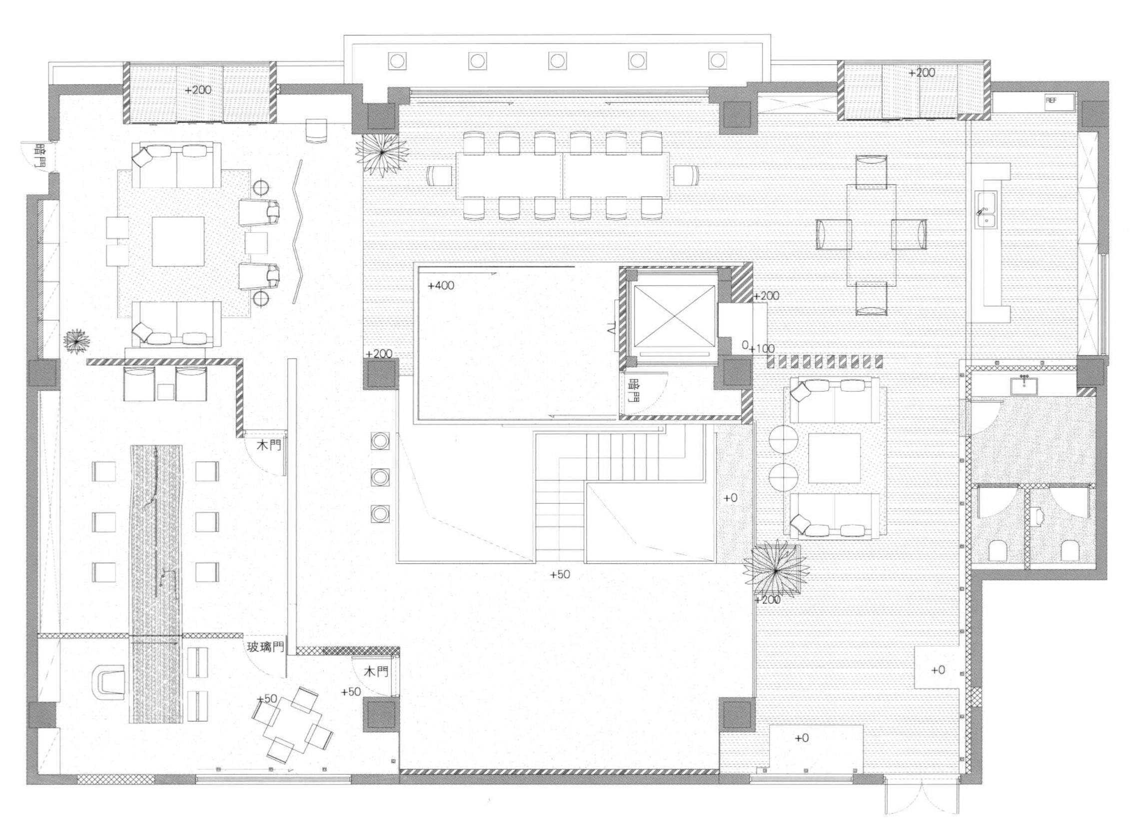

平面图

淄博齐长城美术馆

ZIBO THE GREAT WALL MUSEUM OF FINE ART

项目名称 _ *淄博齐长城美术馆* / **主案设计** _ *韩文强* / **参与设计** _ *丛晓、黄涛* / **项目地点** _ *山东省淄博市* / **项目面积** _*3800 平方米* / **投资金额** _*100 万元* / **主要材料** _ *镀膜玻璃、灰色花纹钢板、竹子等*

A 项目定位 Design Proposition

中国当前快速的城市扩张带来了诸多新的环境问题，因此对于被人遗忘的老旧建筑，也许除了拆除，还可以有更多的方式发掘和呈现其对城市的现实意义。

B 环境风格 Creativity & Aesthetics

厂房始建于 1943 年，前身是山东新华制药厂的机械车间，为当时国家的特大型项目。随着城市化的进程，制药厂整体搬迁至新区，机械设备被尽数拆走，只留下这些巨大空旷的车间。荒废多年之后，如今这些厂房的命运迎来了新的转机。凭借大跨度的空间结构和朴拙原始的材料质感，这里成为艺术家们的向往之地，由此引发了一次从工业遗迹变身为当代艺术馆的改造过程。改造区域大约是一个占地面积约 3800 平米规整的矩形，散布着 3 个厂房和大小不等的多处仓库。由于厂房地下设有人防设施，室内外地面均为混凝土，所以场地内鲜有树木。

C 空间布局 Space Planning

基于原厂房分散、封闭的外部环境特征，设计着力于建筑内外转换和场地关系的“关节”处理，加强艺术活动的公共性、开放性和灵活性，促进人与艺术环境的互动，使废旧厂房重现活力。一条透明的游廊重新整合原有场地的空间秩序，穿梭于旧厂房内外之间，改变旧建筑封闭、刻板的印象，新与旧产生有趣的对话。

D 设计选材 Materials & Cost Effectiveness

玻璃廊道的曲折界定了多功能的公共活动，包括书店、茶室、艺术家工作室、研讨室等，也使得一系列艺术馆的日常活动成为艺术展示的一部分。由镀膜玻璃和灰色花纹钢板构成的廊空间悬浮于室内外地面之上，勾勒出水平连续的内外中介空间。厂房内部最大化的保存工业遗迹的特征，适当添加人工照明和活动展墙，保持原始空间的灵活性。室外场地以干铺和浆砌鹅卵石板来塑造成一个完整的环境背景，局部覆土种植竹林，使内外环境交相辉映。

E 使用效果 Fidelity to Client

当代的艺术空间不仅是艺术品展示的载体，更应该是包含居民多种公共活动与日常生活的丰富的场所，让城市更“好用”，让艺术更“生活”。

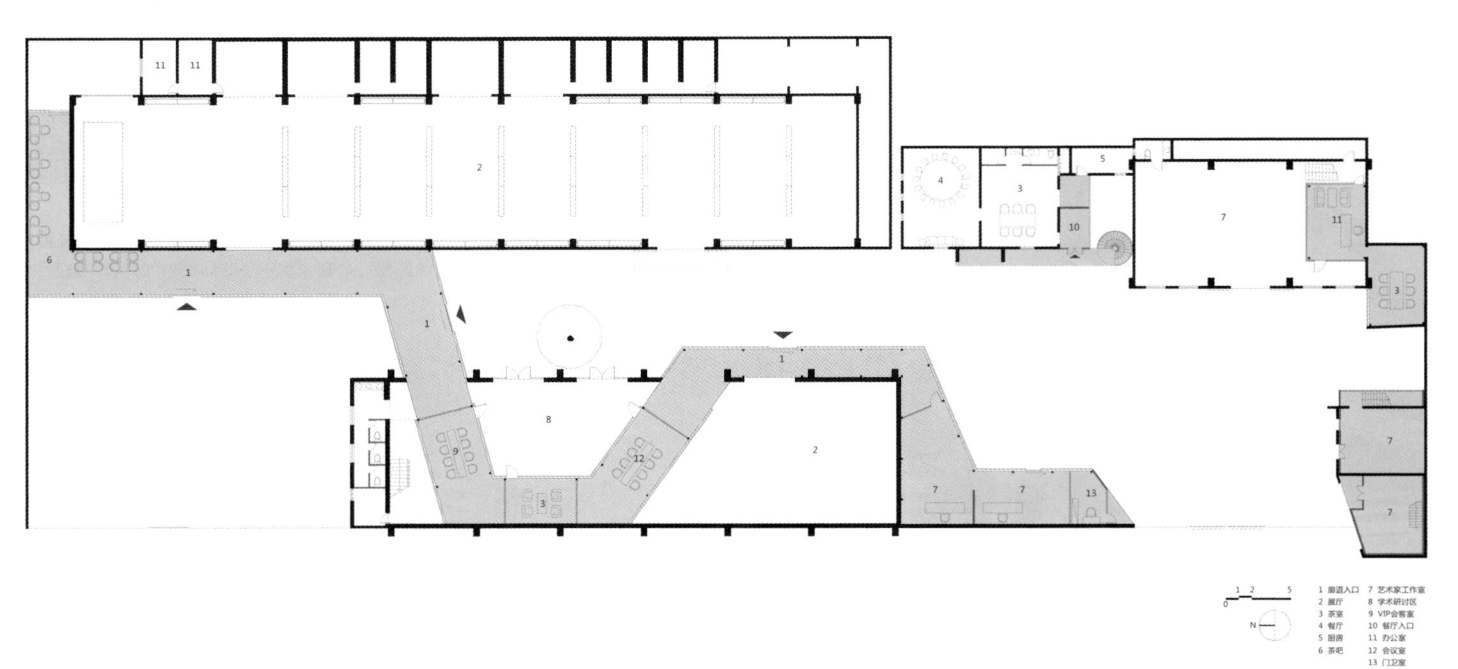
1 廊道入口
2 展厅
3 茶室
4 餐厅
5 厨房
6 茶吧
7 艺术家工作室
8 学术研讨区
9 VIP会客室
10 餐厅入口
11 办公室
12 会议室
13 门卫室
N

一层平面图

Public
公共空间

吉林市人民大剧院
JILIN PEOPLE'S GRAND THEATRE

前海深港合作区企业公馆特区馆
INTERPRISE DREAM PARK

安顺旧州屯堡接待中心
JIANGNAN IN MOUNTAINS TOURIST CENTER IN ANSHUN CITY

自在空间设计·生活场
COMFORTABLE LIFE SPACE DESIGN, FIELD

深圳南山美国爱乐国际早教中心
PHILHARMONIC INTERNATIONAL DEVELOPMENT CENTER

成都环球广场中心天曜公共空间
SIRIUS – PUBLIC SPACE

上海松江广富林知也禅寺
SHANGHAI MATSUKO HIROFUBAYASHICHIYA TEMPLE

包头机场航站楼
BAOTOU AIRPORT TERMINAL

吉林市人民大剧院

JILIN PEOPLE'S GRAND THEATRE

项目名称 _ *吉林市人民大剧院* / **主案设计** _ *文勇* / **参与设计** _ *张龙、刘旭、杨宇* / **项目地点** _ *吉林省吉林市* / **项目面积** _ *37000 平方米* / **投资金额** _ *11000 万元*

A 项目定位 Design Proposition

吉林市人民大剧院位于东山文化区内部，在吉林市的总体布局上占据重要位置。大剧院与吉林市全民健身中心及规划中的广电中心、科学宫构成了东山文化区的核心建筑群。建筑内有大剧院、小剧院和电影院三大功能区，满足大型歌剧舞剧、大型综艺节目、音乐会和地方戏曲演出，也将承接国内大型文艺巡演等，将极大丰富市民的文化娱乐生活，满足市民的精神文化生活需求，促进当地文化产业发展。

B 环境风格 Creativity & Aesthetics

设计灵感来源于当地满族传统服装中的马蹄袖、披肩领等象征着满族骑射征战“马上得天下”的辉煌历史。 室内空间将当地独特的自然景观：雾凇及长白山四季的色彩变化进行再创作，营造出展现地域文化特色的空间形式，旨在创造出真正使人获得情感升华的场所。

C 空间布局 Space Planning

大剧院、小剧院和电影院区域都有各自独立但又互相联系的休息大厅，满足观看不同演出观众的集散、交流，不同的交通形式形成了流动而富于变化的公共空间形态。

D 设计选材 Materials & Cost Effectiveness

吉林雾凇被称为“中国四大自然奇观”之一，设计抽象出这种特殊自然景观的形和神，定制了 GRG 异性模块，塑造出独有的肌理造型，成为空间的一大亮点。开放式构造背后增加吸声构造，满足了大型公共空间的防噪声要求。

E 使用效果 Fidelity to Client

2015 年 9 月 16 日晚，这里举行了第 24 届中国金鸡百花电影节开幕式暨文艺晚会。

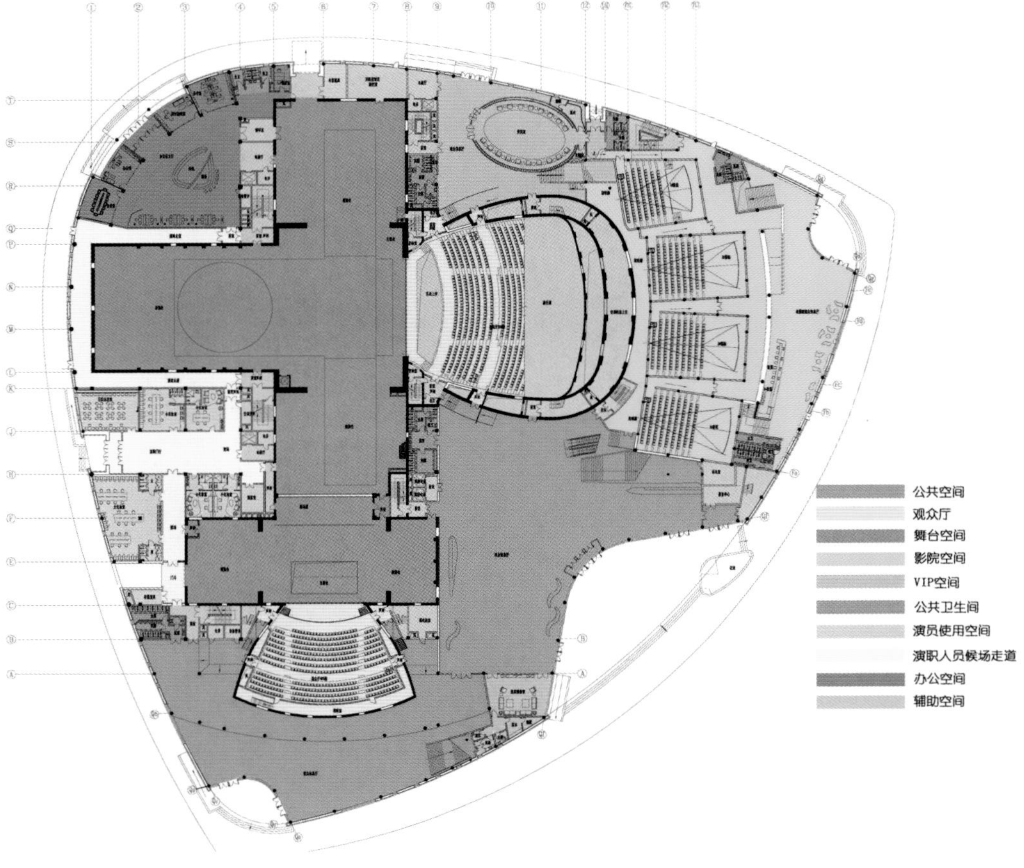

一层平面图

前海深港合作区企业公馆特区馆

INTERPRISE DREAM PARK

项目名称 _ *前海深港合作区企业公馆特区馆* / **主案设计** _ *郭捷* / **参与设计** _ *刘赢仁* / **项目地点** _ *广东省深圳市* / **项目面积** _ *10000 平方米* / **投资金额** _ *80000 万元* / **主要材料** _ *混凝土、幕墙玻璃、绿植等*

A 项目定位 Design Proposition

特区馆，集前海会展交易、新闻发布、外事接待等功能于一体，是前海的“名片”，也是前海的“客厅”，同时它也将成为前海的一处地标性建筑。

B 环境风格 Creativity & Aesthetics

特区馆的建筑概念源于蕴藏在石头中的钻石，这个建筑是在原石上经过人工切割的“钻石”雕塑。显露出来部分是不同角度切割面的“钻石”，显现出晶莹剔透的建筑质感。“石头”部分通过冰裂纹肌理的铝板来表达“石头”的质感。经过延续建筑的钻石切割面的做法，设计了三角形切面的草坡和防腐木休息区。铺装也是三角形的构图，并与建筑的转折面形成一个延续的关系，表现出建筑与景观的一体设计，景观的灯光设计按照人的步行流线与三角形铺装、草坡等的线条，设计成线性的灯光，并且刚柔结合，形成科幻、梦幻的灯光效果。

C 空间布局 Space Planning

国际会议中心与办公区域共同享有一共 15 米 x 42 米的庭院空间，直接面对庭院采光通风的同时可以享受到庭院的景观。庭院空间可以通过一层西侧的架空部分与中央景观轴连接。

D 设计选材 Materials & Cost Effectiveness

建筑立面因面向环境不同，而采用了不同的外立面材质，混凝土、幕墙玻璃、绿植墙面交错链接，结合外遮阳，低辐射玻璃等技术，有效降低建筑空调系统运行成本，更加低碳环保。

E 使用效果 Fidelity to Client

万科前海公馆是“前海智慧活力体验场”，智慧前海的各项智能化措施优先在企业公馆得到应用。门禁、移动终端、会议终端等前端感知层通过智能化设备专网和专属办公网搭建起园区公共设施管理、客户工作与生活服务两大平台，为公馆区的客户提供全面完善的安全、设施、数据、人员等物业管理服务，由此构筑一个电子、网络、信息化、自助式的办公园区，搭建政企间、企业间、行业间互动交流平台，打造快乐工作、健康生活新型商务区，极大程度上改变了传统的物业管理运作模式。

宴会厅1

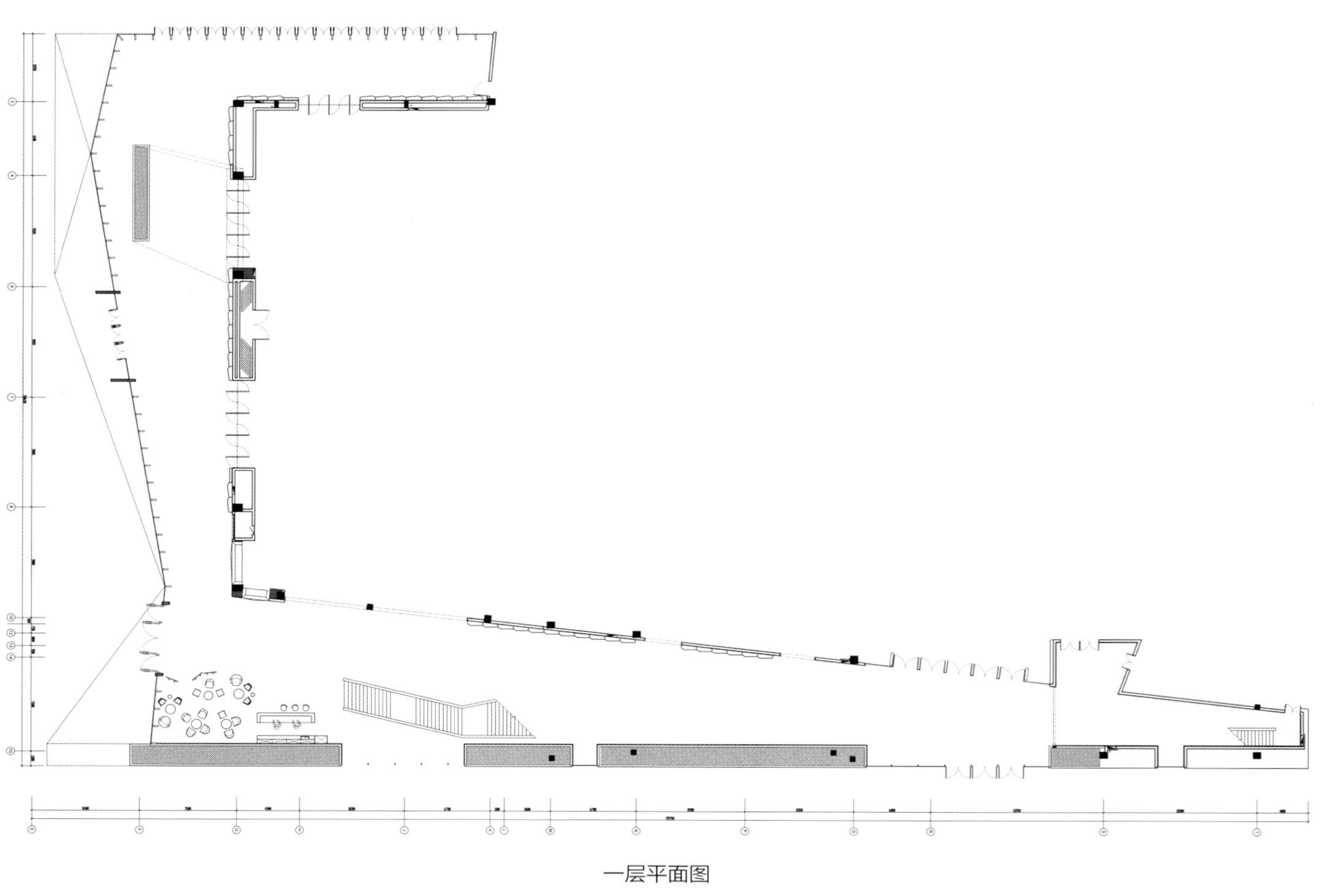

一层平面图

安顺旧州屯堡接待中心

JIANGNAN IN MOUNTAINS TOURIST CENTER IN ANSHUN CITY

项目名称 _ *安顺旧州屯堡接待中心* / **主案设计** _ *郭明* / **参与设计** _ *王鹏、叶格* / **项目地点** _ *贵州省安顺地区* / **项目面积** _ *6000 平方米* / **投资金额** _ *2500 万元* / **主要材料** _ *本地石材、橡木染色等*

A 项目定位 Design Proposition

本案依偎于静谧的山谷之中，瀑布之下，展望渊博的民族文化，并与周围环境相得益彰，是设计的灵魂所在，在悠久的贵州地域文化中，建筑是一种媒介，可以使人们感受历史、社会和自然的存在。

B 环境风格 Creativity & Aesthetics

本次设计以贵州安顺屯堡文化为蓝本，将自然与人文完美融合。屯堡文化系明代从江南随军或经商到滇、黔的军士、商人及其家眷生活方式的遗存。随着岁月的变迁，安顺一带的屯堡人仍奇迹般地保存着600年前江南人的生活习俗，其民居、服饰、饮食、民间信仰、娱乐方式无不具有600年前的文化影子。不同文化的差异构成了一个文化宝库，诱发灵感而致设计的创新。一块屯堡石，一个木构人字顶，一件民族服饰、他们彼此融合互相作用，让地域特色嵌入设计，宛如一体。10米的建筑层高，为室内创作给予了极大的空间。延续建筑之美是室内设计追求的最高境界。

C 空间布局 Space Planning

步入大厅，依旧秉承了当地本真、纯粹的文化气质，并结合现代手法强化设计。借鉴枋，檩，椽，梁等元素勾勒空间，体现出别具韵味的建筑之美。原木吧台、如流水跌落的梭子形吊灯，静谧中透露着灵动。室内拙朴的屯堡石与落地窗外摇曳的竹林形成对比，将窗外的景色引入室内。通体的落地窗贯穿始终，即成就了视野也满足了采光。随景而来的是文化展厅。设计之美是智慧铸就的，不仅如此，设计之美还源自生活的点点滴滴，一片小小的蜡染布，成了设计师最好的装饰材料。

D 设计选材 Materials & Cost Effectiveness

室内灯具的设计借用了当地乐器芦笙及纺纱用的梭子为原型进行再设计，都是设计师结合当地文化元素创作的经典之作。

E 使用效果 Fidelity to Client

享受自然是人类的本性，关注文化特色是人类的共同追求。对于游客中心的设计而言，营造文化内涵和何护自然生态同等重要，是义不容辞的责任。只有深刻挖掘空间的生态价值及人文价值，才能在自然景观与人文景观的融合中体现天人合一的境界，触动每个游客的心灵。

平面图

自在空间设计·生活场

COMFORTABLE LIFE SPACE DESIGN, FIELD

项目名称 _ *自在空间设计·生活场* / **主案设计** _ *逯杰* / **参与设计** _ *郝改、阎珍* / **项目地点** _ *陕西省西安市* / **项目面积** _ *2000 平方米* / **投资金额** _ *500 万元* / **主要材料** _ *旧松木、美岩板、加拿大红雪松、回收老青砖、锈铁、研磨水泥等*

A 项目定位 Design Proposition

项目位于古都西安最大的文创产业园——半坡国际艺术区。一方面对原有的老工业遗址进行保护性利用，另一方面是以设计的思想去挖掘传统与当代艺术的融合方式，为实现城市文化多元化做了一次探索与尝试。

B 环境风格 Creativity & Aesthetics

项目在设计与实施的过程重一直将生态、自然、人文作为主题，以真实、自然、简约的理念贯穿其中，阳光、绿植、水景为空间的主角，表现轻松、自在的环境与意境。

C 空间布局 Space Planning

在空间布局上，秉承新旧建筑相融的手法，一方面保持老建筑原有的风貌，另一方面用设计的方式让新建筑与之呼应共舞，产生既对比又统一的效果，让岁月的痕迹以艺术的方式去展现，同时用围合布局设计让前后的庭院成为空间的核心，让新旧建筑在禅意庭院的映衬下和谐共处。

D 设计选材 Materials & Cost Effectiveness

在设计与实施过程中，材料的选择是将原老工业厂区拆除中可利用的老旧材料做为首选，加之有自己的木料工坊，所以作为既是甲方又是设计师的业主，在整个项目的实施中不断尝试着老料新做、粗料细作的工艺，并以此为乐。希望通过这种自主项目的实验可以获得更多的经验与方法，以期在更多的项目中推广。

E 使用效果 Fidelity to Client

从 5 年前起心动念到如今一切成为现实，我一直希望尝试探索着去挖掘这样一个空间，可以将生活与创作，现实与理念，经营与体验有机融和在一起，让更多在都市中忙碌的人们有这样一个角落能体验身心的放松，同时也希望带给他们一种感同身受、触景生情的意境，在“看得见山，忘得见水，记得起乡愁”的悠思中去追寻每个人心中的“自在空间”。

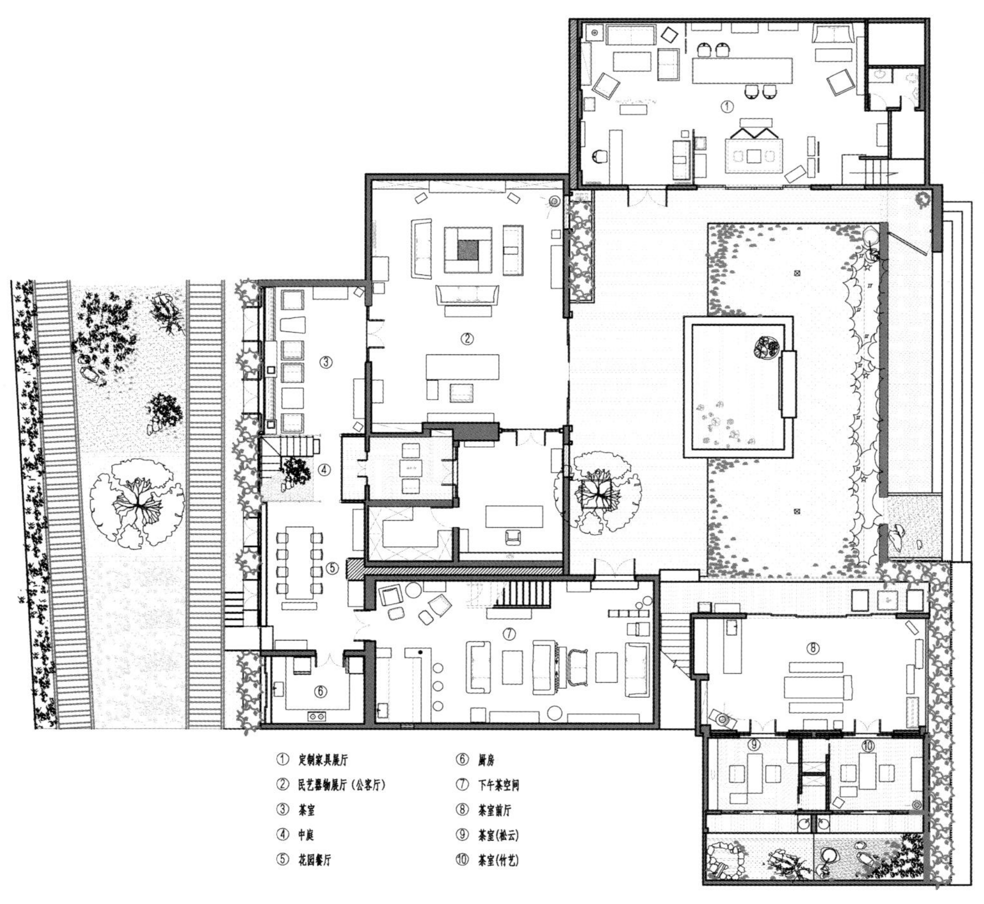
① 定制家具展厅
② 民艺器物展厅（公客厅）
③ 茶室
④ 中庭
⑤ 花园餐厅
⑥ 厨房
⑦ 下午茶空间
⑧ 茶室前厅
⑨ 茶室(松云)
⑩ 茶室(竹艺)

一层平面图

深圳南山 美国爱乐国际早教中心

PHILHARMONIC INTERNATIONAL DEVELOPMENT CENTER

项目名称 _ *深圳南山美国爱乐国际早教中心* / **主案设计** _ *钟建福* / **项目地点** _ *广东省深圳市* / **项目面积** _ *1000 平方米* / **投资金额** _ *350 万元* / **主要材料** _ *亚麻油地板等*

A 项目定位 Design Proposition

设计师秉承“关爱、关心和关注婴儿成长环境”设计理念，意在为现代都市里娇嫩的小朋友们创建一个美丽的森林城堡，让他们在美丽的大森林中自由游玩、健康成长。

B 环境风格 Creativity & Aesthetics

以一种模拟自然环境的表现风格，给人呈现出一种活力和生机勃勃的印像。

C 空间布局 Space Planning

空间布局上像流水般的随意自然，屏弃了中规中矩的设计，都是按儿童的本性专门设计安排的布局，充满童趣。

D 设计选材 Materials & Cost Effectiveness

选材方面地面采用亚麻油地板，以适合儿童的环保、柔软的材料为主。

E 使用效果 Fidelity to Client

充满童趣的儿童城堡似的设计，体现了对儿童的关爱精神，运营后非常受欢迎，在深圳被引为标杆。

美国爱乐国际早教中心
I Love Gym Children's Fitness Center
Kindermusik

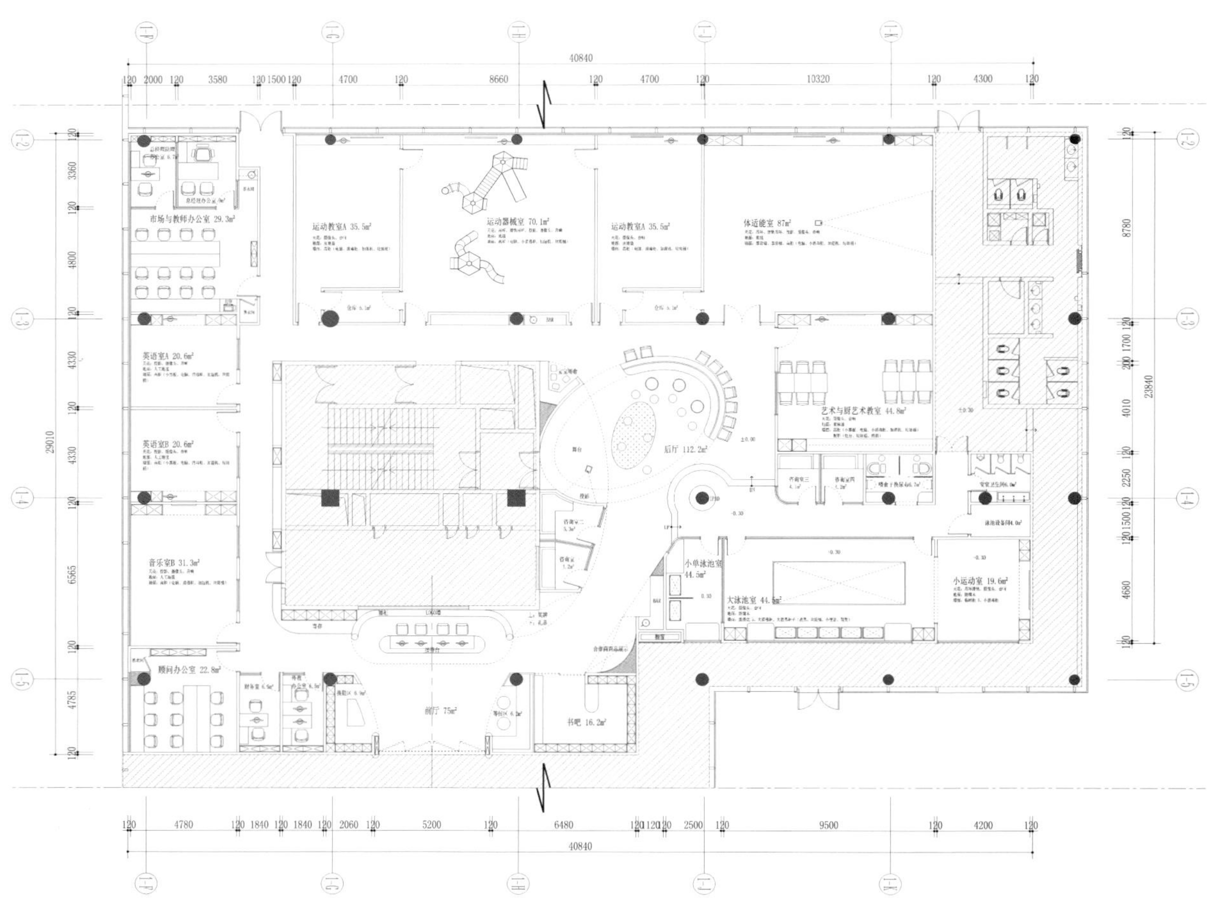

40840
120 2000 120 3580 120 1500 120 4700 120 8660 120 4700 120 10320 120 4300 120
市场与教师办公室 29.3m²
运动教室A 35.5m²
运动器械室 70.1m²
运动教室A 35.5m²
体适能室 87m²
英语室A 20.6m²
英语室B 20.6m²
后厅 112.2m²
艺术与厨艺术教室 44.8m²
音乐室B 31.3m²
小单泳池室 44.5m²
大泳池室 44.5m²
小运动室 19.6m²
顾问办公室 22.8m²
前厅 75m²
书吧 16.2m²
120 4780 120 1840 120 1840 120 2060 120 5200 120 6480 120 120 120 2500 120 9500 120 4200 120
40840

平面图

WEER:
ma
di
PELT
I LOVE GYM
爱乐国际早教中
I Love Gym Children's Fitness Cen

成都环球广场中心天曜公共空间
SIRIUS – PUBLIC SPACE

项目名称_ *成都环球广场中心天曜公共空间* / **主案设计**_ *许学盈* / **项目地点**_ *四川省成都市* / **项目面积**_ *240 平方米* / **投资金额**_ *334 万元* / **主要材料**_ *进口石材、木皮等*

A 项目定位 Design Proposition

成都环球广场中心 A 地块住宅建设，乃成都中心区内指针性的项目。住宅塔楼共十栋。建筑布局每栋朝向不一，充分发挥了地块的优势，及提供了多面园林景观的创造。建筑体外型现代，着重空间与生活环境之无缝配合。

B 环境风格 Creativity & Aesthetics

其室内公共空间及住宅的精装设计，贯彻了建筑理念，刻意提升室内外空间与环景之交错效果。室内设计风格以高品位国际级都会精品酒店概念打造，讲究空间及视觉比例，材质及细部的精练，实践现代豪华的生活体验。

C 空间布局 Space Planning

首层住宅大堂的室内建筑以环回落地玻璃作四方定位，透视大堂外周的建筑布置及园林景观；使有限空间内，得到无限的视觉伸延。大堂平面空间层次分明，由入口、接待处、休息区、信报间、电梯厅等功能设施，以一步一体验串连开展。大厦首层与地下层车库入口大堂亦有着一挑空空间连接，体验了平面以外的三维空间。每座大堂中央设置一巨型透光云海图案雕刻玻璃立体装置，巧妙地隐藏了背后的大楼结构墙体。夺目的雕刻玻璃装置，亦有效地使十栋住宅大堂交错于地块园林的景区里，互相辉影。

D 设计选材 Materials & Cost Effectiveness

在雕刻玻璃装置旁边的大堂休息区设置了沙发、茶几、台灯、艺术地毯等，营造了“客厅”的感觉。其他的接待前台及信报箱都以高格调家具处理，造型轻巧，贯切了生活性。大堂墙体和地面都铺装了进口石材，部分墙面以深色木皮饰面造型处理，配上专业灯光效果，使大堂丰富豪华，亦多添一份舒泰，住客每踏进大堂，便感受到一国际级“家”的感觉。

E 使用效果 Fidelity to Client

反响很好。

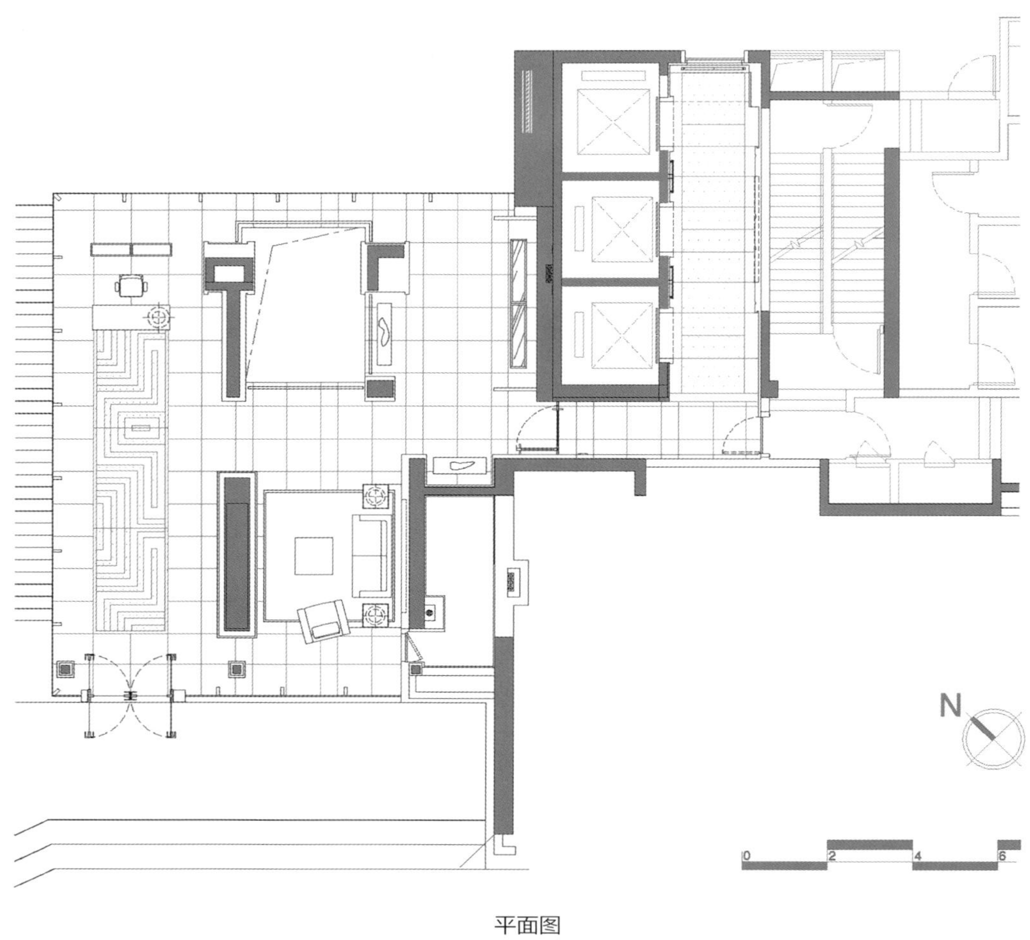

平面图

上海松江广富林知也禅寺

SHANGHAI MATSUKO HIROFUBAYASHICHIYA TEMPLE

项目名称 _ *上海松江广富林知也禅寺* / **主案设计** _ *金佳明* / **项目地点** _ *上海市松江区* / **项目面积** _*3000 平方米* / **投资金额** _*8000 万元* / **主要材料** _ *木材、玻璃等*

A 项目定位 Design Proposition

知也禅寺是座传统寺庙，源于历史遗址，复建于2009年，坐落于有着“上海之根”之称的广富林文化遗址公园一角，本为纪念知也禅师施医救人之善举而复建。同时为了迎合业主对于园区的风格定位，项目整体从建筑到室内都秉持这传承延续唐式风格的元素脉络，寻找唐代佛教设计之源。

B 环境风格 Creativity & Aesthetics

秉持着景观、建筑、室内从材料、造型、元素等全方面的唐式传承，结合禅宗三宝内涵“佛——觉悟”、“法——真理”、“僧——清静”为设计理念，将唐风及宗教文化元素贯穿在整个设计中，希望复建后的寺院既能体现佛教文化的肃穆庄严，更能成为一处带给人信心、欢喜和希望的地方。

C 空间布局 Space Planning

佛殿类空间尽可能的还原、传承唐代传统布局，包括佛像的数量、布置位置都是与相关的佛教专家顾问逐步沟通最终采用最居唐代特色的布局方式。而在其他功能性空间的设计中就更多地考虑使用与管理方面的因素。

D 设计选材 Materials & Cost Effectiveness

与众多砖石结构的寺院不同的是其空间木材的大量合理使用。墙面壁画以东阳木雕为主，木饰面精致生动，木材本身的温暖触感更为空间增添了亲切感。室内全部铺设的木地板，也有别于一般寺庙使用的冰冷石材，整个空间温暖、轻松而有质感。于是人们进入大殿前的脱鞋之举，都变得是那样的和谐自然。室内设计中运用了一定量的琉璃，这是较为创新的想法，其透光、灵动、活泼的感觉也打破了一般传统寺院的做法，使整个室内空间没有了以往的阴沉和压抑，取而代之的是温暖与明亮。

E 使用效果 Fidelity to Client

项目属于非营利性质，开院至今不但香客众多，更有众多想要学习、寻找唐式风格的学者游客慕名而来，同时它也多次成为剧组采景的景点。

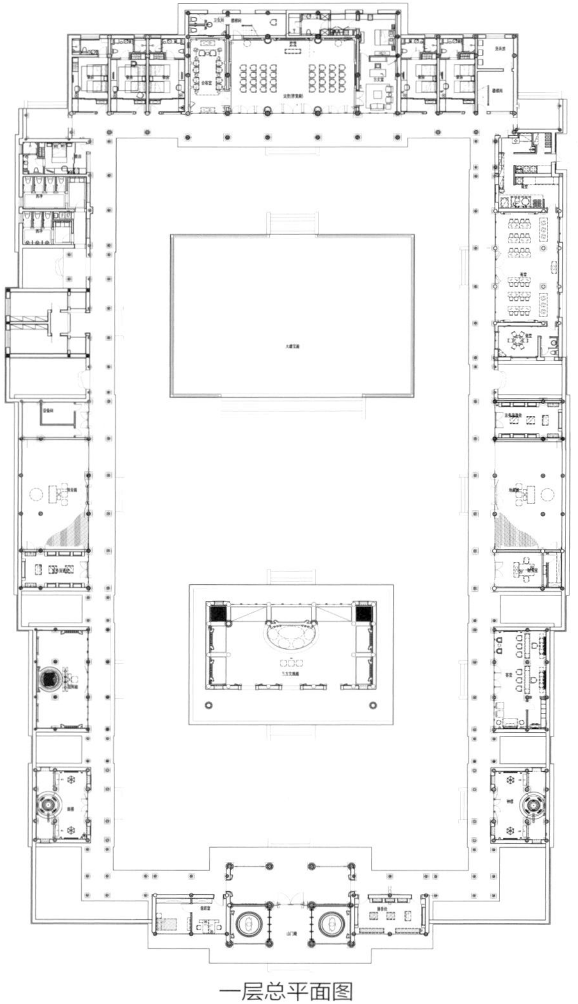

一层总平面图

忍辱

布施

廣種福田

知天知地知古知今知人知面難知心
也是也非也悲也喜也真也幻易也禪

富林常漏吉祥雲

包头机场航站楼
BAOTOU AIRPORT TERMINAL

项目名称_*包头机场航站楼* / **主案设计**_*李俊瑞* / **参与设计**_*焉凌、曹小波、王宇琼、王旭* / **项目地点**_*内蒙古包头市* / **项目面积**_*36000 平方米* / **投资金额**_*12000 万元*

A 项目定位 Design Proposition

原有机场不能满足目前使用。

B 环境风格 Creativity & Aesthetics

色彩明快、导向性强是交通建筑设计的重点。

C 空间布局 Space Planning

在装饰装修设计时没有改变原建筑设计的空间布局，室内外协调统一。

D 设计选材 Materials & Cost Effectiveness

材料选用绿色环保、耐用、易清洁的，尽量不使用不可再生材料。

E 使用效果 Fidelity to Client

投入运营后得到业内人士及甲方的高度评价和认可。

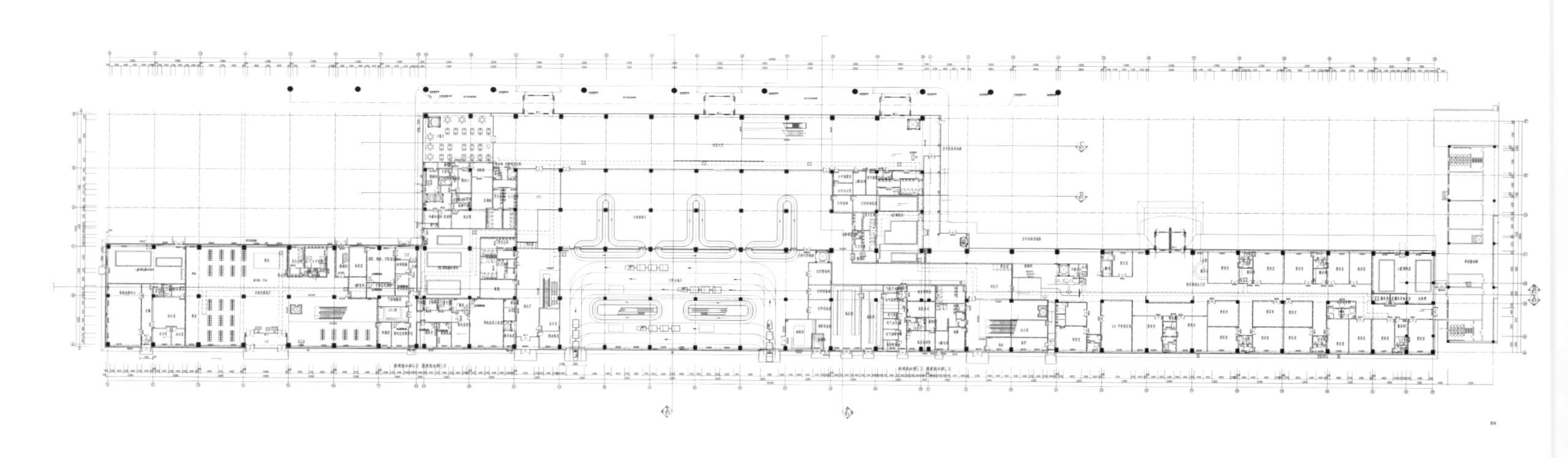

一层平面布置图

03-05
08

01

12:03
02.
SHJXLS

安全检查
Security Check
07
安全检查
06